校企"双元"合作精品教材
高等职业院校精品教材系列

电子制造 SMT 设备
技术与应用

朱桂兵　主　编

孙福才　李　楠　赵健琳　副主编

电子工业出版社.
Publishing House of Electronics Industry
北京·BEIJING

内 容 简 介

本书以电子制造 SMT 设备为主体，从设备品牌、工作原理、结构组成、操作过程、故障诊断、技术参数、设备选型、评估与验收及设备维修与保养等角度，分别介绍 SMT 主体设备（涂敷设备、贴装设备、焊接设备等）和 SMT 辅助设备（检测设备、返修设备、SMT 生产线辅助设备、静电防护设备等），并选取不同设备的共性部件作为机电设备通用部件进行单独叙述，同时从设备工程与管理角度出发，融合介绍设备故障诊断、设备维修与保养和设备管理等技术在电子制造 SMT 设备中的应用。本书全面贯彻高等职业教育理念，紧密结合生产实际，坚持"学、教、做、想"四位一体，以达到培养综合职业能力的学习目标。

本书为高等职业本专科院校电子类、机电类、自动化类等专业的教材，也可作为 SMT 生产、维护、销售及设备制造工程人员的参考书，以及电子制造行业"1+X"证书的培训教材。

本书配有免费的电子教学课件、习题参考答案等，详见前言。

图书在版编目（CIP）数据

电子制造 SMT 设备技术与应用 / 朱桂兵主编. —北京：电子工业出版社，2021.8
高等职业院校精品教材系列
ISBN 978-7-121-41971-3

Ⅰ. ①电⋯ Ⅱ. ①朱⋯ Ⅲ. ①SMT 技术－高等职业教育－教材 Ⅳ. ①TN305

中国版本图书馆 CIP 数据核字（2021）第 185297 号

责任编辑：陈健德
特约编辑：田学清
印　　刷：中煤（北京）印务有限公司
装　　订：中煤（北京）印务有限公司
出版发行：电子工业出版社
　　　　　北京市海淀区万寿路 173 信箱　邮编：100036
开　　本：787×1 092　1/16　印张：16.25　字数：416 千字
版　　次：2021 年 8 月第 1 版
印　　次：2025 年 2 月第 2 次印刷
定　　价：55.00 元

凡所购买电子工业出版社图书有缺损问题，请向购买书店调换。若书店售缺，请与本社发行部联系，联系及邮购电话：（010）88254888，88258888。

质量投诉请发邮件至 zlts@phei.com.cn，盗版侵权举报请发邮件至 dbqq@phei.com.cn。

本书咨询联系方式：chenjd@phei.com.cn。

前　言

电子信息制造业是中国制造业的重要组成部分，具有战略性、基础性和前导性的特点。目前，对我国电子信息制造业的发展现况而言，电子产品制造技术、微电子技术与器件制造、机械电子工程技术等专业毕业的学生，通常从事电子制造工艺、设备管理与维护，以及销售与售后服务等工作。近五年来的《中国电子信息制造业综合发展指数报告》显示，电子信息制造业的多项数据稳步增长，创新性日趋增强。新一代信息技术促使电子信息制造业飞速发展，在生产过程中使用了更多的新技术、新材料和新设备。为适应电子信息制造业的最新发展，增加学生的电子制造 SMT 设备知识，提升学生的设备操作与管理能力，作者特编写本书。

本书从理论与实践相结合的角度出发，结合最新的 SMT 设备发展前沿知识，加强同企业生产实践人员的沟通与合作，采纳企业实际生产工作人员的建议，对企业最新的设备保养经验、管理经验、故障诊断与维修经验，以及提高设备可靠性的经验加以总结、归纳，并邀请企业实际工作人员参与教材内容构建过程，从而编制出这本具有鲜明特点的教材。

电子装联是电子信息制造业的关键生产工艺，服务于该工艺的设备技术直接影响未来产品的功能、可靠性和质量。本书共有 22 个任务及 17 个实训项目，内容丰富，信息量大，主要包括电子制造 SMT 设备基础，智能 SMT 生产线的组成、设计，以及印刷涂敷、贴装、焊接、检测、返修及自动化生产线辅助设备等的工作原理、结构组成、操作过程、故障诊断、技术参数、设备选型、评估与验收及维修与保养知识，同时从设备工程与管理角度出发，将设备故障诊断技术、设备维修与保养技术和设备管理技术等知识融入电子制造 SMT 设备的具体应用中。本书既考虑了电子类专业学生对电子制造设备知识的需求，又满足了该类学生转行从事机电类、自动化类等其他专业设备工作的知识需求。本书以 SMT 教学工厂现有设备为基础，通过一系列实例和实训，根据理论与实践结合的理念，突出培养学生解决实际问题的能力，充分体现"能力本位，知行合一，理实工学结合"的教学理念。

本书由南京信息职业技术学院智能制造学院朱桂兵任主编，由哈尔滨职业技术学院孙福才、北京轻工技师学院李楠和赵健琳任副主编。具体编写分工为朱桂兵编写第 1 章、第 4～5 章，李楠编写第 2 章，孙福才编写第 3 章，赵健琳编写第 6 章。全书由朱桂兵进行统稿。在编写过程中还得到南京信息职业技术学院段向军、舒平生、赵雄明、郝秀云、杨洁等老师的很多帮助，南京南瑞继电保护有限公司祝长青经理、南京熊猫电子制造有限公司丁卫中总经理和陈卫所先生为教材编写提供了很多案例和设备使用经验，在此一并向他们表示衷心感谢。

本书为高等职业本专科院校电子类、机电类、自动化类等专业的教材，也可作为 SMT 生产、维护、销售及设备制造工程人员的参考书，以及电子制造行业"1+X"证书的培训教材。

由于编写时间紧张和作者水平有限，书中难免有错漏之处，恳请广大读者批评指正。

为方便教师教学，本书配有免费的电子教学课件、习题参考答案等，请有此需要的教师登录华信教育资源网（http://www.hxedu.com.cn），注册后进行免费下载，使用中如有问题，请在网站留言或与电子工业出版社联系（E-mail:hxedu@phei.com.cn）。

编者

目　录

第 1 章

电子制造 SMT 设备概述

学习目标：

- 掌握电子产品制造设备的组成结构，并了解其工作环境。
- 理解电子制造 SMT 生产线的分类与配置。
- 理解 SMT 生产线的设计步骤与厂房布局设计。
- 了解 SMT 厂房布局设计。
- 了解电子制造 SMT 设备的发展沿革。

参考学时：

- 讲授（4 学时），实践（2 学时）。

任务 1.1　认识电子制造 SMT 设备

1.1.1　电子制造 SMT 设备的定义

表面组装技术（Surface Mount Technology，SMT）是由混合集成电路技术发展而来的新一代电子制造技术，发展至今已半个世纪有余，SMT 一经问世就表现出强大的生命力，并迅速从诞生步入大范围工业应用的旺盛期，被誉为电子制造技术的又一次革命。SMT 是继手工电子制造技术、半自动电子制造技术、自动插装技术后的第四代电子制造技术，适用于各个领域的电子产品的制造。

SMT 可以从狭义和广义两个角度来认识，从狭义角度讲就是将表面组装元件（Surface Mount Component，SMC）和表面组装器件（Surface Mount Device，SMD）通过印刷、贴装、焊接 3 个工艺步骤固定到以印制电路板（PCB）为组装基板表面的规定位置上的电子制造技术，所用的 PCB 无须钻插装孔，如图 1.1 所示。从广义角度讲，SMT 涉及化工与材料技术、涂敷技术、精密贴装技术、焊接技术、测试与检验技

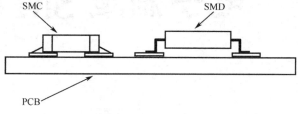

图 1.1　SMT 示意图

术、传感技术、自动控制技术及各种管理技术，是一项复杂的、综合的系统工程技术。

电子制造 SMT 设备是使用电子制造技术与工艺完成各类电子产品生产制造的设备，根据设备对生产的作用可分为主体设备、检修设备和生产辅助设备，它是支撑电子制造技术快速发展的根本。

（1）主体设备：焊膏印刷机、点胶机、贴片机、红外/全热风回流焊炉、波峰焊炉等。

（2）检修设备：在线测试仪（ICT）、焊膏检测仪（SPI）、自动光学检测仪（AOI）、自动 X 射线检测仪（AXI）；工业放大镜、光学显微镜、金相显微镜、视频显微镜；球栅阵列（Ball Grid Array，BGA）封装返修工作站、热风维修台、防静电烙铁、熔锡炉、发泡炉等。

（3）生产辅助设备：上板机、接驳台、下板机；超声波清洗机、锡膏搅拌机、胶水脱泡机、线号打印机、PCB 制板机、漆包线剥线机、电子点焊机、真空浸锡机、自动元件编带机、元件计数器、炉温曲线测试仪、人体静电防护装备、防静电周转箱、防静电工作台、防静电检测仪等一系列提供安全防护、帮助生产、减轻操作人员劳动强度的设备或工装。

1.1.2　电子制造 SMT 设备的工作环境

电子制造 SMT 设备的工作环境一般对电源、气源、气压、通风、照明、温度与湿度、空气清洁度、有毒气体含量、是否防静电，以及工作人员等有明确的要求，具体如下。

1. 温度与湿度

由于厂房印刷工作间的环境温度要求 23±3 ℃为最佳，因此厂房的最佳环境温度为 23±3 ℃。工厂温度一般设定为 17 ℃～28 ℃，如果达不到，那么不能超过极限温度 30 ℃。

厂房内的湿度对产品质量影响很大，湿度太高，元件容易吸潮，对潮湿敏感的元件质量有不利影响，同时焊膏暴露在潮湿的空气中也容易吸潮，造成焊接缺陷；湿度太低，空气干燥，容易产生静电，对静电敏感（ESSD）的元件质量有不利影响。一般要求厂房内的相对湿度为 45%～75%RH。

2. 空气清洁度

电子制造对车间内部的空气清洁度要求很高，通常需要关心 CO_2、CO、有害气体和灰尘的浓度。

（1）CO_2 与 CO：车间内部的空气清洁度最好达 8 级（GB 50073－2013）。在空调环境下，要有一定的通风量，尽量将 CO_2 含量控制在 1000 mg/L 以下，CO 含量控制在 10 mg/L 以下，以保证人体健康。

（2）灰尘：如果工作车间灰尘很多，那么对于微小元件，如 0201、01005 及细间距（0.3 mm）元件的贴装和焊接将产生质量影响，同时加大设备磨损，甚至造成设备故障，增加设备维护和维修工作量。要保证工厂的清洁度为 8 级，必须付出相当高的成本。为保证这样的环境，工作人员进入厂房时必须消毒除尘，整个厂房内有负压，必须对空气清洁度做出规定，如对灰尘产生影响的纸箱等物体应明确指出不能进 SMT 车间等。

灰尘造成设备故障的典型案例：某贴装设备的开机现象是屏幕上出现乱码、黑屏、重复死机等故障，经检查发现，设备里面有很多灰尘，清洁后机器故障消失。

（3）有害气体及排风：在 SMT 工作车间中，除灰尘之外，还存在一定的化学气体，如果这些化学气体是有毒有害的，那么会对人体造成伤害；如果这些气体存在腐蚀性，那么严重时会影响产品的可靠性。所以，工作车间要保持清洁卫生、无灰尘、无腐蚀性气体、无异味气体，以保证产品的焊接质量、设备的正常运转及人体健康。

回流焊炉、波峰焊炉均需要排风，排风最低流量为 15 m^3/min（约 500 立方英尺每分钟）。

3. 照明

厂区应具有良好的照明条件，理想照明度为 800～1200 Lux，至少不低于 300 Lux，检验、返修、测量等工作区应局部照明。Lux（勒克司）为照度单位，其是距离一个光强为 1 坎德拉（cd）的光源在 1 m 处接受的照明强度，1 烛光=1 支光≈1 坎德拉。

4. 电源与气源

电源：单相 AC220 V（220 V±22 V，50/60 Hz）；三相 AC380 V（380 V±22 V，50/60 Hz）；回流焊炉、波峰焊炉等大功率设备需要单独布线。

气源：压力为 7 kg/cm^2，清洁、干燥的净化空气，需去油、去尘、去水处理。最好用不锈钢或耐压塑料管作空气管道，尽量不要用铁管。

任务 1.2　组建电子制造 SMT 生产线

与大型电子代工企业的完整电子制造生产线相比，部分中小型企业往往选择简配型的生产线，这种生产线通常只包括中型的主体设备，而检修与辅助设备并不配全。面对不同的需求，生产厂商往往需要因地制宜地重新组配需要的电子制造 SMT 生产线（在行业中俗称 SMT 线体）。企业组配的合适的 SMT 生产线不仅要能满足当前及近期的生产需要，还要能有效利用资金，提高生产效益，以最优化地进行生产配置，提高生产效率。

1.2.1　电子制造 SMT 设备选型配置

SMT 生产线的基本配置如图 1.2 所示，主要包括焊膏印刷机、贴片机、回流焊炉及检测设备四种设备，它们为电子产品生产制造提供了三个主要的生产工艺，即焊膏印刷工艺、元器件贴片工艺和回流焊接工艺。如果在上述生产线基本配置中再辅以一定数量的过桥、接驳台、上下板机等辅助设备和检修设备，那么可以组建一条完整的电子制造 SMT 生产线。

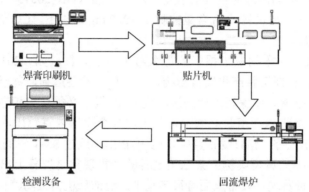

图 1.2　SMT 生产线的基本配置

上述前三种设备的投资占全部生产线投资的 80%～90%，而贴片机又是这三种设备中最为昂贵的，很多时候贴片机的总投资会占到整条生产线投资的 60%～65%，所以出于满足当前及未来生产能力的目的，选择合适的贴片机最为关键。SMT 标准生产线配置如图 1.3 所示；实体 SMT 生产线如图 1.4 所示。

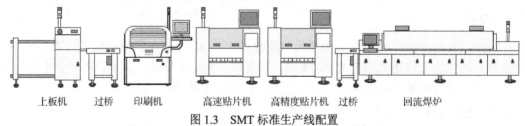

图 1.3　SMT 标准生产线配置

图 1.4　实体 SMT 生产线

1. SMT 生产线的布局分类

SMT 生产线的布局可分为一般性布局与完整性布局，具体如下。

1）一般性布局

一般性布局的 SMT 生产线如图 1.5 所示。

图 1.5　一般性布局的 SMT 生产线

一般性布局设计通常选择较简易或较少的设备，以能完成功能为基准，即通常意义上的"简配"。一般性布局比较适合企业新开启阶段，所需沉淀资金较少，既可以满足企业成长初期的生产任务量和使其有足够的时间学习生产经验，又可以腾出更多的流动资金为企业谋发展。

2）完整性布局

完整性布局即通常意义上的"高配"或"全配"，如图 1.6 所示。完整性布局的特点是电子制造 SMT 设备很全，无论是主体设备，还是辅助设备，甚至是各种使用频率并不高的工装夹具都应有尽有。生产线设备不仅可以满足当下的生产需要，而且具有较高的前瞻性，能满足未来的生产需要。这种布局一般适合资金雄厚、有多年生产经验的"发展型"企业。相对而言，一般性布局设计更多为"开拓性"企业所选择。

图 1.6　完整性布局的 SMT 生产线

2. SMT 生产线的配置方案设计

印刷机可分为半自动印刷机和全自动印刷机两种，半自动印刷机不能与其他电子制造 SMT 设备连接，需要人为干预（如传送板子）。典型的半自动印刷机机型有 DEK248、日东 SEM-300 等。全自动印刷机可以直接连进 SMT 生产线，无须人为干预，且自动化程度高，适用于规模化生产。全自动印刷机的主要品牌有 MPM、DEK、GKG、EKRA 等，特别是前两家，市场占有率很高。当前，很多科研院校或微小型企业在首次选配设备时，会选择全自动印刷机。

生产贴片机的厂家众多，其生产的贴片机的结构也各不相同，但按规模和速度大致可分为大型高速机（俗称高档机）和中型中速机（俗称中档机），还有小型贴片机和半自动/手动贴片机。大批量代工厂主要选择大型高速机，中小型企业或研究型实验室一般选择中型中速机。一部大型高速机的价格一般为中型中速机的 2～4 倍。贴片机的生产商主要有 PANASONIC、SIEMENS、FUJI、UNIVERSAL、ASSEMBLEON、JUKI 等。

回流焊接设备正朝着高效、多功能、智能化发展，其中具有独立多喷口气流控制、氮气保护、局部强制冷却、实时温度监控等功能的回流焊炉成为首选。回流焊炉的主要品牌有 BTU、HELLER、ERSA、SEHO、SOLTEC 及 ANTOM 等；国产品牌主要有劲拓、科隆威等。尽管在功能性、稳定性、温控精度上，国产品牌与国外品牌有些许差距，但在性能上完全可以满足需求，价格也便宜很多。

在建立 SMT 生产线时，要根据企业的投资能力、产量规模、PCB 的贴装精度等因素，制订合理的引进计划。根据不同用户的需求，设计不同的 SMT 生产线配置方案。下面介绍几种设计方案，它们各有各的特点。

方案一：低速 SMT 生产线。该生产线一般仅选用一台半自动印刷机、一台全自动贴片机、一台回流焊炉及几部过桥和接驳台。评价：该生产线采用一台多功能贴片机，印刷机和回流焊炉也选择价格较低的半自动印刷机和回流焊炉，总投资 50 万～100 万元，适合批量不大、品种较多的小型企业和科研院所。

方案二：中速 SMT 生产线。该生产线一般选用一台全自动印刷机、一台全自动高速片式元件贴片机、一台全自动高精度多引脚器件贴片机、一台回流焊炉及几部过桥和接驳台。评价：该生产线是典型的中速贴片线配置方案，适合中小型企业规模化生产，预计总投资 100 万～200 万元。

方案三：高速 SMT 生产线。该生产线一般选用一台全自动高精度高速印刷机、1～2 台全自动高速片式元件贴片机、一台全自动高精度多引脚器件贴片机、一台回流焊炉及几部过桥和接驳台。评价：该生产线配备较高档的传送机构、上下板机、在线检测设备，属于经典的高速贴片线配置方案，适合大中型电子企业规模化生产，预计总投资 200 万～400 万元。

方案四：超高速 SMT 生产线。该生产线一般选用一台全自动高精度高速印刷机、2～3 台全自动高速片式元件贴片机、一台全自动高精度多引脚器件贴片机、一台高速氮气保护无铅回流焊炉及几部过桥和接驳台。该生产线所用贴片机的品牌通常是 PANASONIC、SIEMENS 或 FUJI。评价：该生产线配备高档的传送机构、上下板机、在线检测设备，适合大型电子企业某单一产品的大规模生产，总投资 400 万～600 万元。

企业在购买电子制造 SMT 设备，尤其是高端电子制造 SMT 设备时，按适当的标准评估设备是很重要的。评估应围绕拟购设备的各方面展开，确保设备性能符合要求。以电子制造 SMT 设备中最关键的贴片机为例，一般可从 4 个方面进行评估：PCB 处理、元件范围、元件送料器和贴放要求。这部分内容将在后面章节重点叙述。

3. 电子制造 SMT 设备的选型

建立生产线的目的是要以最快的速度生产出优质、富有竞争力的产品，并且效率最高、投资最小、回收年限最短。建立 SMT 生产线的主要工作是设备选型，应根据总体设计中的元器件种类及数量、组装方式及工艺流程、PCB 尺寸及拼板规格、线路设计及密度、自动化程度及投资强度等进行设备选型。设备选型应注意以下几个问题。

（1）性能、功能及可靠性：设备选型第一是观察设备性能是否满足技术要求。例如，要贴焊 0.3 mm 间距 QFP，中速贴片机或波峰焊机一般不能满足要求。第二是可靠性。有些设备在开始使用时技术指标很高，但这些指标会随着使用时间的延长而不断降低，这就是可靠性问题引起的，所以应该优选知名企业的成熟机型。第三是功能。如果说性能主要由机械结构保证，那么功能则主要由计算机控制系统完成。设备功能的选择以适用为宜，不能一味地为追求功能齐全而使许多配置实际用不上，造成投资增大和浪费。

（2）可扩展性和灵活性：设备组线扩展性和灵活性主要指功能的扩展、指标的提高和生产能力的扩大。例如，一台能贴 0.65 mm QFP 的贴片机是否能通过增加视觉系统等配件后用于贴 0.3 mm QFP 等。中型多功能贴片机组线是电子制造 SMT 设备组线的常用形式，其具有良好的灵活性、可扩展性和可维护性，而且可减少设备的一次投入，便于少量多次地投资。

（3）可操作性和可维护性：设备要便于操作，计算机控制软件最好采用中文界面；对中高精度电子制造 SMT 设备而言，一定要有自动生成生产程序功能；设备要便于维护、调试和维修，应把维修服务作为设备选型的重要标准之一。

（4）其他考虑：针对 SMT 生产线和电子制造 SMT 设备的验收，目前尚无统一的验收标准，且在验收中还存在不少问题。一般可以采用 3 种验收方式：性能指标验收、标准样板验收和产品验收。

SMT 生产线的建立和使用必须依靠掌握电子制造 SMT 设备和工艺的技术队伍。要生产出优质的产品，不能只考虑设备，还要考虑在建立 SMT 生产线之前培养技术骨干和管理骨干队伍。

1.2.2　SMT 生产线的分类

SMT 生产线按照自动化程度可分为全自动生产线和半自动生产线；按照生产线的规模可分为大型、中型和小型生产线；按照生产线类型可分为单线生产线（见图 1.7）、双线生产线（见图 1.8）和 SMT 产品集成组装系统（见图 1.9）。

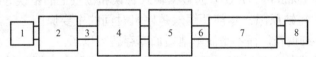

1—自动上板装置；2—高精密全自动印刷机；3—缓冲带（检查工位）；4—高速贴片机；

5—高精度、多功能贴片机；6—缓冲带（检查工位）；7—热风或热风+远红外回流焊炉；8—自动卸板装置

图 1.7　单线生产线设备配置平面方框示意图

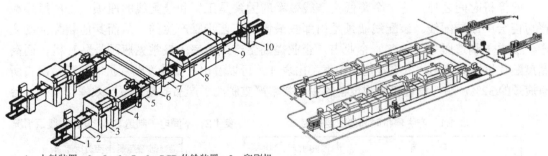

1—上料装置；2、5、6、7、9—PCB 传输装置；3—印刷机；

4—贴片机；8—回流焊炉；10—下料装置

图 1.8　双线生产线　　　　　　　　　图 1.9　SMT 产品集成组装系统

半自动生产线指主要生产设备没有连接起来或没有完全连接起来，需要人工辅助工作的生产线。全自动生产线指整条生产线的设备都是全自动设备，通过自动上板机、缓冲连接过桥、接驳台和下板机将所有生产设备连成一条自动生产线。

1.2.3 影响 SMT 生产线效率的因素

非生产时间是提高生产线效率时不希望有的部分,即当 SMT 生产线配备好人员后却没有在 PCB 贴装元器件的时间,此时成本在积累而收入没有增加。非生产时间就是装备时间与贴装时间之差。

装配能力不可能总是完全被利用的。影响装配能力的因素除需求的波动之外,工厂必须接纳顾客的需求,包括季节高峰和那些经常难以预测的最高需求。因此,必须确保装配能力和已受训的雇员可随时满足市场的波动,这种波动是管理层没有能力减少的,但是减少停机时间(Downtime)和舒缓瓶颈(Bottleneck)却是管理层(设备车间管理者)的责任。

产生停机时间的三大原因:批量设定、零部件短缺、无计划维护。产生停机时间的主要原因如表 1.1 所示。产生停机时间的三大原因几乎占去一大半的停机时间,但我们可以通过良好的管理方法将它大幅度地减少。批量的准备工作应该是一个几乎透明的活动,可以通过部分工位重叠生产的方式来加以克服,还可以增加即时检测设备来预先控制延误。

在大多数情况下,零部件短缺都是由外部因素造成的,对此工厂管理层无能为力,如推迟交货、零部件待配或由迟到顾客催促的紧急订单。如果采购机构运作正常,那么零部件短缺可能是由于不准确的仓存量;如果货仓管理松散,那么出入点数的错误、零部件编号标贴错误、物料资源计划(Materials Resource Planning,MRP)和企业资源计划(Enterprise Resource Planning,ERP)的数据输入有误和位置上的错误等都是一些常见的发生在货仓内的零部件短缺原因。零部件短缺是停机时间的主要原因之一,管理层必须对这个问题的根源进行详细调查,而不是简单地增加库存就可以了。

无计划的维护造成的停机时间比预防性维护占的比例更高。据资料统计,对每周运行 30~50 小时的设备进行完全的预防性维护,可将由无计划维护造成的停机时间减少到准备时间的 3%或 3%以下。

除停机时间之外,另一个降低生产线效率的因素是工厂和装配线的瓶颈。工厂瓶颈减慢可能会中断装配线。装配线瓶颈是由那些最慢的工艺步骤产生的,从而其他装配活动变慢。在电子制造服务(EMS)企业内,企业提高生产线效率的最常见瓶颈是贴片机,而高精度贴片机比高速贴片机更难提高效率。由表 1.2 可以看出,高精度贴片机的瓶颈情况占所有瓶颈的 32%,贴片设备和检测设备的生产效率严重制约了产品的整体生产效率。增加一台

表 1.1　产生停机时间的主要原因

原　因	停机时间百分比/%
批量设定(Lot Setup)	22
无计划维护(Unscheduled Maintenance)	18
零部件短缺(Part Shortages)	18
其他	42
总计	100

表 1.2　不同电子制造 SMT 设备的瓶颈情况

工艺步骤瓶颈	百分比/%
高精度贴片机	32
高产量贴片机	21
在线测试	16
功能测试	16
其他	15
总计	100

贴片机给生产线，可以解决瓶颈问题和加快节奏速率。此外，当生产节奏速率达到每块 PCB 2～2.5 分钟的时候，测试通常成为工厂内的瓶颈。不同电子制造 SMT 设备的瓶颈情况如表 1.2 所示。

当考查工厂生产效率时，生产线效率是一个有积极意义的度量标准，但测量非生产时间是一个更清醒的做法。当电子制造 SMT 生产线平均有 50%的装备时间没有使用时，应该引起工厂管理层的重视。

任务 1.3 电子制造 SMT 设备的发展

1.3.1 电子制造装备技术总体发展趋势

SMT 行业经过近 20 年的高速发展，部分低端生产制造日趋饱和。近年来，国内大部分电子制造企业都在进行转型升级，SMT 行业整体遇到两方面的挑战：一方面是技术革命，市场终端产品技术创新，导致对电子制造 SMT 设备需求的深度和广度发生重大变化，同时对生产制造工序工艺复杂度、精准度、流程和规范提出了更高的要求；另一方面是劳动力等生产要素成本上升，EMS 企业面临成本和效率的双重诉求，提升自动化水平、降低成本是制造技术转型升级的现实要求，其可为电子制造 SMT 设备带来新需求的强劲动力。总体来讲，电子制造 SMT 设备的发展方向是既面向未来，又多方交叉融合的。

新技术革命和成本压力催生了自动化、智能化和柔性化生产制造，以及组装、封装、测试、物流装运一体化系统。电子制造 SMT 设备通过技术进步来提高电子业自动化水平，以实现少人作业，并降低人工成本、增加个人产出，进而保持竞争力，这是 SMT 制造业的主旋律。电子制造 SMT 设备的主要发展趋势如下。

（1）高精度、柔性化：行业竞争加剧、新品上市周期日益缩短、对环保要求更加苛刻；顺应更低成本、更微型化趋势，对电子制造 SMT 设备提出了更高的要求。电子制造 SMT 设备正在向高精度、高速易用、更环保及更柔性的方向发展。贴片头实现了任意自动切换及点胶、印刷、检测反馈等功能，使贴装精度的稳定性更高，其部品和基板窗口大，兼容柔性能力更强。

（2）高速化、小型化：设备将实现高效率、低功率、占空间少、低成本。贴片效率与多功能双优的高速多功能贴片机的需求逐渐增多，多轨道、多工作台贴装的生产模式的生产率为 10 万～15 万 CPH。

电子产品的体积日趋小型化、功能日趋多样化、元件日趋精密化，半导体封装与表面贴装技术的融合已是大势所趋。半导体厂商已开始应用高速表面贴装技术，而表面贴装生产线也综合了半导体的一些应用，传统的技术区域界限日趋模糊。技术的融合发展也带来了众多已被市场认可的产品。POP 技术已在高端智能产品中广泛应用，多数品牌贴片机公司提供倒装芯片设备（直接应用晶圆供料器），即为表面贴装与半导体装配融合提供了良好的解决方案。

1.3.2 电子制造 SMT 设备的发展

总体来讲，电子制造 SMT 设备主要向着高效、灵活、智能、环保的方向发展。

1. 印刷设备

（1）向双路送板印刷方向发展：为了提高生产效率，应尽量减少生产占地面积，新型的 SMT 模板印刷设备正从传统的输送和印刷单路 PCB 向双路 PCB 的输送印刷方向发展，这是为了适应双路贴装和焊接的需要。这种新型的印刷设备在保留印刷机主要性能的基础上，将传统的单路输送和印刷结构改为双路结构，可以进行双路 PCB 的输入、定位、校正、印刷、检测和输送，从而提高产品的生产效率，其生产效率比单路结构的印刷机提高50%以上。

（2）向智能化方向发展：新型的模板印刷设备利用改进的视觉算法，可更快速准确地将模板与 PCB 对准，改进后的运动加速度曲线可提高各轴的运动精度和重复精度，并且采用四轴同时驱动，提高了速度控制的功效；在智能化软件的控制下，可使多种印刷动作同时运作，从而提高生产效率。这种焊膏印刷设备具有独特的 Y 轴 PCB 定位装置和 Z 轴 PCB 定位夹具，可在连续印刷时提供良好的支撑，再配以自动焊膏点涂装置、环境控制装置和在线 SPC 数据采集系统，可提供高质量、高效率的模板印刷。DEK 公司新的模板印刷设备上装有智能化的 ProFlow 挤压式刮刀系统，这一系统可以避免传统模板印刷设备在印刷时焊膏量不足或粘连等问题，因为该系统只有在需要印焊膏的位置上才会挤出焊膏，而在移动过程中没有挤出压力，所以不会挤出焊膏。

2. 贴装设备

（1）向高效率、双路结构发展：新型贴片机为了更好地提高生产效率，减少工作时间，其正向高效率、双路结构发展。双路贴片机在保留传统单路贴片机的性能下，将 PCB 的输送、定位、检测、贴片等设计成双路结构。这种双路结构的贴片机的工作方式可分为同步方式和异步方式，同步方式是两块大小相同的 PCB 由双路轨道同步送入贴装区域进行贴装；异步方式则是将不同大小的 PCB 分别送入贴装区域进行贴装。这两种工作方式均能缩短贴片机的无效工作时间，并提高生产效率。

（2）向高速、高精度、多功能、智能化方向发展：贴片机的贴装速度、贴装精度和贴装功能一直是相对矛盾的，新型贴片机一直在向高速、高精度、多功能方向努力发展。由于表面组装元器件（SMC/SMD）的不断发展，其封装形式也在不断变化，新的封装形式不断出现，如 BGA、FC（倒装芯片）、CSP（μBGA）等，因此对贴片机的要求越来越高。为了提高贴装速度，部分贴片机制造商采用了"飞行检测"技术，即在贴片机工作时，贴片头在吸片后边运行边检测，以提高贴片机的贴装速度。这方面的发展主要体现在以下两个方面。

① 贴装效率以满足个人需求、空间产出最大化、最低耗能为目标。

② 贴装精度朝满足器件高密度、小微化方向发展。

在贴装速度方面，2014-NEPCON CHINA 上 ASMPT 公司展出的 SIPLACE X4iS 的最高贴装速度达 15 万 CPH，理想贴装节拍为 0.024 秒/点。电子产品选用的元件部品趋于小微化（SI 制 0201 型）、薄型化（POP-Flip Chip 等），芯片 Lead Pitch<0.3 mm、焊球直径一直减小（<0.15 mm），对贴装设备的 Pick-up、对准和定位精度提出了更高的要求。

（3）向柔性连接模块化方向发展：新型贴片机为了适应性和使用效率向柔性连接模块化方向发展。富士公司一改贴片机的传统概念，将贴片机分为控制主机和功能模块机，根据用户的不同需要，通过将控制主机和功能模块机进行柔性组合来满足用户的需要。模块机有不同的功能，针对不同元器件的贴装要求，可以按不同的精度和速度进行贴装，以达到较高的使用效率。当用户有新的要求时，可以根据需要增加新的功能模块机。模块化发展的另一个方向是向功能模块组件方向发展。这种发展是将贴片机的主机做成标准设备，并装备统一的标准机座平台和通用用户接口，同时将点胶贴片的各种功能做成功能模块组件，用户可以根据需要在主机上装置需要的功能模块组件或更换新的组件，以实现用户需要的新的功能需求。例如，环球贴片机在从点胶到贴片的功能互换时，只需要将点胶组件与贴片组件互换即可。这种设备适合多任务、多用户、投产周期短的加工企业。

3. 焊接设备

1）回流焊接设备

（1）多喷口气流控制的回流焊炉：为了更好地控制回流焊炉内的温度场，以达到较好的焊接效果，ERSA 公司的新型回流焊炉在炉内装置了独特的多喷口气流控制装置，炉内均匀分布着若干小喷嘴，热气流通过喷嘴喷出，在周围形成微小循环，以提供最佳的温度分布。该设备采用区域分离体系，每个区域内气流速度、气流方向、空气量和空气温度均由控制软件进行控制，可达到全面热风强制对流效果。

（2）局部强制冷却的回流焊炉：新型回流焊炉在炉内回流焊接区域的底部或冷却区上部增加了强制快速冷却装置，并采用分段控制方式约束冷却速度。回流焊接区域的底部强制冷却是为了保证双面 SMT 回流焊接的效果，使双面 SMT 回流焊接的 PCB 在回流焊接区域内板的两面都具有 25 ℃以上的温差，以优化工艺；冷却区增加的强制快速冷却装置可确保焊点的高强度，得到优化的回流焊接曲线。

（3）可以监测元器件温度的回流焊炉：BTU 有一种新型的回流焊炉，采用了自适应智能回流技术（AIRT），这种回流焊炉在回流焊接过程中可以监测 PCB 上元器件的温度变化，但它只测量用户在每个 PCB 上选定点的温度。回流焊炉内的智能温度摄像头可以监视 PCB 上的元器件、焊膏的实际温度情况，并识别温度变化，判断对产品质量的影响程度，从而为操作人员提供数据。这种实时监测避免了回流测试板所需的设置时间。

（4）带有双路输送装置的回流焊炉：BTU 的回流焊炉装有双路输送装置，它的双路输送装置分为三轨制和四轨制。三轨制双路输送装置是在炉内的中间安装一条固定轨道，然后两边安装两条可调节轨道，通过手动调节或可编程宽度调节器自动调节。三轨制双路输送装置适合输送尺寸相同的 PCB。四轨制双路输送装置由两条外部固定轨道和两条可调节内部轨道组成，尺寸相同或不相同的 PCB 均可输送，如果不需要双路输送，那么可将调节轨道移向一边，形成一台较宽的单路回流焊炉。

（5）带中心支撑装置的回流焊炉：随着大量超薄 PCB 和"邮票"板拼板 PCB 在电子产品制造中的大量使用，特别是 PCB 的厚度向 0.15～0.4 mm 发展，对回流焊炉输送板的稳定性要求越来越高，新型的回流焊炉在输送轨道的中间安装了可伸缩的中心支撑装置。这个装置在控制程序的控制下，既可以保持炉内整个输送长度的稳定性，又可以缩短停机时间，提高生产效率。

2）波峰焊接设备

（1）无助焊剂的波峰焊接机：随着人们环保意识的增强，满足 PCB 洁净度和焊接质量及 CFC 替代物严格要求的关键是在波峰焊接工艺中消除助焊剂。ERSA 公司的新型波峰焊接机装置了一个在惰性气体环境中工作的超声焊锡波系统，以取代助焊剂装置。这种超声焊锡波可以在焊接前通过声呐气窝效应先行去除 PCB 和元器件表面的氧化物，减少 PCB 和元器件表面的早期氧化给电子产品带来焊接缺陷，确保焊点和熔融焊锡形成良好的无阻隔接触，避免虚焊、漏焊、接触不良等缺陷。该系统工作的最大超声波频率为 20 kHz，幅度为微米级，通过优化的几何波形设计来保证表面安装和通孔元器件具有良好的可焊接性。

（2）用氮气支持锡波的波峰焊接机：SOTEC 公司的新型波峰焊接机采用 Nitro Wave 以基于纯氮气发出的形态特别的锡波，增强了可焊性，在焊接过程中没有浮渣、没有过量的助焊剂、没有氧化物，从而实现了无缺陷波峰焊接。Nitro Wave 是具有氮气支持的锡波，其主波从四面溢流形成，流速快、产量高、重复性好、工艺稳定且 PCB 板面干净。Nitro Wave 由碎波适配器、主波分生器、用于减少氧化的法兰泵轴和氮气供应装置组成。

（3）激光焊接与选择性波峰焊接设备：随着组装密度的增加，元器件的引脚间距越来越小，传统的回流焊接设备对精细间距焊接困难较大，而用激光焊接设备就比较方便。激光焊接的能量来自激光源，其将高能激光聚到很小的微焊点上，很适合精细间距的焊接。对于混合电路的焊接需求，选择性波峰焊接设备可以很好地解决插装元器件局部焊接的问题，而对整块 PCB 焊接面没有影响。

1.3.3　电子制造 SMT 生产线的发展

电子制造 SMT 生产线的发展方向有绿色环保、高效连线及信息集成的柔性生产环境。

（1）向绿色环保方向发展：人类生活的地球已经受到不同程度的破坏，以电子制造 SMT 设备为主的 SMT 生产线作为工业生产的一部分，毫不例外地会对我们的生存环境产生破坏，从电子元器件的包装材料、胶水、焊膏、助焊剂等 SMT 工艺材料，到 SMT 生产线的生产过程，无不对环境产生不同程度的污染。SMT 生产线越多、规模越大，这种污染也越严重，因此，最新的 SMT 生产线已向绿色环保方向发展。绿色生产线指从 SMT 生产的一开始就要考虑环保的要求，分析在每个生产中将会出现的污染源及其污染程度，从而选择相应的电子制造 SMT 设备和工艺材料，并制定相应的工艺规范，以适时的、科学的、合理的管理方式维护管理 SMT 生产线的生产，从而满足生产的要求和环保的要求。这也提示我们，SMT 生产不仅要考虑生产规模和生产能力，还要考虑 SMT 生产对环境的影响，从 SMT 建线设计、电子制造 SMT 设备选型、工艺材料选择、环境与物流管理、工艺废料的处理及全线的工艺管理等方面均需考虑环保的要求。在未来，绿色环保将是 SMT 的发展方向。

（2）向高效连线方向发展：高生产效率一直是人们追求的目标，SMT 生产线的生产效率体现在 SMT 生产线的产能效率和控制效率上。产能效率是 SMT 生产线上各种设备的综合产能，较高的产能源自合理的配置，高效 SMT 生产线已从单路连线生产向双路连线生产发展，其在减少占地面积的同时，提高了生产效率。控制效率包括转换优化、过程控制优化、管理优化；控制方式从分步控制方式向集中在线优化控制方向发展，生产板转换时间也越来越短。

（3）向信息集成的柔性生产环境方向发展：随着计算机信息技术和互联网信息技术的发展，SMT 生产线的产品数据管理和过程信息控制将逐渐完善，生产线的维护管理将实现数字信息化，新的 SMT 生产线将向信息集成的柔性生产环境方向发展。

下面通过 3 个实训来认识电子制造 SMT 工厂的动力管理与安全生产，并测绘现有 SMT 生产线，以及设计新的 SMT 生产线。

实训 1 认识 SMT 教学工厂的动力管理与安全生产

1. 学习内容、方法与步骤

SMT 教学工厂的动力管理与安全生产认识实训的主要任务是熟悉 SMT 生产环境，理解 SMT 生产车间每一个功能区的作用与布置；熟悉 SMT 生产环境的防静电要求，掌握安全生产的理论与实践操作知识。

为了促进学习者的学习兴趣，建议本节内容采用分组学习、辩论加头脑风暴的方式，3～5 人一组，至少有 3 个角色，分别是小组负责人、辩论手及书记员。由小组负责人负责召集学习者一起学习，分析与收集资料，提出问题，列出学习提纲，寻找答案。辩论手可以由 1 人及 1 人以上参加，分析与制定具体问题和寻找答案，用于参加小组间的讨论。由书记员记录所有的问答及评分，并将记录的内容上传到有关学习平台，以供全部学习者参考和学习。本课程的其他实训均按照此方法执行。

为了给学习者一定的激励，可以采用一定的评分机制，具体如下。

（1）评分分为小组得分和个人得分，个人总分是小组得分加个人得分。所有评分由自评、同行匿名评价及指导者评价组成，应确定好小组得分和个人得分的比例。

（2）如果某小组不讲或讲得不好，那么该小组不仅不得分还要罚分，罚分由小组负责人承担 80%，同组其他人平均承担罚分的 20%。

（3）如果书记员不上传、不记录，那么书记员本人的得分为 0。

（4）5 人的职位交替轮换。

本书涉及的所有实训课程，希望均能采用如上学习方法，后文实训请参照本内容执行，不再赘述。

2. SMT 教学工厂动力管理

SMT 教学工厂的大部分设备的驱动能源是电源和气源（以下简称电气），所有现场的操作人员和相关技术人员或指导教师必须正确认识电气统一管理的重要性。指导教师必须要求操作人员遵守作业规范，具体如下。

（1）教学工厂电气统一管理。

（2）电气总开关车间不允许学生私自进入。

（3）在每条工位生产线上，不允许学生乱碰，更不准学生乱接电源。

（4）不允许学生私自打开气源开关，当长时间不用设备时，需将设备关机待命。

（5）不要同时开启波峰焊和回流焊，要分开开启，这样可以减少电流冲击。

（6）当设备停止工作时，要注意检查所有电气。

（7）当工作结束离开时，必须关掉每台设备的电气，并关掉总电源、总气源。

（8）如果较长时间不用气，则需要把气管里的气放掉，防止这些残留压缩气体留在管道内造成破坏。

（9）定期检查电气开关性能是否完好。照明用灯、风扇等不允许学生乱碰乱摸。

（10）不允许随便打开气剪处的气源。

3．SMT 教学工厂安全须知

在实训（生产）过程中必须注意安全，安全促进生产。所有教师、工程师、技术人员、学生必须加强法制观念和思政理念，认真执行党和国家及院校的有关安全实习（生产）与劳动保护的政策、法令、规定，严格遵守安全技术操作规程和各项安全生产规章制度。学生在进入 SMT 教学工厂之前要努力学习以下规章，进入 SMT 教学工厂之后要严格遵守。

（1）遵守课堂纪律，听从指挥。

（2）安全学习，未经教师或工程师许可，严禁随意打开电气开关、启动设备等，确保人身和设备安全。如果中途停电，应及时关闭电源，安全用电，节约用电。

（3）实训前，认真预习实训指导书，做好实训准备。

（4）实训时，按规定穿戴好防护用品和安全用具，不准赤脚、赤膊、敞衣、戴头巾或围巾工作。严禁穿拖鞋进入车间。

（5）实训中，认真听讲，严格按照工艺文件操作；坚守工作岗位，不准串岗；严禁大声喧哗、睡觉和做与本职工作无关的事。

（6）文明实习。保持车间的整洁，产品、材料摆放整齐，保持道路畅通。严禁随地吐痰、乱扔杂物，严禁将食品、饮料带入车间。实训结束后，整理好个人的工位及车间卫生。

（7）实训（生产）场所严禁吸烟，严禁将火种带入车间。

（8）爱护公物，保持设备和公共财产完好。

（9）按要求做好实训报告并完成作业。

4．SMT 静电防护设备的使用与维护

现代电子产品绝大部分都是高密度组装，元器件小，间距小，而且大部分元器件的封装密度也变得很高，所以即便电压比较弱的电流也会对元器件造成很大的损坏。在 SMT 生产过程中随时都会产生静电，必须使用静电防护设备，所以使用和维护静电防护设备非常重要。指导教师必须要求所有现场人员严格遵守 SMT 静电防护作业规范，并正确使用和维护静电防护设备。SMT 静电防护作业规范如下。

（1）整个车间必须处于防静电状态下。

（2）所有人员在车间里必须穿防静电工作服、防静电鞋，并戴上防静电腕带，处于防静电状态下。

（3）学生不允许破坏防静电材料，严禁用刀、剪刀等锋利的物体破坏静电防护设施。

（4）一切电子制造 SMT 设备都处于防静电状态下，尽可能避免工具与设备的过多摩擦，防止产生静电。

（5）元器件在库房中要处于防静电状态下。

（6）元器件在工作时要轻拿轻放，不要随意摩擦。

实训 2　SMT 生产线的选择与设计

1. 学习内容、方法与步骤

SMT 生产线主要由焊膏印刷机、SMC/SMD、贴片机、回流焊接设备、检测设备等组成。SMT 生产线的选择与设计非常复杂，涉及技术、管理、市场等各个方面，主要包括元器件类型及供应渠道、产品规模及更新换代周期、设备选型、技术发展趋势、生产模式及其现代化、生产系统的柔性化和集成化及投资强度等多方面因素。

SMT 生产线的设计和设备选型要结合生产实际、一定的适应性和先进性等多方面综合考虑。在已知组装产品对象的情况下，建立 SMT 生产线前应该先进行 SMT 生产线总体设计，以确定需组装元器件的种类和数量、组装方式，以及工艺和总体设计目标，然后进行生产线设计。

制定作业分工与任务：按照实训 1 的分组要求，结合现有教学工厂的 4 条生产线，制定单线 SMT 生产线的设计与建设方案，并详细描述选择本方案的理由，最后绘制 SMT 生产线图。

2. SMT 生产线的总体设计

SMT 生产线的总体设计应该先结合产品组装密度、产量规模、投资规模，以及对 SMT 生产工艺及设备的调研了解，再根据元器件的选择与设计合理的产品组装方式和工艺流程，然后根据产量规模确定生产线自动化程度，最后进行设备选型。

元器件（含基板）的选择是决定生产线组装方式及工艺流程和设备投资的第一因素。在产品设计、生产、制造及销售全球化的今天，SMC/SMD 很多时候并不齐全，总有特殊元器件出现。不同元器件往往会有不同的组装方式和工艺流程，对元器件进行甄别是确保设计与选择出满足生产要求的组装方式和工艺流程的关键。元器件的选择必须满足以下要求，并建立对应的数据库，如表 1.3 所示。

表 1.3　元器件数据库

名称	封装	数量	焊接要求	安装尺寸/mm	引脚数	引脚长宽/mm	引脚间距/mm	包装方式	用途	备注
电阻（1/10 W）	0603	30	260 ℃，10 s	0.6×0.3×0.2				8 mm		
电阻（1/8 W）	1005	40	260 ℃，10 s	1-0×0.5×0.3				8 mm		
MLC（1～5 μF）	1005	40	260 ℃，5 s	1-0×0.5×0.3				8 mm		
三极管	SOT23	10	260 ℃，5 s	2.7×2.2×10	3	0.35/0.1	1～9	16 mm		
D/A	SOP28	5	250 ℃，3 s		28	1～0.5/0.7	1～27	管式		
ROM	QFP80	2	230 ℃，3 s		80	1～0/0.1	0.8	托盘		
......										
大电容	THC	5						带式		散热

（1）保证元器件品种齐全，否则将使生产线不能投产，因此应有后备供应商。

（2）注意元器件的质量和尺寸精度，否则将使产品合格率低，增加返修率。

（3）不可忽视 SMC/SMD 的组装方式与工艺流程要求。注意元器件可承受的贴装压力和冲击力及其焊接要求，如 J 型引脚 PLCC 一般只适宜采用回流焊。

（4）确定元器件的种类、数量、最小引脚间距、最小尺寸等，并注意其与组装方式和工艺流程的关系。

组装方式是生产工艺复杂性、生产线规模和投资强度的决定性因素。同一产品的组装生产可以采用不同的组装方式来实现。元器件的种类繁多且发展很快，当初确定的较合理的组装方式也许会因元器件的变化而变得不合理。若已建立的生产线适应性差，则由此还可能造成较大的损失。因此，虽然一般优选单面混合组装方式作为初入型设计生产线，但同时应考虑选择的设备要能适用于双面混合组装方式，以便今后扩展。表 1.4 为组装方式对 SMT 的影响。

组装方式确定下来之后，即可初步设计出工艺流程，并制定出相应的关键工序及其工艺参数和要求，便于今后进行设备选型。如果不按实际需要而盲目建立一条生产线，再根据已有设备来确定可能进行的工艺流程，其后果或是大材小用，或是一些设备闲置不能有效利用，或是达不到产品质量要求。

表 1.4　组装方式对 SMT 的影响

目标	影响因素	转换需求			
		I 型	II 型	III 型	传统型
缩小体积	单面混合组装	4	3	1	0
	双面混合组装	4	3.5	2.5	0
自动化程度	新生产线的成本	4	2	0	1
	传统生产线的转换成本	0	2	4	0
	产量能力	3	1	4	0
	弹性能力	4	2	0	0
品质	一次合格率	4	0	2	3
功用	VLSI 电路应用	4	4	0	0
	高频应用	4	4	0	0

4—十分具有吸引力；3—具有吸引力；2—尚可；1—较少吸引力；0—完全没有吸引力

I 型—全表面组装工艺；II 型—双面混合组装工艺；III 型—单面混合组装工艺

3. 确定 SMT 生产线的自动化程度

生产线的自动化程度随着时代的不同、科技的发展，呈现出不同的状态与规模。20 世纪 70 年代，采用的是点自动化（Point automation）生产方式；80 年代初期出现线自动化（Line automation）生产方式，这种自动化生产具有产量大、产品规格统一化与标准化的特点；80 年代末期又出现系统自动化（System automation）生产方式，其将原料、组装生产、测试和包装集成一体化组织生产；90 年代出现直到现在还方兴未艾的柔性自动化（Flexible automation）生产方式，该自动化生产大量采用机器人、计算机控制和视觉系统，能从生产一种产品很快地转换为生产另一种产品，适用于多品种中/小批量生产，而又不违背经济原则。时至今日，工业机器人已经遍布电子制造行业的各个角落，其将大量由人工完成的工作逐渐转变成由机器人代替。SMT 生产线的主要类型如表 1.5 所示。

（1）超高速与高速 SMT 生产线：主要用于手机、MP4、计算机主板、彩电调谐器等大批量单一产品的组装生产。目前也出现了高速高精度贴片机，主要用于生产产量大的组装产品，如通信产品。一般认为贴片机的贴片速度大于 25 000 片/小时的为高速贴片机。

（2）中速/中速高精度 SMT 生产线：主要用于计算机、通信设备、录像机、仪器仪表等需要较高组装精度的产品的组装生产，不仅适用于多品种中/小批量生产，多台联机时也适用于大批量生产，能满足发展扩展需要。在投资强度足够的情况下，应优选中速高精度 SMT 生产线，而不选普通中速 SMT 生产线。中速贴片机的贴片速度为 10 000～25 000 片/小时。

（3）半自动/低速 SMT 生产线：一般只用于研究开发和实验。因其产量规模、精度和适应性难以满足大批量生产的发展需要，所以产品生产企业一般不选用。低速贴片机的贴片速度一般小于 10 000 片/小时。

（4）手动生产线：成本较低、应用灵活，可作为初入型设备或示教机，既可以帮助了解和熟悉 SMT，又可以满足现实研究开发或小批量多品种生产。

值得一提的是，上述分类并不是绝对的，同一生产线中既有高速机又有中速机的情况也很常见，还是要根据组装产品、组装工艺和生产规模的实际需要来确定设备的选型和配套。

表 1.5　SMT 生产线的主要类型

产量		自动化						备注
		半自动 SMT 生产线	低速 SMT 生产线	中速 SMT 生产线	中速高精度 SMT 生产线	高速 SMT 生产线	超高速 SMT 生产线	
		<3000；不定	<10 000；>±0.2 mm	<25 000；>±0.2 mm	<25 000；<±0.1 mm	<50 000；>±0.2 mm	>50 000；>±0.2 mm	
研究实验		◆	◆	△	△			
小批量	少品种	◆	△	◆	◆			
	多品种	△		◆	◆			
中/大批量	少品种			△		◆	◆	
	多品种			△◆		◆	◆	
柔性自动化生产					◆			
价格/万美元		5～8	6～10	10～20	20～40	25～50	50～100	

注：◆优选；△可选。

实训 3　电子制造工厂生产车间布局的基础设计

1. 学习内容、方法与要求

在设备搬入电子制造工厂之前，提前做好电子制造工厂的布局，可以起到事半功倍的效果，不至于在电子制造工厂开始投产后才发现有些区域事前没有规划好，需要重新进行调整，造成人力、财力和宝贵的生产时间的浪费。因此，事前做好电子制造工厂的布局是很重要的。

SMT 生产线的配置规划需要考虑到生产线规模、车间现状、使用需求及区域细节等布置要求。首先，我们必须对生产规模有充分的了解，如上几条生产线，什么样的生产线，是 SMT 生产线，还是插装线、调试线、总装线等，要做到心中有数方可进行布局设计。

确定作业分工与任务：按照上述分组，结合现有电子制造工厂仔细观察电子制造工厂的生产车间布局，分组讨论这种布局的优缺点，结合课堂讲授和资料搜集，重新设计电子制造工厂的生产车间布局图和建设方案，并详细描述选择本方案的理由，同时绘制电子制造工厂的生产车间布局图。

2. 熟悉生产车间现状与使用要求

在规划设计电子制造工厂生产车间之前，必须熟悉生产车间的必要配置及其适合的分布位置。通过对现有电子制造工厂的认识来完成生产车间基本配置的布局测绘。对现有电子制造工厂的认识如下。

（1）熟悉生产车间的长、宽、总面积，最好熟悉生产车间的总建筑图。

（2）了解生产车间位于几楼，一共有几层。

（3）生产车间的地面一般以普通地面居多，没有做过整平，并且大多没有建立起防静电系统，这是满足不了生产车间的防静电要求的，若有导电接地端子，则后续可以建立起防静电系统。若没有，则必须建立。

（4）了解生产车间内有无空调和加湿器，如果没有，那么将无法满足生产车间对温度与湿度的控制要求。

（5）了解生产车间有无抽风系统，如果没有，那么将无法满足回流焊炉等设备的要求。

（6）了解生产车间内电力是否充足，是否可满足车间内所有设备的电力需求。

（7）生产车间必须有两个以上出入口，方可以满足作为设备、半成品和原材料通道的要求，并且必须有专门的消防通道。

（8）必须有专门的物料仓库在另一个车间。

（9）生产车间照明情况必须良好，否则无法满足生产车间内所有工位的照明亮度要求。

生产车间的使用要求如下。

（1）能快速对新搬入的生产线及相关辅助工具、区域进行定位。

（2）生产车间能够满足未来若干生产线的架设和生产要求，不需要对规划区进行重新调整，不需要重新装修，可以直接架设且不影响其他生产。

（3）每条生产线的起始位置尽量保持一致，使生产车间生产线整齐有序地排列。

（4）生产车间在设计时必须考虑到安装设备避开立柱、送料车方便进出、两条生产线有最佳间距，以及线尾一般规划一个检查返修区域，质检人员可在线尾区域进行抽检，部分地区需用斑马线进行划分等问题。

3. 生产车间布局的细节要求

生产车间布局的细节要求涉及方方面面，具体如下。

1）生产准备区布局细节要求

（1）料架车放置区。料架车用于 SMT 生产线在生产和机种切换时材料的更换，为了方便生产和提高材料更换的效率，最好把料架车放置在贴片机附近。

（2）备料台放置区。备料台主要用于生产过程中的备料和机种切换前的材料准备，因此

备料台要放置在贴片机附近，最好和料架车放在一起，便于备好料后直接放在料架车上。

（3）焊膏放置区。焊膏放置区包括存放焊膏的冰箱、焊膏搅拌机、焊膏回温柜等，可以放在立柱旁边或按照车间的要求摆放在车间四周的某个固定区域，但要便于操作人员的取放。

（4）印刷工位小桌放置区。印刷工位小桌用于放置生产中用到的印刷机辅助工具，如擦拭纸、焊膏、酒精等，其应放置在印刷机的附近，以便拿取使用。

（5）产品放置区。生产出来的产品包括成品、半成品两种，要将放置这两种产品的区域单独划分出来，并进行严格区分，以免发生混乱。

（6）网板放置区。网板放置区包括网板放置柜、网板清洗机、网板检查工具等，用于网板的存储、清洗和网板张力检查等，同时该区域要尽可能便于生产中网板的取放。

（7）SMT 备件放置区：SMT 备件包括 Nozzle、电动机、皮带、汽缸等，要放在专门的区域，以便在生产中取用。

2）生产监控区布局细节要求

（1）炉后目检区和维修区：为了方便回流焊后半成品的目检和返修，一般在炉后放置一个小桌，专门用于炉后的目检和返修。

（2）看板放置区：看板包括生产看板和品质管理看板等，可以集中放置在进入车间的出入口，同时在每条生产线头设立该生产线生产状态的看板，以便生产者和管理者查看，并及时了解目前车间的生产状态和产品品质状况等。

（3）温度与湿度位置区：为了更好地了解车间的温度与湿度情况，根据车间面积的大小，适当地设置几个温度与湿度测定区，一般设置在生产线旁边的立柱上或墙壁上，需要安装空调和加湿器以达到车间温度与湿度控制的要求。

（4）仓库材料管理的要求：在仓库中，要特别注意物料的存放方式、卷盘包装方式等。编带包装元件可以选择挂钩式放置方式，湿润性元件应该采用防潮箱进行放置，货架要进行防静电处理。

3）安防工作区布局细节要求

（1）垃圾放置区：生产中的垃圾主要来源于两部分，一是印刷操作中使用的无尘纸等，二是材料更换产生的废料盘和废料带等。这两部分产生的垃圾要分开放置，并进行专门回收，特别是印刷机使用过的垃圾。因此，可以将垃圾放置区安排在印刷机或贴片机旁边或立柱旁边。

（2）防静电措施区：进入车间的人员，必须做好防静电措施，可以在车间的门口划出防静电措施区，并在此放置更换的静电衣、鞋、帽及每个员工的更衣柜等。此外，还要在车间入口处设立专门用来测试静电环的区域，以便让每个员工在上班前做好静电环测试，同时记录测试结果。

（3）灭火器放置区：灭火器要按照消防规定进行放置，一般放置在立柱旁边和车间的四周。

（4）车间办公区：让工程技术人员和管理人员在车间现场办公，这样能及时解决生产中遇到的技术和管理上的问题，从而保证 SMT 生产线的顺利运行。

（5）车间其他防静电处理：车间地面必须进行防静电处理。常见的防静电处理有防静电导电地板和普通地漆等，可以根据实际情况进行选择。另外，在车间内必须建立起防静电系统，以满足整个 SMT 车间的防静电要求。

（6）设备气路和电路安装要求：气路和电路最好直接从生产线上方顶棚处引下来，布置在设备下面的气路和电路用导线槽包裹起来；不能随便乱拉乱放，避免人员接触。

（7）抽风系统的要求：需要安装能够满足若干生产线要求的大功率抽风机，并且要预留较多抽风口。

内容回顾

本章主要叙述了什么是电子制造技术，电子制造 SMT 设备是怎么构成的，如何设定电子制造 SMT 设备的工作环境；介绍了 SMT 生产线的组成与分类，如何进行 SMT 生产线的设计，从总体方案设计、根据生产规模确定生产线自动化程度、电子制造 SMT 设备选型、电子制造工厂生产车间布局及提高生产线效率等角度详细叙述了 SMT 生产线的建线与设计方法，并通过实训对 SMT 生产线及电子制造工厂生产车间布局进行了规划设计，最后对电子制造 SMT 设备的未来发展方向进行了阐述。

习题 1

1. 什么是电子制造服务企业？
2. 国际知名 EMS 厂商有哪些？举例说明这些企业的业务范围和生产方向。
3. SMT 生产线的设备主要包括哪些？
4. 简述电子产品制造设备的工作环境要求。
5. 简述 SMT 生产线的流程配置及如何布局。
6. 简述 SMT 生产线的分类。
7. 简述 SMT 生产线的设计及如何进行总体设计。
8. SMT 生产线有哪些规模，以及有什么适用范围？
9. 电子制造 SMT 设备如何选型？
10. 电子制造工厂生产车间如何布局？有哪些布局要求？
11. 如何提高生产线效率？
12. 简述电子制造 SMT 设备的发展，以及 SMT 生产线的发展。

第2章

设备故障诊断与维护

学习目标：

- 理解故障诊断的概念、电子制造 SMT 设备常见故障分类、电子制造 SMT 设备常见故障分析及处理办法。
- 理解振动检测系统的工作原理、振动诊断技术的实施过程及常用振动诊断仪器的操作规范。
- 了解温度诊断技术、红外监测诊断技术及应用。
- 了解油液污染诊断技术、铁谱分析技术、光谱分析技术等。
- 了解无损检测技术及其分类。

参考学时：

- 讲授（6 学时）。

任务 2.1 认识电子制造 SMT 设备的维保范畴

2.1.1 故障诊断基础

1. 认识故障与事故

所谓故障，是指"一台装置在它应达到的功能上丧失了能力"，即电子制造 SMT 设备运行功能的失常（Malfunction），并非纯指失效（Failure）或损坏（Breakdown）。这个概念包括以下 3 个内容。

（1）引起系统立即丧失其功能的破坏性故障。

（2）与设备性能降低有关的性能上的故障。

（3）即使设备当时正在工作，当操作者无意或蓄意使设备脱离正常的运转时刻。

从系统的观点来看，故障包含两层含义：一是机械系统偏离正常功能，其形成的主要原因是机械系统的工作条件（含零部件）不正常。这类故障通过参数调节或零部件修复即可消除，系统随之恢复正常功能。二是功能失效。此时系统连续偏离正常功能，并且偏离程度不断加剧，使机械设备不能保证基本功能，这种情况称为失效。研究故障的目的是要查明故障模式，追寻故障机理，探求减少故障的方法，提高机电设备的可靠程度和有效利用率。

故障这一术语，在实际使用时常常与异常、事故等词混淆。所谓异常，是指设备处于不正常状态，对设备管理人员来讲，必须明确管理的设备的正常状态、规定性能范围，只有这样，才能明确异常和故障之间的区别，也才能理解什么是异常、什么是故障。

事故也是一种故障，是侧重考虑安全与费用而建立的术语，通常指设备失去安全的状态或设备受到非正常损坏等。不论是设备自身的老化缺陷，还是操作者操作不当等外因，凡造成设备在损坏或发生故障后，影响生产或必须修理的现象均称为设备事故。

对于故障，应明确以下几点。

（1）规定的对象。规定的对象指一台单机，或由某些单机组成的系统，或设备上的某个零部件。不同的对象在同一时间将发生不同的故障状况。例如，在一条自动化流水线上，某一单机的故障足以造成整条自动化流水线系统功能丧失；但在机群式布局的车间里，则不能认为某一单机的故障与全车间设备的故障相同。

（2）规定的时间。规定的时间指发生故障的可能性随时间的延长而增大。时间除直接用年、月、日、时等作单位之外，还可以用设备的运转次数、里程、周期作单位。例如，车辆等用行驶的里程作单位；齿轮用它承受载荷的循环次数作单位等。

（3）规定的条件。规定的条件指设备运转时的使用维护条件、人员操作水平、环境条件等。不同的条件将导致不同的故障。

（4）规定的功能。规定的功能是针对具体问题而言的。例如，同一状态的车床，进给丝杠的损坏对加工螺纹而言是发生了故障，但对加工端面来说却不算发生了故障，因为这两种情况所需车床的功能项目不同。

（5）一定的故障程度。一定的故障程度指应从定量的角度来判断功能丧失的严重性。在生产实践中，为概括所有可能发生的事件，给故障下了一个广泛的含义，即"故障是不合格的状态"。

2. 电子制造 SMT 设备故障的分类

电子制造 SMT 设备故障可以从不同角度进行分类，不同的分类方法反映了故障的不同侧面。从设备功能丧失的程度，以及故障发生的原因、发生的范围、发生的频次、发生的快慢、发生的时期及安全保护装置等角度进行分类，具体如下。

1）按故障发生的原因分类

（1）磨损性故障：机械系统因使用过程中的正常磨损而引发的一类故障。

（2）错用性故障：因使用不当而引发的故障。

（3）先天性故障：由于设计或制造不当而造成机械系统中某些薄弱环节而引发的故障。

2）按故障造成的后果分类

（1）危害性故障：故障发生后会对人身、生产和环境造成危险或危害的一类故障。

（2）安全性故障：故障的发生不会对人身、生产和环境造成危害的一类故障。

3）按故障发生的快慢分类

（1）突发性故障：故障发生前无明显征兆，且难以通过早期试验或测试来预测。

（2）渐发性故障：设备在使用过程中，零部件因疲劳、腐蚀、磨损等使设备性能逐渐下降，最终超出允许值而发生的故障。

4）按故障发生的范围分类

（1）部分性故障：设备功能部分丧失的一类故障。

（2）完全性故障：设备功能完全丧失的一类故障。

5）按故障发生的频次分类

（1）偶发性故障：发生频率很低的一类故障，即意外现象。

（2）多发性故障：经常发生的一类故障。

6）按设备功能丧失的程度分类

（1）永久性故障：必须更换某些零部件，机器才能恢复其功能。

（2）非永久性故障：也称为间断性故障，故障使部件丧失某些功能，但不需更换零部件就可以排除故障并使机器恢复全部功能。

7）按故障相关性分类

（1）相关故障：也称为间接故障，这种故障是由设备的其他部件引起的。

（2）非相关故障：也称为直接故障，这种故障是由零部件本身直接引起的。

8）按故障发生的时期分类

电子制造 SMT 设备故障按故障发生的时期可分为初始使用期故障（早期）、相对稳定运行期故障（中期）、寿命终了期故障（后期），如图 2.1 所示。

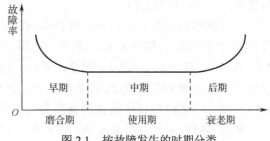

图 2.1　按故障发生的时期分类

3. 故障的分析方法

故障的分析方法一般有统计分析法、分步分析法、故障树分析法和典型事故分析法等。

1）统计分析法

通过统计某一设备或同类设备的零部件因某方面技术问题而发生的故障占该设备各种故障的百分比，来分析该设备发生故障的主要原因，从而为修理和经营决策提供依据的分析方法，称为统计分析法。

2）分步分析法

分步分析法对设备故障的分析范围是由大到小、由粗到细逐步进行的，最终必将找出故障频率较高的设备零部件或故障的主要形成原因，并采取对策。这对大型化、连续化的现代工业准确地分析故障的主要原因和倾向是很有帮助的。

3）故障树分析法

故障树分析法（Fault Tree Analysis，FTA）是一种由果到因的分析方法，是对系统故障形成的原因采用从整体到局部按树枝状逐渐细化分析的过程。它通过对可能造成系统故障的各因素进行分析，从而表明系统故障与故障原因之间的对应关系。

故障树分析法是一种既安全又可靠的分析方法，广泛用于航天、航空、核能，以及电子、化工、机械等工业部门，甚至在社会安全和经济管理领域也得到了应用。故障树分析法具有以下特点。

（1）针对某一特定的故障进行层层深入的分析，以清晰的图形直观、形象地表述系统的内在联系，并指出零部件故障与系统故障之间的逻辑关系。

（2）清楚地表明系统故障与哪些零部件有关，以及有何关系、有多大关系。同时，在表明零部件的故障后，可以判断其对系统故障有无影响、有何影响、有多大影响，以及影响的途径。

（3）故障树模型建成后，对不曾参与系统设计与试制的管理人员与维修人员来说，这是一个形象的维修指南，可以大大缩短维修人员的培训时间，节约维修人员的培训费用。

（4）对故障树模型进行定性分析，可以使设计人员搞清系统的故障模式和成功模式，从而及时发现设计方案中的薄弱环节，以便采取纠正措施。

（5）故障树分析法是一种图形分析方法，因此，要想读懂图形表示的意义，首先要了解图形结构及分析方法，收集有关系统的设计、运行、流程图、设备技术规范等技术文件与资料，并进行仔细分析。

以焊膏印刷故障分析为例，焊膏印刷故障树如图 2.2 所示。焊膏印刷故障很多，这里以焊膏印刷偏离为例分析故障树的子项目。焊膏印刷偏离故障树子项目如图 2.3、图 2.4、图 2.5、图 2.6、图 2.7、图 2.8 所示。通过对印刷设备与印刷工艺进行分析，我们可以知道产生焊膏印刷缺陷的原因有很多，总体来讲，可从模板、刮刀、印刷机、PUB、操作人员、工艺技巧、环境及焊膏质量等方面进行分析，如图 2.2 所示。本书不一一介绍电子制造 SMT 设备的所有缺陷的故障树，但所有故障树的建立模式和焊膏印刷偏离故障树相似。

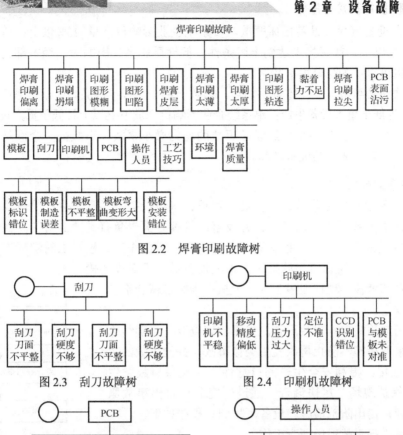

图 2.2　焊膏印刷故障树

图 2.3　刮刀故障树

图 2.4　印刷机故障树

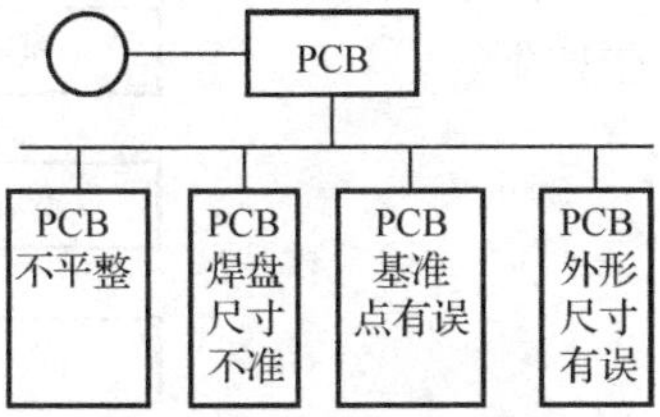

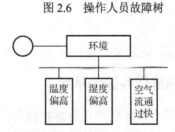

图 2.5　PCB 故障树

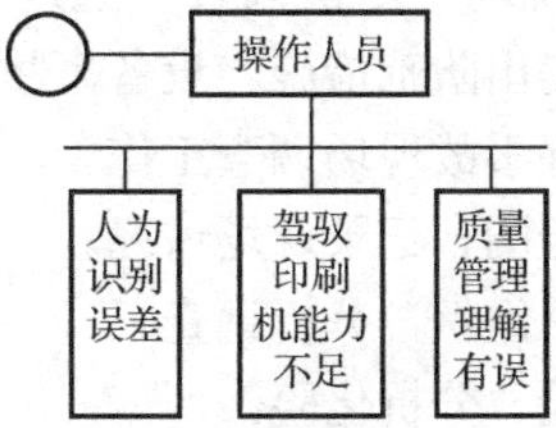

图 2.6　操作人员故障树

图 2.7　工艺故障树

图 2.8　环境故障树

4）典型事故分析法

所谓典型事故分析法，是以某一常见高发故障为例，全面分析这个故障发生的原因，研究解决故障的办法和提出分析过程的步骤，最后将这个分析法作为一个典型案例应用到全部或大部分故障分析中去。

4．设备事故分类与处理

1）设备事故分类

凡影响生产或必须停机维修的故障均称为事故，设备事故可以分为三大类。

（1）重大设备事故：设备损坏严重，多系统企业影响日产量 25%以上；单系统企业影响日产量 50%以上；或者虽未达到上述条件，但性质恶劣、影响大，经本部门分析讨论并集体同意，也可以认为是重大事故。

（2）普通设备事故：设备零部件损坏，以致一种成品或半成品减产，多系统企业影响日产量 5%以上且低于重大设备事故；单系统企业影响日产量 10%以上且低于重大设备事故。

（3）微小事故：损失小于普通设备事故的均为微小事故，事故损失金额是修复费、减产损失费及成品和半成品损失费之和。

2）设备事故处理

车间的设备主管、工艺员、设备员、线长、班组长等，通常是生产第一线的有丰富实践经验的组织者和指挥者，同样在设备及事故管理方面也负有重要的责任。他们应该认真贯彻上级的各项法令、规定、指示等，狠抓落实，对操作工、检修工的实际工作进行指导与监督，特别是及时纠正错误的操作。车间设备员负责对设备操作人员、检修人员进行相关的安全教育和考核。现在很多工种一般执行未经考试合格者不准操作的规定。

生产车间应积极参与事故调查。当事故调查取得正确结论后，应立即采取措施，防止再次发生类似事故，并把事故的教训进行安全宣传，提高安全生产的自觉性。在设备事故发生后，要及时保护现场，尽快调查，通过研究分析找出事故原因，吸取教训，提出防范措施。设备事故调查程序如下。

（1）迅速进行事故现场调查工作。

（2）拍照、绘图、记录现场情况。

（3）成立专门组织，分析调查。

（4）模拟实验、分析化验。

（5）讨论分析、得出结论。

（6）建立事故档案。

（7）采取对策，防止事故再次发生，如图 2.9 所示。

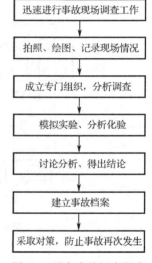

图 2.9 设备事故调查程序

2.1.2 设备维修与保养基础

设备维修的基本内容包括设备维护保养、设备检查和设备修理。设备维修工作的任务是：根据设备的运行规律，搞好设备的维护保养工作，延长零部件的正常使用寿命；对设备进行必要的检查，及时掌握设备情况，以便在零部件发生问题前采取适当的方式进行修理。

设备维修的传统方式主要有润滑、补焊、机加工、报废更新、误差调正、垢质清洗等；先进方式主要有高分子复合材料技术、纳米材料技术、陶瓷材料技术、稀有金属材料技术等。

1. 设备维护保养与检查

设备维护保养的内容是保持设备清洁、整齐、润滑良好、安全运行，并及时紧固松动的紧固件，调整活动部分的间隙等。简而言之，即"清洁、润滑、紧固、调整、防蚀"十字作业法。实践证明，设备的寿命在很大程度上取决于维护保养的好坏。

设备检查指对设备的运行情况、工作精度、磨损或锈蚀程度进行测量和校验。通过检查来全面掌握机器设备的技术状况和磨损情况，并及时查明和消除设备的隐患，有目的地做好修理前的准备工作，以提高修理质量，缩短修理时间。

设备检查按技术功能可分为机能检查和精度检查。机能检查指对设备的各项机能进行检查与测定，如是否漏油、漏水、漏气，防尘密闭性如何，零部件耐高温、高速、高压的性能如何等。精度检查指对设备的实际加工精度进行检查和测定，以便确定设备精度的优劣程度，为设备验收、修理和更新提供依据。

设备检查按时间间隔可分为日常检查和定期检查。日常检查由设备操作人员执行，其同日常保养结合起来，目的是及时发现不正常的技术状况，以便进行必要的维护保养工作。定期检查的目的是通过检查来全面准确地掌握零部件磨损的实际情况，并分析修理的必要性。

2. 设备修理

设备修理指通过修理更换磨损、老化、锈蚀的零部件，使设备性能得到恢复。3 种修理方法如下。

（1）标准修理法又称为强制修理法，是指根据设备零部件的使用寿命，预先编制具体的修理计划，并明确规定设备的修理日期、类别和内容的修理方法。此方法有利于做好修理前的准备工作，可以有效保证设备的正常运转，但有时会造成过度修理，增加修理费用。

（2）定期修理法指根据零部件的使用寿命、生产类型、工件条件和有关定额资料，事先规定出各类计划修理的固定顺序、计划修理间隔期及其修理工作量。在修理前，通常要根据设备状态来确定修理内容。此方法有利于做好修理前的准备工作，也有利于采用先进修理技术，同时修理费用较少。

（3）检查后修理法指根据设备零部件的磨损资料，事先只规定检查次数和时间，而每次修理的具体期限、类别和内容均由检查后的结果来决定。这种方法简单易行，但由于修理的计划性较差，因此检查时有可能由对设备状况的主观判断的误差引起零部件的过度磨损或故障。

根据修理范围的大小、修理间隔期的长短、修理费用的多少，设备修埋可分为以下 4 类。

（1）小修理：通常只需清洗、修复、更换部分磨损较快和使用期限小于或等于修理间隔期的零部件，同时调整设备的局部结构，以保证设备能正常运转到计划修理时间。小修理的特点：修理次数多，工作量小，每次修理时间短，修理费用计入生产费用。小修理一般在生产现场由车间专职维修工人执行。

（2）中修理：中修理包括小修理项目，主要对设备进行部分解体、修理，或更换部分主要零部件与基准件，或修理使用期限小于或等于修理间隔期的零部件；同时要检查整个机械系统、紧固所有机件、消除扩大的间隙、校正设备的基准，以保证机器设备能恢复或达到应有的标准和技术要求。中修理的特点：修理次数较多，工作量不大，每次修理时间较短，修理费用计入生产费用。中修理大部分由车间的专职维修工人负责，部分邀请外单位协助。

（3）大保养：通过更换、修复主要零部件来恢复设备的原有精度、性能和生产效率而进行的全面修理。大保养的特点：修理次数少，工作量大，每次修理时间较长，修理费用

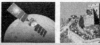

由大保养基金支付。大保养由使用和承修单位有关人员共同检查验收，合格后使用单位与承修单位办理交接手续。

（4）系统停车大检修：整个系统或几个系统直至全厂性的停车大检修。系统停车大检修的特点：修理面很广，通常将系统中的主要设备和那些不停车不能检修的设备及一些主要公用工程的检修，都安排在系统停车大检修中进行；要求所有系统的人员全员参加检修；修理后需要组织专家团队进行评估、检验、纠正生产工艺过程中的不合理操作规程，在总结设备使用与维修经验后才可使用。

3. 电子制造 SMT 设备的保养

不同电子制造 SMT 设备的具体保养方法各不相同，但是其总体保养规则是相似的。一般来讲，电子制造 SMT 设备的保养规则主要从保养周期和保养耗时两个维度进行区别，不同阶段工作重点各有不同。

1）零级保养

零级保养也称为日保养，主要由设备操作工独立完成，必要时可以寻求对应设备技术员的帮助。日保养一般安排在每班上班开始工作之后进行，耗时 3~5 分钟；主要工作是清洁电子制造 SMT 设备外部与内部明显处的灰尘与油污，检查外观及仪表盘指针数据和设备内部有无异物；工作重点是清洁和检查。

2）一级保养

一级保养也称为周或旬保养，主要由设备操作工和设备技术员合作完成，以设备技术员为主，必要时可以寻求对应设备工程师的帮助。周或旬保养一般安排在某一班次临近结束工作时进行，耗时 1~2 小时；主要工作是润滑易损零部件和高摩擦零部件的接合部（这些高摩擦零部件主要有丝杠、导轨、齿轮、皮带轮、电机转子等），检查全部气液管、孔是否堵塞，清洁风扇叶，必要时可以将部分部件拆下来送到小型超声波清洗机里进行清洗，如贴片机吸嘴，同时做好日保养工作；工作重点是润滑和检查。

3）二级保养

二级保养也称为月或季保养，主要由设备技术员和设备工程师合作完成，以设备工程师为主，必要时可以寻求对应设备总工程师的帮助。月或季保养一般安排在一个月或一个季度后某一班次工作时进行，耗时 2~8 小时；主要工作是更换将坏或易损零部件、油气管，以及一般零部件尤其是没坏但已经老化的零部件，并做好故障诊断与预测、易损零部件备件更换表、初步预测零部件寿命，同时做好周或旬保养；工作重点是检查和更换。

4）三级保养

三级保养也称为年保养，主要由设备操作工、设备技术员、设备工程师与设备总工程师全部设备人员一起合作完成，以设备总工程师为主，必要时可以寻求其他部门相关人员的帮助。年保养一般安排在一年临近结束的工作日进行，耗时 2~3 天；主要工作是进行整机拆卸保养，对关键零部件进行故障诊断与更换，对全部零部件进行寿命预测，并安排好来年的零部件更换计划与备件表，同时预测整机寿命，做好全年全部保养工作；工作重点是更换核心部件和寿命预测。

任务 2.2　认识非破坏性设备诊断技术

2.2.1　振动诊断技术的应用

振动监测系统由振动传感器、信号调理器、信号记录仪及信号分析与处理设备组成，如图 2.10 所示。其中，振动传感器的作用是将机械振动量转变为适用于电测的电参量，俗称拾振器；信号记录仪的功能是存储所测的振动信号；信号分析与处理设备负责分析与处理各种记录的信号；信号调理器起协调作用，使振动传感器和信号记录仪能配合起来协同工作，其主要功能包括信号放大、阻抗变换等。

图 2.10　振动监测系统组成

振动传感器是用来测量振动参量的传感器，根据所测振动参量和频响范围的不同，习惯上将振动传感器分为振动加速度传感器、振动位移传感器和振动速度传感器三大类，其各自典型的频响范围大致如下：振动加速度传感器为 $0 \sim 50\ \text{kHz}$；振动位移传感器为 $0 \sim 10\ \text{kHz}$；振动速度传感器为 $10\ \text{Hz} \sim 2\ \text{kHz}$。

1. 振动诊断原理与传感器选用

1）工程振动测试方法

（1）机械式测量法：将工程振动的参量转换成机械信号，经机械系统放大后，进行测量、记录。常用的仪器有杠杆式测振仪和盖格尔测振仪，它们测量的频率较低，精度也较差，但使用较为简单方便。

（2）光学式测量法：将工程振动的参量转换为光学信号，经光学系统放大后显示和记录。常用的仪器有读数显微镜和激光测振仪等。

（3）电测法：将工程振动的参量转换成电信号，经电子线路放大后显示和记录。电测法的要点在于先将机械量转换为电量（电动势、电荷及其他电量），然后对电量进行测量，从而得到所要测量的机械量。这是目前应用最广泛的测量方法。

2）振动传感器的工作原理

振动传感器是测试技术中的关键部件之一，它的作用主要是将机械量接收下来，并转换为与之成比例的电量。由于它也是一种机电转换装置，因此有时也称为换能器、拾振器等。振动传感器并不是直接将原始要测的机械量转变为电量的，而是将原始要测的机械量作为振动传感器的输入量，然后由机械接收部分加以接收，形成另一个适合变换的机械量，最后由机电变换部分将机械量转变为电量。因此一个传感器的工作性能是由机械接收部分和机电转变部分的工作性能来决定的。振动传感器：

（1）按机械接收原理分为相对式、惯性式传感器。

（2）按机电变换原理分为电动式、压电式、电涡流式、电感式、电容式、电阻式、光电式传感器。

（3）按所测机械量分为位移传感器、速度传感器、加速度传感器、压力传感器、应变传感器、扭振传感器、扭矩传感器。

以上 3 种分类方法中的传感器是相通的。

3）振动传感器的选用

在实际测试工作中，优化和可用是选用振动传感器应遵循的基本原则。所谓优化，就是在满足基本测试要求的前提下，尽量降低传感器的费用，即取得最佳的性能价格比；所谓可用，就是要使所选的传感器满足最基本的测试要求。具体来说，就是要考虑以下几个方面。

（1）线性范围：任何传感器都有一定的线性范围，线性范围越宽，则表明传感器的工作量程越大。量程是保证传感器有用的首要指标，因为超量程测量不仅意味着测量结果的不可靠，而且有时会造成传感器的永久损坏。

（2）频响范围：传感器所选的工作频响范围应覆盖整个需要测试的信号频段并略有超出，但也不要选用频响范围过宽的传感器，这样不仅会增加传感器的费用，而且会导致无用频率信号的引入，从而增加后续信号分析与处理的难度。

（3）灵敏度：传感器的灵敏度越高，越容易检测微小信号。但还要考虑以下几个问题：首先灵敏度越高，传感器也会变得越容易混入外界噪声，这就要求传感器有高的信噪比，以有效地抑制噪声信号；再者，在确定传感器的灵敏度时，还要与其测量范围结合起来考虑，应使传感器工作在线性范围内。

（4）稳定性：传感器的稳定性表示经长期使用后，其输出特性不发生变化的性能。它有两方面的含义，即时间稳定性和环境稳定性，其中环境（温度、湿度、灰尘、电磁场等因素）稳定性是任何传感器都要考虑的问题，要保证传感器工作在允许的环境条件下，以避免降低传感器的性能。时间稳定性是用于长期工况监测的传感器所要重点考虑的问题。

（5）精确度：传感器的精确度是影响测试结果真实性的主要指标，它表示其输出与被测物理量的对应程度。传感器能否真实地反映被测量值，对整个测试系统具有直接影响，但也并不是要求精度越高越好。这主要是因为传感器的精度与其价格对应，精度提高一级，传感器的价格将成倍增长，因此，应从实际需要出发来选用传感器。

（6）测量方式与使用场合：传感器的测量方式也是选用传感器时应考虑的重要因素。对运动部件的测量一般采用非接触测量方式，如电容式、电涡流式等非接触传感器。大型、高精度、高价值设备往往选用精度高、稳定性好的传感器；不能工作失灵的工况监测系统应重点考虑传感器的稳定性；高温场合应重点考虑传感器的耐温性能；强电磁干扰场合不应选用磁电式或霍尔元件传感器等。

（7）其他因素：传感器的外形尺寸、质量、可换性等也是选用传感器时需要考虑的因素。

4）数据采集与信号处理

在现代信号处理技术中，有一个必不可少的环节就是数据采集。数据采集包括信号预处理和信号采集两个过程，它将监测模拟信号转换成数字信号并送入分析仪器中，其核心是 A/D 转换器。数据记录设备主要是磁带机和数据采集器两种，它们各有特点和应用场合。信号分析与处理设备是进行各种数学运算的硬件设备。

2. 振动诊断的实施过程

振动分析是一种十分有效的电子制造 SMT 设备故障监测与诊断的方法，其在现行电子制造 SMT 设备故障诊断的整个技术体系中居主导地位。振动监测与诊断的基本过程如图 2.11 所示。

1）确定诊断对象

在一个大型的电子制造企业中，不可能将全部设备都作为监测对象，而是必须经过充分地调查研究，根据企业自身的生产特点及各种设备的组成情况，有重点地选定用作监测对象的设备，如高精度贴片机、高精度印刷机等。用作监测对象的设备应具有以下特点。

（1）一般是连续作业和流程作业中的设备，如贴片机、印刷机、回流焊炉等。

（2）停机或存在故障会造成很大损失的设备。

（3）维修费用高的设备，如发动机，以及价格昂贵的大型精密设备和成套设备。

（4）没有备用机组的关键设备。

（5）容易造成人身安全事故的设备及容易发生故障的设备。

在确定监测对象时，应尽量多地覆盖设备种类，在每种设备中选定一至两个进行重点监测。

2）确定诊断方案

一个比较完整的现场振动诊断方案应包括以下内容。

（1）选择测量点：选择最佳的测量点并采用合适的检测方法是获取设备运行状态信息的重要条件。确定测量点数量及方向的总原则：能对设备振动状态做出全面的描述；应是设备振动的敏感点；应是离机械设备核心部位最近的关键点；应是容易产生劣化现象的易损点。

（2）预估振动频率和振幅：预估振动频率和振幅可采用的方法有根据积累的现场诊断经验，对设备常见故障的振动特征频率和振幅进行基本估计；根据设备的结构特点、性能参数和工作原理计算出某些可能发生的故障的振动特征频率；利用便携式振动测量仪，在正式测量前对设备进行重点分块测试，并找到一些振动烈度较大的部位，通过改变测量频段和测量参数来进一步测量，也可以大致确定其敏感频段和幅值范围。

（3）测量参数的确定：在机械设备振动诊断工作中，位移、速度和加速度是 3 种可测量的幅值参数。在选择振动测量参数时，应考虑两方面的因素：一是振动信号的频率构成；二是主要的振动表象。选择测量参数是振动信号的统计特征量的选用，其中有效值反映了振动能量的大小及振动时间历程的全过程，峰值只反映瞬时值的大小，同平均值一样，不能全面地反映振动的真实特性。

（4）选择诊断仪器及传感器：主要从质量、可靠性、性价比等常规角度考虑诊断仪器的选择。此外，还必须考虑仪器是否具有足够宽的频率范围，一般范围为 10 Hz～10 kHz。

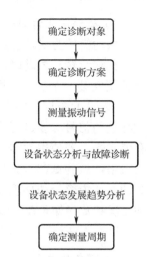

图 2.11　振动监测与诊断的基本过程

用于振动测量的传感器主要包括位移传感器、速度传感器和加速度传感器。

3）振动信号的测量

振动信号的测量主要包括振动的测量、信号分析和数据记录与整理 3 部分。

在测量转轴振动时，一般是测量轴颈的径向振动。通常在一个平面内正交的两个方向上分别安装一个探头，即两个测点相差 90°。机壳（轴承座）的振动测量一般需要测量 3 个互相垂直方向的振动，这是因为不同的故障在不同的测量方向上有不同的反映。对于初次测量的信号，要进行信号重放和直观分析，检查测得的信号是否真实；测量后要把信号存储起来，若使用数据采集器之类的仪器，则数据存储一般可自动完成。记录数据要用专用表格，做到规范、完整而不遗漏。除记录仪器显示的参数之外，还要记下与测量分析有关的其他内容，如环境温度、电源参数、仪器型号、仪器的通道数，以及测量时设备运行的工况参数（如负荷、转速、进出口压力、轴承温度、声音、润滑等），如果不及时记录，那么以后无法补测，这将严重影响分析判断的准确性。

4）设备状态分析与故障诊断

故障诊断的本质是对设备进行状态分析，设备故障诊断的过程是状态分析的过程。设备状态分析与故障诊断主要包括总体状态分析、故障类型分析、故障部位分析和故障程度分析 4 个阶段。

（1）总体状态分析：对设备状态最基本的判别是把设备的状态区分为正常状态和异常状态两种情况。对设备进行总体状态分析，一般可以采用标准判别法和图像判别法。常用的标准判别法标准有 3 种类型，即绝对标准、相对标准和类比标准。在进行总体状态分析时，根据设备的具体使用情况，采用其中一种标准进行判断，或者同时采用两种、三种标准进行判断。所谓绝对标准，是指采用若干组阈值（也称为门槛值或界限值）把设备状态分为良好、允许、较差、不允许等几个级别。所谓相对标准，是指采用相同的测试方案把机器在良好状态（正常状态）下测得的振动值作为初始值（也称为原始值），再将机器运行中实际测得的值与初始值进行比较，按实测值达到初始值的倍数来判别设备的状态。所谓类比标准，是指将数台同型号、同规格的设备，在相同的测试条件下，用相同的测试方法测得振动值并互相进行比较，依据它们之间的差别对设备的状态进行判别。图像判别法是利用平时积累的设备在正常状态下的标准振动频谱（或波形），把同一条件下测得的频谱（或波形）与标准频谱（或波形）进行比较，通过分析它们的差别以大致判别设备状态的好坏。

（2）故障类型分析：故障类型的分析方法包括瞬态信号分析法、方向特征分析法、振动变动特征分析法、幅值比较分析法、主要频率分析法、关联分析法、波形比较分析法等。故障类型分析常用 5W1H 方法。所谓 5W1H 方法，是指在进行故障类型分析时，采用 Why（为什么）、What（什么）、Who（谁）、When（何时）、Where（何处）、How（怎样或如何）等 6 种提问的方式来完成对故障的推论，具体含义如下。

① Why：为什么要用这个元件？为什么这个元件会发生故障？为什么不加防护装置？为什么不用机械代替人力？为什么不用特殊标志？为什么输出会出现偏差？

② What：功能是什么？工作条件是什么？与什么有关系？规范、标准是什么？在什么条件下会发生故障？将会发生什么样的故障？采用什么样的检查方法？制定什么样的预防措施？

③ Who：谁操作设备？故障一旦发生，谁是受害者？谁是加害者？谁来实施安全措施？

④ When：何时发生故障？何时检测安全装置？何时完成预防措施计划？

⑤ Where：在什么部位发生故障？防护装置装在什么地方最好？何处有同样的装置？监测、报警装置装在什么地方最好？何地需要安全标志？

⑥ How：发生故障的后果、影响程度、安全控制能力如何？如何避免故障发生并改进设计？

（3）故障部位分析：常用的故障部位分析方法有特征频率分析法、布点排查法、冲击脉冲法、类比法、排查分析法。

① 特征频率分析法：一般机器振动的频率范围大体上可以分为低频、中频和高频 3 个频段，其零部件的故障频率分布在不同频段。根据主要振动频率的大小，可以大致估计故障可能发生的部位。

② 布点排查法：在振动测量时有一个常识，即测点越靠近振源，测值越大，得到的信息越可靠，分析的结论往往越准确。因此根据机器的结构特点和故障特征，合理选择和布置测点，并根据测值大小和测点分布特点分析振源，从而确定故障的部位，这种方法叫布点排查法，是现场常用的简易诊断方法，也是一种常用的判别方法。

③ 冲击脉冲法：又称为振动脉冲法（Shock Pulse Method，SPM），适用于滚动轴承多种失效的诊断，尤其对疲劳失效、磨损失效、润滑不良等失效的诊断准确率相当高，是滚动轴承失效诊断的主要方法之一。由于阻尼的作用，这种振动是一种衰减振动。冲击脉冲的强弱反映了故障的程度，它还和轴承的线速度有关。常用的冲击脉冲法诊断工具主要有 CMJ-10 型冲击脉冲计等，如图 2.12 所示。

④ 类比法：又称为比较类推法，是指由一类事物具有的某种属性推测与其类似的事物也应具有这种属性的推理方法。类比结论必须由实验来检验，类比对象间共

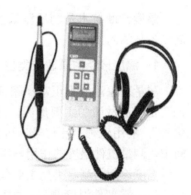

图 2.12　冲击脉冲计

有的属性越多，则类比结论的可靠性越大。类比法的作用是由此及彼，如果把"此"看作是前提，"彼"看作是结论，那么类比法的思维过程就是一个推理过程。

⑤ 排查分析法：在对一台振动异常的机器进行诊断时，先分析出产生振动的各种可能振源，再判定出其中某几个因素与振动异常无关，那么振源就只能出在余下的部位上，最后以此为基础进行分析故障部位的方法。

（4）故障程度分析：主要有振动标准界定法、振动频谱界定法、振动峰值系数界定法 3 种方法。振动标准界定法通常包括良好、允许、较差和不允许 4 个等级的设备状态特征。

5）设备状态发展趋势分析

对设备状态实行趋势管理是必不可少的工作，其主要作用如下。

（1）对设备状态实行趋势管理可以预测设备状态未来的发展趋势。

（2）掌握设备状态变化的趋势有利于分析故障的性质。通过趋势图，可以看出设备状态劣化的速度。速度快是突发故障的信号，速度慢是磨损故障的特征。

（3）实现特征频率分量的幅值变化的趋势管理可以监视设备总体状态变化，也可以诊断故障的原因。

以时间为横坐标，幅值参量为纵坐标，把标示在坐标图上的定期监测的数据点用一根光滑的曲线连接起来，就形成了常用的趋势管理曲线。趋势管理的对象可以是某一测点的振值，也可以是某一个特征频率的振幅。

6）测量周期的确定

一般根据电子制造 SMT 设备的不同种类及其所处工况确定测量周期。测量周期可分为定期检测、随机检测和在线检测。定期检测即每隔一段时间对设备检测一次，如每周、每月或每半年，不同设备的时间不同；随机检测即专职设备检修人员一般不定期地对设备进行检测，设备操作人员或责任人则负责设备的日常检测工作，并进行必要的记录，当发现异常时要及时报告专职设备检修人员；在线检测即对某些大型关键设备进行在线检测，测定值一旦超过设定的界限值，立即进行报警，并进行相应的保护措施或采用备用设备，从而进行正常检测维护。

2.2.2 温度诊断技术

温度诊断技术是利用测量机件工作温度的方式，对设备的发热状态进行检测，从而判断设备故障的技术。

1. 温度诊断的原理与类型

测量对象温度不正常（超标或降低），意味着可能有故障在设备中产生，可以简单理解为它是引起故障的主要原因，这是温度诊断的基本依据。温度异常是机械设备故障的"热信号"，利用这种"热信号"可以查找机件缺陷和诊断各种由热应力引起的故障。在故障诊断中，测量机件温度的作用与医学诊断中测量体温的作用是极为相似的。

温度诊断的测温类型主要包括以下两种。

（1）零部件温度测量：主要测量各种零部件的表面温度和体内温度，如活塞、汽缸、齿轮、轴承，以及电气元件、器件等。

（2）流体温度测量：主要测量机械系统中各种流体介质的温度，通常又分为稳定温度测量和动态温度测量，前者用于测量稳定的或变化缓慢的温度，如冷却水温度、机油温度、环境温度等；后者用于测量随时间急速变化的温度，如燃烧火焰温度、燃气温度、排气温度等。

2. 温度诊断的方法与内容

温度诊断是以温度、温差、温度场、热像等热学参数为检测目标的，其检测原理是以机件的热传导、热扩散或热容量等热学性能的变化为基础的，因此温度诊断的方法有很多。根据故障"热信号"获取方法的不同，温度诊断可以分为被动式温度诊断和主动式温度诊断两类。

被动式温度诊断是通过机件自身的热量来获取故障信息的，其可以应用于静态或运转中机件的故障诊断，而且无须外部热源，也可以采用普通的测温仪器，适用于各种状态下机件的热故障诊断。

主动式温度诊断是人为地给机件注入一定热量，然后利用探测仪器来测量热量通过机

 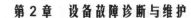

件的变化情况，即利用故障机件温度的不均匀性形成的局部"热点、冷点"情况，并由此判断机件内部的缺陷或损伤，一般只适用于静态机件的故障诊断。主动式温度诊断因为采用的热源和测温仪器比较昂贵且不便于在生产现场使用，所以目前在国内的应用尚不普遍，其主要应用于航空航天工业中的材料缺陷检测和机件故障探查。

此外，在进行温度测量时，根据测温传感器是否与被测对象接触，将测温方式分为接触式测温和非接触式测温两大类。

1）接触式测温

接触式测温是将测温传感器与测量对象接触，测量对象与测温传感器之间因传导热交换而达到热平衡，根据测温传感器中的温度敏感元件的某一物理特性随温度而变化来检测温度。将测得的温度与界值温度进行比较，可分析出测量对象的工作状态。接触式测温的方法主要有热电偶法、热电阻法两种。

（1）热电偶法测温原理：热电偶法是基于热电效应进行测温的，当两种不同材料的导体组成一个闭合回路时，如果两端结点温度不同，那么在两者之间会产生电动势，并在回路中形成电流。电动势大小与两种导体的性质和结点温度有关，这一物理现象称为热电效应。根据热电效应将两种电极配置在一起即可组成热电偶。常用的热电偶有普通工业用热电偶和特殊热电偶两大类。

（2）热电阻法测温原理：导体的电阻会随温度的变化而变化，热电阻法就是利用导体的这种特性来进行测温的。常用的热电阻有工业用热电阻、特殊热电阻、标准热电阻及半导体热敏电阻四大类。

2）非接触式测温

非接触式测温主要是采用物体热辐射的原理进行测温的，因此，非接触式测温又称为红外测温。利用物体的热辐射进行测温只需把温度计对准测量物体，而不必与测量物体直接接触，因此，它可以测量运动物体的温度且不破坏测量物体的温度场。

当运转中的设备的零部件发生故障时，设备的整体或局部的热平衡会受到影响或破坏，通过温度检测可以捕捉到温度变化的信息，再对检测结果进行总结分析，从而可以逐步确诊设备故障的性质、部位和程度，进而预测故障的发展趋势和设备的寿命。

构成温度诊断技术的主要内容包括 4 方面：信息检测、信号处理、识别评价、技术预测。

热应力是机件产生高温变形、高温蜕变、热疲劳、热断裂、烧蚀和烧伤等各种形式热故障的根源。通过温度监测，可以掌握机件的受热状况并据此判断机件发生各种热故障的部位和原因。温度诊断常见故障如表 2.1 所示。

表 2.1 温度诊断常见故障

序号	故障名称	故障诊断原因与方法
1	发热量异常	当机件内燃烧不正常时，其外壳表面将产生不均匀的温度分布，在其外壳的适当部位安装一定数量的温度传感器对其温度输出进行扫描记录，可以发现发热量异常故障
2	流体系统故障	液压系统、润滑系统、冷却系统和燃油系统等流体系统常常会因油泵故障、传动不良、管路、阀或滤清器阻塞、热交换器损坏等原因使相应机件的表面温度上升
3	保温材料的损坏	耐火材料衬里的开裂和保温层的破损将表现出局部的过热点和过冷点。利用红外热像仪显示的图像可以很容易找到损坏部位

续表

序号	故障名称	故障诊断原因与方法
4	污染物质的积聚	当管道内有水垢,锅炉或烟道内结灰渣、积聚腐蚀性污染物等异常状况时,将改变这些设备外表面的温度分布,采用红外热像仪扫描的方法可发现这些异常
5	机件内部缺陷	当机件内部存在缺陷时,由于缺陷部位阻挡或传导均匀热流,因此堆积热量形成热点或疏散热量产生冷点,使机件表面的温度场出现局部的微量温度变化,根据此温度变化可探测腐蚀、破裂、减薄、堵塞及泄漏等缺陷
6	电气元件故障	电气元件接触不良将使接触电阻增加,当电流通过时,发热量增大形成局部过热;当整流管、可控硅等器件存在损伤时,将不再发热从而出现冷点,可利用红外热像仪扫描高压输电线的电缆、接头、绝缘子、电容器、变压器等电气元件和设备进行探查
7	非金属部件的故障	当碳化硅陶瓷管热交换器的管壁存在分层缺陷时,其热传导率特性将发生变化,通常热传导率每变化 10%,可产生大约 1 ℃ 的温差变化,可利用红外热像仪进行快速探查
8	疲劳	红外温度检测技术可以检查裂纹和裂纹扩展、连续监测裂纹的发展过程、确定机件在使用中表面或近表面的裂纹及其位置。疲劳断裂的温升与疲劳过载有关系,使用红外温度检测技术可以预测疲劳过载、早期疲劳裂纹发生和疲劳破坏报警

2.2.3 油液污染诊断技术

油液污染诊断技术(油液分析技术)又称为设备磨损工况监测技术,是一种新型的设备维护技术。油液在设备中的各个运动部位循环流动时,设备的运行信息会在油液中留下痕迹,通过对工作油液的合理采样并进行必要的分析处理,可以知道该机械设备各摩擦副的磨损状况、磨损部位、磨损机理及磨损程度等方面的信息。通过监测和分析油液中污染物的元素成分、尺寸、数量、形态等物理化学性质的变化,可以对设备技术状态做出科学的判断,这就是油液污染诊断技术。

油液污染诊断技术的工作原理如下。

(1)根据油品的品质决定是否继续使用润滑油或液压油(油晶理化性能指标检验)。

(2)对油样内的颗粒进行粒度测量,并按预选的粒度范围进行计数,从而通过得到的有关磨粒粒度分布方面的信息来判断机器磨损的状况。

(3)用磁性探头(磁塞,有柱形和探针形)将悬浮在油液中的磨粒与油分离,并定期对磨粒进行测量和分析,以推断机器的磨损状态和磨粒的来源和成因。

(4)运用铁谱分析技术对油样进行定性及定量分析,辨别磨粒的类别和数量,分析油样的杂质含量与特征等。

(5)通过运用光谱分析技术对金属磨粒受激后发射的特定波长的光谱进行分析来检测金属的类型和含量。

1. 常用的油液污染度评定方法

油品的品质通常由油液污染度指数来评定。评定油液污染度的方法主要有称重法、计数法、光测法、电测法、淤积法和综合法 6 种。

(1)称重法是测定单位容积油液中所含颗粒污染物的质量,反映的是油液中污染物的总值,而不反映污染物的特性、尺寸大小和分布情况。

(2)计数法是测定单位容积油液中所含颗粒污染物的尺寸大小及分布情况,并以此来表示油液的污染度等级。计数法分为光学显微法和自动计数法。

（3）光测法是用可见光照射油液，再用光接收器接收油液的透射光，并将其转化成电信号显示，以此来反映油液的污染程度。但是不同油液的颜色有差异，使用后其颜色也会变深，因此仅用透射光检测，其结果的可比性较差。

（4）电测法是通过检测油液的电化学性能来分析油液的污染状况的，其可分为电容法与电阻法。电容法以污染油液作为电介质，不同污染程度的油液，其介电常数不同，测出电容变化量（相对于同型号新油）便可了解油液污染情况。电阻法是因为油液电阻率的大小与其所含的水分、杂质含量及温度有关，所以在一定温度下测出油液电阻值的大小，便可得知油液的污染情况。

（5）淤积法是通过测量污染的油液在流经微小间隙或滤网时固体颗粒逐渐淤积堵塞引起的压差和流量的相应变化来观测油液污染程度的，其可分为压差恒定测量和流量恒定测量两种。

（6）综合法是通过物理分析、化学分析和观察对比的方法对油液品质进行综合评价，主要检测项目有黏度、水分含量、碱度、全酸值、污染度、比重等。

2．铁谱分析技术

1）铁谱分析的原理及分类

铁谱分析的基本方法和原理是把铁质磨粒用磁性方法从油样中分离出来，并在显微镜下或用肉眼直接观察，以进行定性及定量分析。这种方法不仅可以提供磨粒的类别和数量的信息，而且可以进一步提供其形态、颜色和尺寸等直观特征。铁谱分析技术比其他诊断方法，如振动法、性能参数法等更能早期地预报机器的异常状态，目前其已成为机械故障诊断技术中举足轻重的方法。铁谱分析技术主要用于对铁质磨粒进行定性及定量分析，其分析磨粒尺寸的范围为 0.1～1000 μm。

定性分析方法是利用双色显微镜特有的性能，借助透射光、反射光、偏振光等不同照明形式和各种滤色片来观察沉积在玻璃基片上有序排列的磨粒。依据磨粒的形态特征、表面颜色、光学特性、尺寸大小及其分布情况等，分析机器的工作状态、磨损类型、磨损程度，并通过分析磨粒来源推断机器的磨损部位。

定量分析方法是依据分析式铁谱仪的磨粒覆盖面积百分比和直读式铁谱仪的大磨粒（直径>5 μm）与小磨粒（直径为 1～2 μm）的浓度值，绘出铁谱参数曲线，以判断机器磨损发展的进程和趋势。

铁谱分析技术主要有以下特点。

（1）由于能从油样中沉淀尺寸范围为 1～250 μm 的磨粒并进行检测，而且在该尺寸范围内的磨粒最能反映机器的磨损特征，因此可以及时准确地判断机器的磨损变化。

（2）可以直接观察、研究油样中沉淀磨粒的形态、大小和其他特征，掌握摩擦副表面磨损状态，从而确定磨损类型。

（3）可以通过对磨粒成分的分析和识别来判断不正常磨损发生的部位；铁谱仪比光谱仪价廉，适用于不同机器设备。

磁铁装置是铁谱仪的核心部件。若按磁铁的工作原理来分，铁谱仪可分为永磁式铁谱仪和电磁式铁谱仪。若根据机器状态监测方式来分，铁谱仪可分为离线铁谱仪和在线铁谱仪。若按实现铁谱定性及定量分析功能的需要来分，铁谱仪可分为分析式铁谱仪、直读式铁谱仪、双联式铁谱仪等，这 3 种铁谱仪都属于离线铁谱仪。此外，若根据铁谱片的制作原理来分，铁谱仪可分为旋转式铁谱仪和固定式铁谱仪。

2）铁谱分析过程

润滑油中的固体颗粒的来源有系统内部残留微粒、系统外侵微粒和摩擦副运行中生成的磨粒。为获得可靠的分析结果，需要进行正确的取样和油样处理，铁谱分析过程如图 2.13 所示。

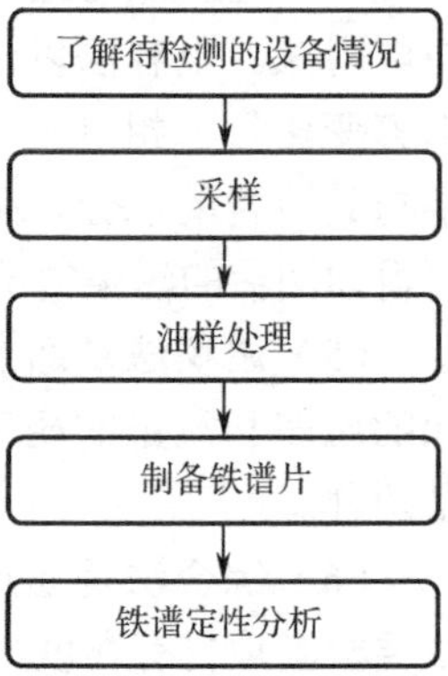

图 2.13　铁谱分析过程

（1）了解待检测的设备情况：在进行铁谱分析前，要对待检测设备进行全面正确的检测诊断并得出结论，以对该设备有一个全面的了解，主要了解的内容包括使用期限、设备的运转条件、润滑油性能、设备运转历史与维修保养情况。

（2）采样：一个合适的油样抽取方法是保证获得正确分析结果的首要条件。采样的关键是保证取出的油样具有代表性，因此，铁谱分析技术要求采样时应遵循以下几条基本原则。

① 采样部位：尽量选择在设备过滤器前，并避免从死角、底部等处采样。

② 采样间隔：根据设备的运行情况、重要性、使用期、负载特性等因素来确定。

③ 采样规范：对某一待检测的设备，除要固定采样部位、固定停机后（或不停机）采样时间之外，还要绝对保证样品容器清洁无污染，即无上次使用的残油、无其他污染颗粒和水分混入；采样时动作应极其小心，不得将外界污染杂质带入采取的油样和待检测的设备中。

④ 原始记录：认真填写样品瓶标签，包括采样日期、大保养后的小时数、换油后的小时数和上次采样后的加油量、油品种类、取样部位、取样人员等情况。

（3）油样处理：油样取出后，磨粒会在重力作用产生自然沉降。为使从油样瓶中取出的少量油样具有代表性，必须使磨粒重新在油样瓶中均匀悬浮，为此需要对油样进行加热、振荡。由于油样的黏度会影响磨粒在铁谱基片上的沉积位置和分布，因此为制取合适的铁谱基片，要求油样的黏度、磨粒浓度在一个比较合适的范围，所以需要对油样进行稀释，以调整其黏度与磨粒浓度。

（4）制备铁谱片：铁谱片的制备是铁谱分析的关键步骤之一，该步骤是在铁谱仪上完成的。若要保证制谱的质量和提高制谱的效率，则要采用合适的稀释比例和流量，这样制出的铁谱片链状排列明显，并且切光密度读数在规定的范围。由于铁谱片的制备专业性较强、影响因素较多，因此一般由专业操作者来完成。

（5）铁谱定性分析：铁谱定性分析主要是对其磨粒的形貌（包括颜色特征、形态特征、尺寸大小及其差异等）和成分进行检测和分析，以便识别磨损的类型，确定由磨粒引起故障的部位，并判别磨损的严重程度和失效的机理等。通常利用铁谱显微镜光源的不同照明方式进行定性分析，常见的有白色反射光、白色透射光、双色光照明、偏振光照明，还可以利用电子扫描显微镜、X 射线及对铁谱片进行加热回火处理等方法进行铁谱定性分析。

3. 光谱分析技术

所谓光谱分析，是指通过分析光谱的特性来分析物质结构特征或含量的方法，其包括对物质发射光谱、吸收光谱、荧光光谱的分析等，也包括不同波长段如可见光谱、红外光谱、紫外光谱、X 射线光谱的分析等。发射光谱分析是根据被测原子或分子在激发状态下发射的特征光谱的强度来计算被测元素含量的。

吸收光谱是根据待测元素的特征光谱，通过样品蒸汽中待测元素的基态原子吸收被测元素的光谱后被减弱的强度来计算被测元素含量的。它符合郎伯-比尔定律：

$$A = -\lg\left(\frac{I}{I_0}\right) = -\lg T = KCL \qquad (2.1)$$

式中，I 为透射光强度；I_0 为发射光强度；T 为透射比；K 为摩尔吸收系数；C 为吸光物质的浓度，单位为 mol/L；L 为吸收层厚度，单位为 cm。由于 L 是不变值，所以 $A=KC$。在封闭的润滑系统和液压系统中，油液中沉积着从零部件表面上磨下来的金属微粒，所以要定期从油液中取样并测定。对于油液内的某种磨损材料的浓度，可以用辐射光谱分析仪、原子吸收光谱分析仪或红外光谱分析仪来测定，这 3 种仪器都是利用油液中所含元素的原子发出的辐射能来进行光谱分析并确定其含量的。

2.2.4 无损检测技术

无损检测（Non-Destructive Testing，NDT）是利用声、光、电和磁等特性，在不损害或不影响被检对象使用性能的前提下，检测被检对象中是否存在缺陷或不均匀性，并给出缺陷的大小、位置、性质和数量等信息，进而判定被检对象所处技术状态（如合格与否、剩余寿命等）的所有技术手段的总称。

1. 无损检测的特点

无损检测的特点主要体现在非破坏性、全面性、全程性和可靠性等方面。

（1）非破坏性：无损检测不会损害被检对象的使用性能，因此无损检测又称为非破坏性检测。

（2）全面性：由于无损检测是非破坏性的，因此必要时可对被检对象进行 100%的全面检测。

（3）全程性：破坏性检测一般只适用于对原材料进行检测，如机械工程中普遍采用的拉伸、压缩、弯曲、疲劳等破坏性检测都是针对制造用原材料进行的，对于产品和在用品，除非不准备让其继续服役，否则不能进行破坏性检测。而无损检测因为不损坏被检对象的使用性能，所以不仅可以对制造用原材料、各中间工艺环节半成品、最终的产成品进行全程检测，还可以对服役中的设备进行检测，如贴片机、印刷机、回流焊炉、波峰焊炉、检测设备等，都可以进行无损检测。

（4）可靠性：目前还没有一种对所有材料或缺陷都可靠的无损检测方法，无损检测结论的正确与否还有待其他手段（如解体检测）的检验，所以其可靠性还有待提高。

2. 无损检测的目的与范围

用无损检测来保证产品质量，使之在规定的使用条件下及预期的使用寿命内，产品的部分或整体都不会发生破损，保证设备安全运行，从而防止设备和人身事故，这就是无损检测重要的目的之一。

无损检测不仅要把工件中的缺陷检测出来，而且要帮助其改进制造工艺。例如，在焊接某种压力容器时，为了确定焊接规范，可以根据预定的焊接规范制成试样，然后通过射线照射来检查试样的焊缝，随后根据检测结果，修正焊接规范，最后确定能够达到质量要求的焊接规范。

通过无损检测可以达到降低制造成本的目的。例如，在焊接某容器时，不是把整个容器焊完后才进行无损检测的，而是在焊接完工前的中间工序先进行无损检测的，以提前发现不合格的缺陷，及时进行修补。这样就可以避免在容器焊完后，因出现缺陷而使整个容器不合格，从而节约了原材料和工时费，达到了降低制造成本的目的。

无损检测的检测范围如下。

（1）组合件的内部结构或内部组成情况的检查。

（2）材料、铸锻件和焊中缺陷缝的检查：主要进行质量评定，即对被检对象进行质量评定；寿命评定，即对被检对象剩余寿命进行评定。

（3）材料和机器的计量检测：通过定量地测定材料和机器的变形量或腐蚀量来确定其能不能继续使用。

（4）材质的无损检测：可以用来验证材料品种是否正确，以及是否按规定进行处理。

（5）表面处理层的厚度测定。

（6）应变测试。

3. 无损检测的方法

无损检测分为常规无损检测和非常规无损检测。常规无损检测有超声检测、射线检测、磁粉检测、渗透检测、涡流检测。非常规无损检测有声发射检测、红外检测、激光全息检测等。

1）超声检测

超声检测（Ultrasonic Testing，UT）是目前国内外应用最广、使用频度最高且发展较快的一种无损检测技术。超声检测的基本原理是利用超声波在界面（声阻抗不同的两种介质的结合面）处的反射和折射及超声波在介质中传播时的衰减，由发射探头向被检件发射超声波，由接收探头接收从界面（缺陷或本底）处反射回来的超声波（反射法）或透过被检件后的透射波（透射法），以此检测备件或部件是否存在缺陷，并对缺陷进行定位、定性与定量分析。

无损检测用的超声波的频率范围为 0.2～20 MHz，常用的频段为 0.5～10 MHz。较高的频率主要用于细晶材料和高灵敏度检测，而较低的频率则常用于衰减较大和粗晶材料的检测。

超声检测的优点：检测成本低；设备轻便，操作安全；适用对象广，金属、非金属（塑料、橡胶、木材）、复合材料（混凝土、陶瓷）均可检测；对平面型缺陷比较敏感；缺陷定位比较准确；可进行单面检测。

超声检测的缺点：存在检测盲区；检测效率低；缺陷定性还有待深入研究，缺陷定量也不够直观、方便（目前主要采用当量法）；对粗晶材料的检测比较困难；一般需要耦合剂。

超声检测主要用于对金属板材、管材和棒材，铸件、锻件和焊缝，以及桥梁、房屋建筑等混凝土构件的检测。

2）射线检测

射线检测（Radiographic Testing，RT）的基本原理是利用射线（X 射线、γ 射线和中子射线）在介质中传播时的衰减特性，当将强度均匀的射线从被检件的一面注入时，由于缺陷与被检件基体材料对射线的衰减特性不同，因此透过被检件后的射线强度会不均匀。用胶片照相、荧光屏直接观测等方法，对透过被检件后的射线强度进行检测，即可判断被检件表面或内部是否存在缺陷（异质点）。

射线检测的优点：检测结果直观；缺陷定性比较容易，定量、定位也比较方便；检测结果可以保存；适用对象广（金属、非金属、复合材料均可）。

射线检测的缺点：检测成本较高；存在安全隐患，应注意射线防护；对体积型缺陷的检测灵敏度较高，对平面型缺陷的检测灵敏度较低；需利用双面法检测；照相法的检测效率较低。

射线检测主要用于对机械、兵器、造船、电子、航空航天、石油化工等领域中的铸件、焊缝等的检测。

3）磁粉检测

磁粉检测（Magnetic particle Testing，MT）的基本原理是由于缺陷与基体材料的磁特性（磁阻）不同，因此穿过基体的磁力线在缺陷处将产生弯曲并可能逸出基体表面形成漏磁场。若缺陷外漏磁场的强度足以吸附磁性颗粒，则在缺陷对应处将形成尺寸比缺陷本身更大、对比度更高的磁痕，从而指示缺陷的存在。

磁粉检测的优点：能直观地显示缺陷的位置、形状、大小，并可大致确定缺陷的性质；检测灵敏度较高，最小缺陷宽度约为 0.05 μm；几乎不受试件大小和形状的限制；检测速度快；检测工艺简单；检测费用低。

磁粉检测的缺点：只能检测铁磁性材料，不能检测非铁磁性材料；只能检测表面或接近表面的缺陷，可探测的缺陷深度一般在 1～2 mm；对缺陷取向有一定的限制，一般要求磁化场的方向与缺陷主平面的夹角大于 20°；对试件表面的质量要求较高；深度方向的缺陷的定量与定位困难。

磁粉检测主要用于对金属铸件、锻件和焊缝的检测。

4）渗透检测

渗透检测（Penetrant Testing，PT）的基本原理是利用毛细管现象和渗透液对缺陷内壁的浸润作用，使渗透液进入缺陷中，将多余的渗透液清理出去后，残留在缺陷内的渗透液能吸附显像剂，从而形成对比度更高、尺寸放大的缺陷显像，有利于人眼的观测。

渗透检测的优点：不受试件形状、大小、化学成分、组织结构、缺陷方位的限制，并且一次操作可同时检测出所有的表面开口缺陷；检测设备及工艺过程简单；对检测人员的要求不高；缺陷显示直观；检测灵敏度较高。

渗透检测的缺点：只能检测表面开口缺陷；很难检测多孔性材料；检测结果受检测人员的影响较大。

渗透检测主要用于对金属材料的铸件、锻件、焊接件、粉末冶金件，以及陶瓷、塑料和玻璃制品的检测。

5）涡流检测

涡流检测（Eddy current Testing，ET）的基本原理是当将交变磁场靠近导体（被检件）时，由于电磁感应作用，因此会在导体中产生密闭的环状电流，即涡流。该涡流受激励磁场（电流强度、频率）、导体的电导率和磁导率、缺陷（性质、大小、位置等）等许多因素的影响，并反作用于原激发磁场，使其阻抗等特性参数发生改变，从而指示缺陷的存在。

涡流检测的优点：检测速度快、效率高；便于实现自动化；非接触式检测。

涡流检测的缺点：只能检测导电材料；影响因素众多，信号解释困难，检测结果不够直观；只能检测表面或接近表面的缺陷；对形状复杂的试件检测有困难；一般只能给出缺陷的有无，而缺陷定性、定位、定量都比较困难。

涡流检测主要用于对导电管材、棒材、线材的探伤和材料分选。

6）声发射检测

声发射（Acoustic Emission，AE）检测的基本原理是用声发射传感器去探测材料内部因局部能量的快速释放（缺陷扩展、应力弛豫、摩擦、泄漏等）而产生的弹性波，再通过观测仪表来确定缺陷位置和损伤程度，从而对试样的结构完整性进行检测。

声发射检测的优点：能给出缺陷危害的程度信息；对众多的缺陷能一次检出，检测效率高；适用对象广，对被检件的材料种类几乎没有限制；检测灵敏度较高；缺陷定位比较准确；非接触检测。

声发射检测的缺点：存在 Kaiser 效应，一般需对被检件加载，因此对被检件有一定的损害；设备昂贵；噪声干扰较大，信号解释困难；缺陷定性比较困难。

声发射检测主要用于对锅炉、压力容器、焊缝等的裂纹检测，以及隧道、桥梁、大坝建筑等的在役检（监）测。

7）红外检测

红外检测（Infrared Detection，ID）的基本原理是用红外点温仪、红外热像仪等设备测取被检件表面的红外辐射能，并将其转变为直观形象的温度场，然后通过观察该温度场均匀与否，来推断被检件表面或内部是否有缺陷。

红外检测的优点：检测结果直观形象且便于保存；可进行大面积快速检测，检测效率高；适用范围广，对试件材料种类几乎没有限制；检测灵敏度较高；缺陷定位比较准确；远距离非接触检测；操作安全。

红外检测的缺点：设备昂贵，检测费用较高；对表面缺陷敏感，对内部缺陷的检测有困难；对低发射率的材料检测有困难；对导热快的材料检测有困难。

红外检测主要用于对设备机械加工过程的检测、火灾检测、材料与构件中缺陷的检测。

8）激光全息检测

激光全息检测（Holographic Nondestructive Testing，HNT）的基本原理是利用激光全息照相来检测物体表面和内部的缺陷。它是将物体表面和内部的缺陷，通过外部加载的方法，使其在相应的物体表面形成局部变形，然后用激光全息照相来观察和比较这种变形，最后判断出物体内部的缺陷。

激光全息检测的优点：检测灵敏度高；检测效率高；适应范围广，对试件的材料种类几乎没有限制；直观感强；非接触检测；检测结果便于保存等。

激光全息检测的缺点：对内部缺陷的检测灵敏度有待提高；对工作环境要求高，一般在暗室中进行，并需要采用严格的隔振措施，因此不利于现场检测。

激光全息检测主要用于对航空航天及军事等领域的一些常规方法难以检测的零部件进行检测。

任务 2.3 认识电子制造 SMT 设备的维护

2.3.1 机械结构系统维护

1. 电子制造 SMT 设备的拆卸

1）设备的拆卸原则

电子制造 SMT 设备在拆卸前，应当制订详细的拆卸计划，在拆卸时，应遵守拆卸原则，注意有关事项，做好详细记录。设备的拆卸原则如下。

（1）在拆卸前，详细了解电子制造 SMT 设备的结构、性能和工作原理，并仔细阅读装配图，弄清装配关系。

（2）在不影响修换零部件的情况下，其他部分能不拆就不拆，能少拆就少拆。

（3）根据电子制造 SMT 设备的拆卸顺序选择拆卸步骤，一般由整机到部件，由部件到零部件，由外部到内部。

2）零部件的拆卸方法

（1）螺纹连接件的拆卸：在拆卸螺纹连接件时，注意选用合适的固定扳手或一字螺丝刀，尽量不用活扳手。在弄清螺纹的旋向后，按与螺纹相反的方向旋转即可拆下螺纹连接件。

① 在拆卸成组螺纹连接件时，为了避免连接力集中到最后一个螺纹连接件上，拆卸时先将各螺纹连接件旋转 1～2 圈，然后按照先四周后中间、十字交叉的顺序逐一拆卸。

② 在拆卸锈蚀螺纹件时，先用煤油润湿或浸泡螺纹连接处，然后轻击震动四周，最后旋出。不能接触煤油的螺纹连接件，可以用敲击的方式震松锈层，然后拆卸，也可以先旋紧四分之一圈，再退出来，反复松紧，逐步旋出。最后还可以采用气割或锯断的方法拆卸锈蚀螺纹件。

③ 在拆卸断头螺纹件时，断头有一部分露在外面，可以在断头上用钢锯锯出沟槽或加焊一个螺母，然后用工具将其旋出。当断头螺钉较粗时，可以用錾子沿圆周将其剔出。

（2）滚动轴承的拆卸：滚动轴承通常可用拆卸器、压力机、手锤、铜棒，以及利用热胀冷缩原理进行拆卸。使用拆卸器时，一般用一个环形件顶在轴承内圈上，拆卸器的卡爪作用于环形件，可以将拉力传给轴承内圈。若遇到空间较小的情况，可以选用薄些的卡爪，将卡爪直接作用在轴圈上。使用压力机拆卸轴末端的轴承时，可以用两块等高的半圆形垫铁或方铁，同时抵住轴承内、外圈，压力压头施力时，着力点要正确，如图 2.14 所示。

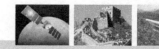

电子制造 SMT 设备技术与应用

① 当拆卸位于轴末端的轴承时，在轴承下垫以垫块，用硬木棒、铜棒抵住轴端，再用手锤敲击。

② 当拆卸尺寸较大的滚动轴承时，可以利用热胀冷缩原理。当拆卸直径较大或配合较紧的圆锥滚子轴承时，可用干冰局部冷却轴承外圈，然后使用倒钩卡爪形式的拆卸器，迅速从轴承座孔中拉出轴承外圈。

（3）铆接、焊接件的拆卸：铆接件和焊接件在拆卸时可用锯、錾或气割等方法割掉铆钉头或焊接头。

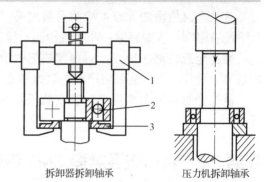

拆卸器拆卸轴承　　　压力机拆卸轴承

1—双拉力杆；2—滚动轴承；3—轴承垫片

图 2.14　滚动轴承的拆卸

3）设备的拆卸

设备的拆卸主要可采用以下方法。

（1）击卸法：用锤或其他重物冲击的力量，使其配合零部件移动，适用于结构比较简单、坚实或不重要部位。

（2）拉卸法：拆卸件不承受冲击力，适用于精度较高、不许敲击和无法敲击的零部件或过盈较大的零部件。

（3）压卸法：在各种手压机或液压机上进行，适用于形状简单的静止联结零部件，必要时将零部件加热后再进行拆卸。

2．设备及零部件的清洗与换修

1）清除油污

零部件上的油污一般采用人工清洗或机械清洗，主要有擦洗、浸洗、喷洗、气相清洗及超声清洗等方法。清洗剂有碱性化学溶液和有机溶剂。碱性化学溶液为由氢氧化钠、碳酸钠等按一定比例配制而成的一种溶液。有机溶剂为煤油、轻柴油、丙酮、三氯乙烯等。精密零部件和铝合金零部件不宜采用强碱性溶液浸洗。零部件经清洗后应立即用热水冲洗，以防止碱性溶液腐蚀零部件表面，然后采用自然烘干或电吹风烘干的方式烘干零部件，最后涂抹机油以防生锈。为确保油孔、油路畅通，要用堵塞物封闭孔口，防止污物掉入，装配时再拆去堵塞物。

2）清除锈蚀

清除锈蚀的方法通常包括机械法除锈、化学法除锈及电化学法除锈。

（1）机械法除锈：采用人工刷擦、打磨，或者使用机器磨光、抛光、滚光及喷砂等方法除去表面锈蚀。

（2）化学法除锈：通过利用一些酸性溶液溶解零部件表面氧化物来去除锈蚀。除锈的工艺过程：脱脂→水冲洗→除锈→水冲洗→中和→水冲洗→去氢。

（3）电化学法除锈：又称为电解腐蚀除锈，常用的有阳极除锈，即把锈蚀的零部件作为阳极；阴极除锈，即把锈蚀的零部件作为阴极，用铅或铅锑合金作阳极。这两种除锈方法效率高、质量好。当阳极除锈使用电流过高时，易腐蚀过度，破坏零部件表面，故适用于外形简单的零部件。阴极除锈没有腐蚀过度问题，但易产生氢脆，使零部件塑性降低。

3）清除涂装层

在清除零部件表面的保护、装饰涂装层时，可以根据涂装层的损坏情况和要求，进行部分或全部清除；涂装层清除后，要冲洗清洁，并按涂装层工艺喷涂新层。

清除涂装层的一般方法是用刮刀、砂纸、钢丝刷或手提式电动（或风动）工具进行刮、磨、刷等，也可以采用化学方法，即用配制好的各种退漆剂退漆。退漆剂有碱性溶液退漆剂和有机溶液退漆剂。在使用碱性溶液退漆剂退漆时，将其涂刷在零部件的涂层上，使之溶解软化，然后用手工工具进行清除。

4）零部件的修换

将电子制造 SMT 设备拆卸后，通过检查把零部件分为继续使用件、更换件和修复件 3 类。更换件要准备备件或重新制作；修复件经修理后检验合格才可重新使用。对磨损零部件是修复使用还是更换新件的确定原则是，主要考虑修与换的经济性、零部件修复的工艺性和零部件修复后的使用性等。零部件的修换原则如下。

（1）根据磨损零部件对设备精度的影响情况，决定零部件是否修换。例如，设备的床身导轨、滑块导轨、主轴轴承等基础零部件磨损严重，引起被制造产品的几何精度超差；相配合的基础零部件间间隙增大，引起设备振动加剧，都应该对磨损的基础零部件进行修换。

（2）根据磨损零部件对设备性能的影响情况，决定零部件是否修换。

（3）重要的受力零部件在强度下降接近极限时，应进行修换。

3．电子制造 SMT 设备的润滑

正确进行设备的润滑是电子制造 SMT 设备正常运转的重要条件，也是设备维护保养工作的重要内容。只有合理地选择润滑装置和润滑系统，科学地使用润滑剂和做好油品的管理，才能减少设备磨损、降低动力消耗、延长设备寿命，以保证设备安全运行。

摩擦是当两个互相接触的物体彼此做相对运动或有相对运动趋势时，通过相互作用产生的一种物理现象。它发生在两个摩擦物体的接触表面，摩擦产生的阻力称为摩擦力。把一种具有润滑性能的物质加到两相互接触物体的摩擦面上，以达到降低摩擦和减少摩擦的手段称为润滑。常用的润滑物质有润滑油和润滑脂。油性是润滑油和润滑脂的一个重要物理特性。所谓油性，就是润滑油和润滑脂的分子能够牢固地吸附在金属表面，从而形成一层厚度为 0.1～0.4 μm 的油膜的性质。油膜能承受一定的扭力而不破裂，在外力作用下能与摩擦表面结合牢靠，还可以将两个摩擦面完全隔开，并将两个零部件表面的机械摩擦转化为油膜内部分子之间的摩擦，从而减少两个零部件的摩擦和磨损，达到润滑的目的。

润滑管理的目的是保证设备正常运转，防止设备发生事故；减少机体磨损，延长使用寿命；减少摩擦阻力，降低动能消耗；节约用油，避免浪费；提高和保持生产效能、加工精度。

1）润滑剂

润滑剂有液体、半固体、固体和气体 4 种，通常分别称为润滑油、润滑脂、固体润滑剂和气体润滑剂。润滑剂的作用是润滑、冷却、冲洗、密封、减振、卸荷、保护等，其主要物理化学性质有黏度、闪点、机械杂质、酸值、凝固点、水分、水溶性酸和水溶性碱的

含量、残炭、灰分、抗氧化性、腐蚀试验和抗乳化度等。

润滑脂主要是由矿物油与稠化剂混合而成的。润滑脂的摩擦系数较小，其工作情况与普通的润滑油基本一样，而且在运转或停车时不会泄漏。润滑脂的主要功能是减磨、防腐和密封。润滑脂的主要物理化学性质包括针入度、滴点和皂分含量、游离有机酸、游离碱、机械安定性和胶体安定性等。

润滑油的选择原则以尽量不影响工作、不增加额外负荷、能够提供润滑为准，具体包括以下几点。

（1）在充分保证机器摩擦零部件安全运转的条件下，为了减少能量消耗，应优先选用黏度最小的润滑油。

（2）在高速轻负荷条件下工作的摩擦零部件，应选择黏度小的润滑油；而在低速重负荷条件下工作的摩擦零部件，应选择黏度大的润滑油。

（3）在寒冷干燥的环境下工作的摩擦零部件，应选用黏度小和凝固点低的润滑油；而在温热潮湿的环境下工作的摩擦零部件，应选用黏度大和凝固点高的润滑油。

（4）受冲击负荷（或交变负荷）和往复运动的摩擦零部件，应选用黏度大的润滑油。

（5）尽量使用储运、保管、来源方便，以及使用性能好而价格低的润滑油。

润滑脂的选择原则包括以下几点。

（1）重负荷的摩擦表面应选用针入度小的润滑脂；高转速的摩擦表面应选用针入度大的润滑脂。

（2）在冬季或低温条件下工作的摩擦表面，应选用低凝固点和低黏度的润滑脂，而在夏季或高温条件下工作的摩擦表面，则反之。

（3）在潮湿或与水分直接接触条件下工作的摩擦表面，应选用钙基润滑脂；而在干燥条件下工作的摩擦表面应选用钠基润滑脂。

（4）润滑脂的代用品应根据滴点和针入度来选择，同时皂分含量也应符合要求。

2）"五定"和"三级过滤"

设备润滑的"五定"是润滑管理的重要内容；润滑油的"三级过滤"是保证润滑油质量的可靠措施。做好"五定"和"三级过滤"是做好设备润滑的核心。

（1）设备润滑的"五定"：每台设备都必须制定润滑图表、明确润滑方法，以保证设备润滑做到定点、定质、定量、定人、定时，如表2.2所示。

表2.2　设备润滑"五定"指示表

序号	设备名称及规格型号	润滑点编号	润滑方式	规定用油名称代号	规定用脂名称代号	加油标准	加油		换油		润滑负责人签字
							时间	数量	周期	数量	
1											
2											

① 定点：首先明确每台设备的润滑点，这是设备润滑管理的基本要求。定点的要求是各种设备都要按润滑图表规定的润滑部位和润滑点加、换润滑剂。设备的操作工人、润滑工人必须熟悉有关设备的润滑部位和润滑点。

② 定质：润滑剂的品种和质量是保证设备润滑的前提。定质的要求是必须按照润滑卡

片和图表规定的润滑剂种类和牌号加、换润滑剂。在加、换润滑剂时，必须使用清洁的器具，以防污染。对润滑油实行"三级过滤"规定，以保证油质洁净度。

③ 定时（定期）：按润滑卡片和图表规定的加、换油时间进行加油和换油，对大型的油池按周期进行取样检验。定时的要求是在设备工作前，操作工人必须按润滑要求检查设备的润滑系统，对需要日常加油的润滑点进行注油。设备的加油、换油要按规定时间检查和补充，按计划清洗换油。大型油池要按时间制订取样检验计划。对于关键设备，应按监测周期对油液进行取样分析。

④ 定量：按规定的数量注油、补油或清洗换油。定量的要求是日常加油点要按注油定额合理注油，既要做到保证润滑，又要避免浪费，注意按油池油位油量的要求补充；换油也要按油池容量进行，循环系统要开机运行，确认油位不再下降后补充至油位。

⑤ 定人：明确有关人员对设备润滑工作应负有的责任。定人的要求是当班操作员负责对设备润滑系统进行日常检查，确认润滑正常后方能操作设备；负责对设备的日常加油部位实施班前和班中加油润滑；负责对润滑油池的油位进行检查，不足时及时补充，并按计划清洗换油。由设备技术员负责对设备润滑系统进行定期检查，并负责治理漏油。由设备技术员负责对电动机轴承部位的润滑进行定期检查，并及时更换润滑脂。

（2）润滑的"三级过滤"：进厂合格的润滑油在用到设备润滑部位之前，一般要经过几次容器的倒换和储存，每倒换一次容器都要进行一次过滤以杜绝杂质。一般在领油大桶到油箱、油箱到油壶、油壶到设备之间要进行三次过滤，故称"三级过滤"。"三级过滤"也称为"三过滤"，是为了减少油液中的杂质含量，防止尘屑等杂质随油进入设备而采取的净化措施。"三级过滤"分别为入库过滤、发放过滤和加油过滤。过滤所用的滤网要符合以下规定：压缩机油所用滤网，一级过滤为 60 目，二级过滤为 80 目，三级过滤为 100 目；汽缸油、齿轮油所用滤网，一级过滤为 40 目，二级过滤为 60 目，三级过滤为 80 目。

4．电子制造 SMT 设备的大保养

大保养是通过将设备全部解体，修理耐久的部分，更换全部损坏的零部件，全面消除缺陷，以使设备在大保养之后，在生产率、精确度、速度等方面达到或基本达到原设备的出厂标准技术水平。

1）设备大保养的原则

（1）以出厂标准为基础。

（2）大保养后的设备的性能和精度应满足产品工艺要求，并具有足够的精度储备。如果产品工艺不需要设备原有的某项性能或精度，那么可以不列入修理标准或修后免检；如果设备原有的某项性能或精度不能满足产品工艺要求，那么在确认可通过采取技术措施（如局部改造、提高精度、修理工艺）解决的情况下，可在修理质量标准中提高性能和精度指标。

（3）对于有些磨损严重、已经难以修复到出厂精度标准的机床设备，如果由于某种原因需要大保养，那么可按出厂标准适当降低精度，但维修后应满足加工产品和工艺的要求。

（4）大保养后的设备必须达到环境保护法和劳动安全法的规定要求。

2）设备大保养前的准备

设备大保养前的准备包括技术准备和生产准备两方面的内容。工作人员在进行设备大保养前，必须准备好相关文件与工具，并进行必要的技术准备，同时安排好生产计划，避免出现不必要的损失。

设备大保养前的技术准备由主修技术员负责，主要工作包括预检前的调查准备、预检、编制大保养技术文件。

设备大保养前的生产准备由备件、材料、工具管理人员和修理单位的生产计划人员负责，主要工作包括准备材料、备件和专用的工、检、研具的订购、制造和验收入库，以及编制大保养生产计划。

（1）预检前的调查准备工作主要包括查阅以下设备档案：设备出厂检验记录；设备安装验收的精度、性能检验记录；历次设备事故、故障情况及修理内容，以及修后的遗留问题；历次修理的内容、更换修复的零部件、修后的遗留问题；设备运行中的状态监测记录和设备普查记录；设备说明书和设备图册。向设备操作者和维修工调查：设备运行中易发生故障的部位及原因；设备的精度、性能状况；设备现存的主要缺陷；大保养中需要修复和改进的具体意见等。向技术、质量和生产管理等部门征求对设备局部改进的意见。

（2）通过预检可全面深入地掌握设备的劣化情况，更加明确产品工艺对设备精度、性能的要求，以确定需要更换或修复的零部件，进而测绘或核对这些零部件的图纸，以满足制造装配的需要。按国家或企业的设备出厂精度标准和检验方法，逐项检验几何精度和工作精度，并记录实测值，其主要预检工作如下。

① 检查电子制造 SMT 设备的运行状况：运动时操作系统是否灵敏、可靠；各种运动精度是否达到规定的数值；运动是否平稳，以及有无振动、噪声、爬行等。

② 检查设备的导轨、丝杠、齿条的磨损情况，并测出磨损量。

③ 检查液压、气动、润滑系统：动作是否准确；元件有无损坏，有无泄漏，若有泄漏，则查找原因。

④ 检查电器系统：电器元件是否老化和失效。

⑤ 检查安全保护装置：各限位装置与互锁装置是否灵敏、可靠；各指标仪表和防护门罩有无损坏。

⑥ 检查设备外观及附件：设备有无掉漆，各种手柄有无损坏，标牌是否齐全，附件是否完整、无磨损等。

⑦ 部分解体检查，以便根据零部件磨损情况确定零部件是否需要更换和修复。

（3）修理技术文件是设备大保养的依据，设备大保养的常用技术文件有以下几种。

① 修理技术任务书：设备大保养前的技术状况；设备大保养的主要修理内容。设备大保养的主要修理内容包括说明设备解体、清洗和零部件检查的情况，确定需要修换的零部件，简要说明基础件、关键件的修理方法，并指出结合大保养进行改善维修的部位和内容。设备大保养的修理质量要求：指出设备大保养各项质量检验应用的通用技术标准的名称及编号，将专用技术标准的内容附在修理技术任务书后面。

② 修理工艺：电子制造 SMT 设备大保养技术工艺可编成典型修理工艺和专用修理工艺两类，具体包括整机和部件的拆卸程序与方法，以及拆卸过程中应检测的数据和注意事项；主要零部件的检查、修理和装配工艺及应达到的技术条件；总装配程序和装配工艺应达到的精度要求、技术要求及检查测量方法；关键部位的调整工艺及应达到的技术条件；总装配后的试车程序、规范及应达到的技术条件；大保养作业中的安全措施等。电子制造

SMT 设备在修理验收时，可参照国家和部委等制定和颁布的一些电子制造 SMT 设备大保养通用技术条件。

③ 备件、材料，以及专用工、检、研具的准备：主修技术人员应及时将备件明细表、材料明细表，以及专用工、检、研具明细表和有关图样交给管理人员。管理人员核对库存后提出订货需求或安排制造，以保证按时供给设备大保养时使用。

④ 大保养作业计划：由修理部门的计划员负责编制，由设备管理人员、主修技术人员和修理组长一起审定。大保养作业计划的内容包括作业程序、分部分阶段作业所需工人数及作业天数、对分部作业之间相互衔接的要求、需要委托外单位协作的项目和时间要求等。一般大保养作业计划采用"横道图"式作业计划加必要的文字说明的方式进行编制。对于结构复杂的高精度、大型、关键设备的大保养作业计划，应采用网络技术进行编制。

3）设备大保养的工艺过程

电子制造 SMT 设备，尤其是主体设备，如印刷机、贴片机、回流焊炉等，尽管这些设备的类型不同，工作原理、结构与操作过程也不同，但是这些设备均需要进行大保养，唯有大保养可以确保设备能有更好的工作精度，以及延长设备使用寿命。电子制造 SMT 设备大保养工艺过程如图 2.15 所示。

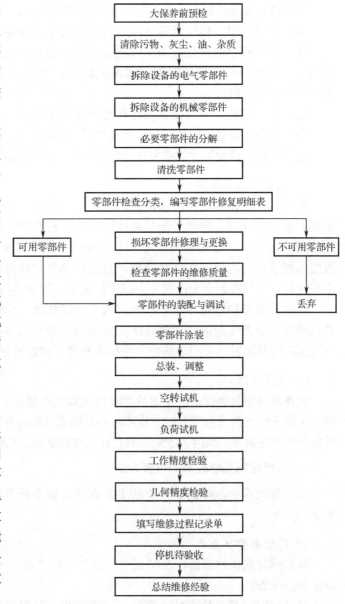

图 2.15　电子制造 SMT 设备大保养工艺过程

2.3.2　电气控制系统维护

1. 电气控制系统故障的分类与形成原因

电气控制系统的故障一般会造成设备故障停机，若电气控制系统的工作可靠性不高，频繁发生故障，并且得不到快速排除，则必将造成较大的损失，因此提高电气控制系统的工作可靠性是电子制造 SMT 设备维修的一项重要任务。

电气控制线路是用导线将控制元件、仪表、负载等基本器件按照一定的规则连接起来，成为实现某种功能的电路。从结构上讲，电气控制线路由电气元件、电源、导线及连接的固定部分组成。

电气控制系统故障产生的原因主要有以下两方面。

（1）自然故障。电气设备在运行过程中常常要承受许多不利因素的影响。例如，电气设备在动作过程中的机械振动；过电流的热效应加速电器元件的绝缘层老化变质；长期动作的自然磨损；周围环境温度、湿度的影响；有害介质的侵蚀；电器元件自身的质量问题；自然寿命等原因。

（2）人为故障。电气设备在运行过程中由于受到不应有的机械外力的破坏或因操作不当、安装不合理而造成的故障，因此会造成设备事故，甚至危及人身安全。

电气控制系统故障按故障发生的位置可分为电源故障、线路故障、元件故障。

1）电源与线路故障

电源是电气设备及控制电路提供能量的功率源，是电气设备及控制电路工作的基础。电源参数的变化可引起电气控制系统的故障，在控制电路中，电源故障一般占到所有故障的 20%左右。当发生电源故障时，电气控制系统会出现以下现象：电器断开开关后，电器两接线端子仍有电或设备外壳带电；系统的部分功能时好时坏，屡烧保险；故障控制系统没有反响，各种指示全无；部分电路工作正常，部分电路工作不正常等。

导线故障和导线连接部分故障均属于线路故障。导线故障一般是由导线绝缘层老化、破损或导线折断引起的；导线连接部分故障一般是由连接处松脱、氧化、发霉等引起的。当发生线路故障时，控制电路会发生导通不良、时通时断或严重发热现象。

2）元件故障

元件故障的种类很多，发生故障时的现象也表现各异，但从故障原因大致可分为自身故障、工作于过负荷状态下造成的故障和外界因素造成的故障 3 种。只有对故障的现象进行分析并找出产生故障的原因，才能采取有针对性的措施，从而准确又迅速地排除故障。

2. 电气控制系统故障的检查方法

电气控制系统故障的检查方法主要有感官初步排查法、仪表仪器检测法和经验综合判断法三大类。

1）感官初步排查法

所谓感官初步排查法，是指利用"望""问""闻""切"几个步骤对电气控制系统故障进行初步排查。

（1）"望"：首先检查外观变化，如熔断指示装置动作、绕组表面绝缘层脱落、变压器油箱漏油、接线端子松动脱落、各种信号装置发生故障显示等；其次观察颜色变化；最后检查仪表盘各种信息变化和当前的仪表停留信号。

（2）"问"：问系统的主要功能、操作方法、故障现象、故障过程、内部结构、其他异常情况、有无故障先兆等。通过"问"，往往能得到一些很有用的信息。

（3）"闻"：听一下电路在工作时有无异常响声，如振动声、摩擦声及其他声音。电气设备在正常运行和发生故障时发出的声音有所区别，通过听声音可以判断故障的性质。

（4）"切"：先进行电路分析。根据调查结果，再参考该电气设备的电气原理图进行分析，初步判断故障产生的部位，然后逐步缩小故障范围，直至找到故障点并加以消除。再进行断电检查。先断开设备总电源，然后根据故障可能产生的部位，逐步找出故障点。最后通电检查。先检查控制电路，后检查主电路；先检查辅助系统，后检查主传动系统；先检查交流系统，后检查直流系统。合上开关，观察各电气元件是否按要求动作，是否有冒火、冒烟、熔断器熔断的现象，直至查到发生故障的部位。

2）仪表仪器检测法

（1）利用仪表确定故障。

利用仪表确定故障的方法称为检测法，比较常用的仪表是万用表。使用万用表对电压、电阻、电流等参数进行测量，根据测得的参数变化情况，可判断电路的通断情况，进而找出故障的部位。常用的确定线路故障的方法有 3 种，即电阻测量法、电压测量法及短接法。

① 所谓电阻测量法，是通过利用仪表测量线路上某点或某个元器件的通和断，来确定电子制造 SMT 设备电气故障点的方法。用电阻测量法测量电路中的故障点简单、直观，但要特别注意的是，测量前一定要切断设备电源，否则会烧坏万用表。另外，被测电路不应有其他支路并联，要适时调整万用表的电阻挡，避免判断错误。用电阻测量法测量电子制造 SMT 设备的方法主要有两种：分阶电阻测量法和分段电阻测量法。

② 所谓电压测量法，是当电路接通时，通过利用仪表测量电子制造 SMT 设备线路上某点的电压值，来判断电子制造 SMT 设备电气故障点的方法。用电压测量法测量电子制造 SMT 设备电气故障的方法有分阶测量、分段测量、对地测量 3 种。

③ 所谓短接法，是用一根绝缘良好的导线，对怀疑有故障的部位进行短接，如果电路突然接通，那么说明该处断路。此法要注意安全，以防触电，并且此方法只适用于电压降极小的导线，电流不大的触点（5 A 以下），否则容易出事故。在各类故障中，出现较多的是断路，包括导线断路、虚连、松动、触点接触不良、虚焊、假焊、熔断器熔断等，通过短接法可以较快地辨别故障。短接法有局部短接法和长短接法两种。

（2）查找、确定元件故障。

电阻元件的参数有电阻和功率，对怀疑有故障的电阻元件，可通过测量其本身的电阻加以确定。在测量电阻阻值时，应在电路断开电源的情况下进行，并且被测电阻元件最好与原电路脱离，以免由于其他电路的分流作用，使流过电流表的电流增大，影响测量准确性。

电容元件的参数有容量、耐压值、漏电电阻、损耗角等，一般只需要测量电容的容量和漏电电阻，如果满足要求，那么认为元件正常。电容的容量可用电阻表简单测量。

电感元件的基本参数有电感量、电阻、功率和电压等，在实际测量时，一般只核对直流电阻和交流电抗，若无异常，则认为电感元件没有故障。测量电感的方法有两种：一种是欧姆表测量法，由于电感元件可以等效为一个纯电阻和纯电感的组合，因此可以用欧姆表大致估算电感量的大小，欧姆表的指针向右偏转的速度越快，说明电感量越小，向右偏转的速度越慢，说明电感量越大，当指针稳定后，欧姆表显示的数值即电感元件的直流电阻值；另一种是为了实现对电感元件的准确测量，可以使用伏安法进行测量。

其他元件一般通过检查引脚的电压值来确定芯片是否完好无损。

3）经验综合判断法

（1）弹压活动部件法：主要用于活动部件，如接触器的衔铁及行程开关的滑轮臂、按钮、开关等。通过反复弹压活动部件，使活动部件动作灵活，同时使一些接触不良的触头得到摩擦，以达到接触导通的目的。

（2）电路敲击法：电路敲击法与弹压活动部件法基本相同，二者的区别主要是前者是带电检查的，而后者是在断电的过程中进行的。电路敲击法可用一只小的橡皮锤轻轻敲击工作中的元件，若出现异常，则存在接触不良现象。

（3）黑暗观察法：如果电路中存在接触不良故障，那么应在比较黑暗和安静的情况下，观察电路有无火花产生，并聆听是否有放电时的"嘶嘶"声或"噼啪"声。如果有火花产生，那么可以肯定，产生火花的地方存在接触不良或放电击穿的故障；如果没有火花产生，那么也不一定就接触良好。

（4）元件替换法：对怀疑有故障的元件，可采用替换的方法进行验证。如果替换后故障依旧，那么说明故障点怀疑不准，可能该元件没有问题，如果故障排除，但与该元件相关的电路部分存在故障，应加以确认。

（5）交换法：当有两台或两台以上的电气控制系统时，可把系统分成几个部分，并将各系统的部件进行交换，当换到某一部分时，电路恢复正常工作，而将故障部分换到其他设备上时，其他设备也出现了相同的故障，那么说明故障就在该部分。

（6）对比法：如果电路中有两个或两个以上的相同部分，那么可以对两部分的工作情况进行对比。因为两个部分同时发生相同故障的可能性很小，因此通过比较，可以方便地测出各种情况下的参数差异。通过合理分析，可以方便地确定故障范围和故障情况。

（7）分割法：首先将电路分成几个相互较为独立的部分，并弄清它们之间的联系方式，再对各部分电路进行检测，从而确定故障的大致范围；然后将电路存在故障的部分细分，并对每一小部分进行检测，再确定故障的范围，继续细分至每个支路，最后将故障点查找出来。

（8）非接触测温法：当温度异常时，元件性能会发生改变，同时，元件温度异常反应了元件本身的工作情况，如过负荷、内部短路等。因此可以用非接触测温法判断电路的工作情况。

3. 常见电气控制系统故障的排除与修理

1）绝缘不良故障

（1）由污物渗入引发的绝缘不良故障。该故障的处理方法是，在断电的情况下，用无水酒精或其他易挥发无腐蚀的有机溶剂进行擦洗，将污物清除干净即可。清洗时应注意溶剂的含水量一定要低，操作现场不允许有暗火和明火，溶剂不能损坏原有的绝缘层、标志牌，以及塑料外壳的标记等。

（2）由绝缘层老化引起的绝缘不良故障。该故障是绝缘层在高温及有腐蚀的情况下长期工作造成的。绝缘层老化发生后，常伴有发脆、龟裂、掉渣、发白等现象。遇到这种现象，应立即更换新的导线或新的元件，以免造成更大的损失。此外，还应查出绝缘层老化的原因，排除诱发绝缘层老化的因素。通常绝缘胶带的厚度以 3～5 层为宜，不能过厚，否则接头处热量不易散发，且容易引起氧化和接触不良现象。此外，包裹时还应注意绝缘层不能过疏、过松，要密实，以便防水防潮。

（3）外力造成的绝缘层损坏故障。发生该故障后，应更换整根导线。如果外力不易避免，那么应对导线采取相应的保护措施，如穿上绝缘套管、采用编织导线或将导线盘成螺旋状等。即使不能立即更换导线，也要用绝缘胶带对损坏处进行包扎。

2）导线连接故障

当遇到导线接触不良时，首先应清除导线头部的氧化层和污物，然后清除固定部分的氧化层，再重新进行连接。导线连接时应注意以下几点。

（1）避免两种不同的金属，如铜和铝直接连接，可采用铜铝过渡板。

（2）对于导线太细、固定部分空间过大造成压不紧的情况，可将导线来回折几下，形成多股。

（3）当导线与固定部分不易连接时，可在导线上搪一层锡，固定部分也搪一层锡，一般就能接触良好。

（4）特殊情况下的大电流、长时间工作连线，为了增加其连接部分的导电性能，可用锡焊将其焊在一起。

（5）在连接导线时，所有接头应在接线柱上进行，不得在导线中间剥皮连接；每个接线柱的接线一般不得超过两根。当导线在弯弧形弯时，应按顺时针方向套在接线柱上，避免在螺帽拧紧时导致导线松脱。

（6）弱电连接对可靠性的要求比强电连接高，因此一般采用镀银插件、导线焊接的方式。

（7）对于细导线连接故障，如万用表表头线圈，一般应更换线圈。

4. 常见电器部件故障诊断与维护

1）低压电器常见故障及维护

低压电器指在低压（1200V 及以下）供电网络中，能够依据操作信号和外界现场信号的要求，自动或手动地改变电路的状况、参数，以实现对电路或被控对象的控制、保护、测量、指示、调节和转换等的电气元件。它是构成低压控制电路的最基本元件。常用的低压电器有保护类低压电器，如熔断器、漏电保护器等；控制类低压电器，如接触器、继电器、电磁阀和电磁抱闸等；主令类低压电器，如万能转换开关、按钮、行程开关等，这些低压电器的常见故障如表 2.3 所示。

2）触头故障及维修

触头是低压电器的主要部件，其常见故障有过热、过度磨损和熔焊等。

（1）触头过热：工作触头的发热量超过了额定温度。造成触头过热或灼伤的原因及排除方法：由触头压力不足造成的过热要调整触头压力，一般要更换弹簧压力机构；由触头接触不良、触头表面有油污或不平或触头表面氧化造成的过热，可使用汽油或刀具清理触头；由操作频率过高或工作电流过大造成的过热，首先检查电源电压是否在预定电压范围内及负荷是否过载，再根据需要调换容量较大的电器或降容使用。

表 2.3　低压电器的常见故障

序号	低压电器	故　障
1	刀开关	合闸后，电路一相或两相无电源；闸刀短路；触头烧坏
2	转换开关	手柄转动后，内部触头未动；手柄转动不到位；手柄转动后，动静触点不能同时通断；接线柱间短路
3	自动空气开关	不能合闸；开关温升过高；电流达到整定值时开关不断开；开关误操作
4	熔断器	熔体电阻无穷大；电动机启动瞬间，熔体立即熔断；熔断器入端有电，出端无电
5	按钮	按下停止按钮控制电器未断电；按下启动按钮控制电器不动作；触摸按钮时有触电的感觉；松开按钮时触点不能自动复位
6	行程开关	挡铁碰撞行程开关后触头不动作；无外界机械作用时触头不复位
7	交流接触器	触头熔焊；触头不能复位，衔铁不释放或释放缓慢；衔铁吸不上或吸力不足；线圈过热或烧损
8	时间继电器	延时时间缩短；延时时间变长；延时触点不动作
9	速度继电器	电动机断电后不能迅速制动；电动机反向制动后继续往反方向转动
10	热继电器	热继电器烧坏；热继电器动作太快；热继电器不动作

（2）触头过度磨损：触头磨损有两类，分别为电磨损和机械磨损。造成触头过度磨损的原因及排除方法：由三相触头不同步造成的过度磨损，可通过调整使之同步或更换触头；由负载侧短路造成的过度磨损，需要排除短路故障；由设备选用时超程太小、容量有时不足造成的过度磨损，要换成容量大的设备。

（3）触头熔焊：动静触头接触面熔化后焊接在一起的现象。发生触头熔焊的原因及排除方法：由操作频率过高或过负荷使用造成的熔焊，要按使用条件重新选用设备；由触头压力过小造成的熔焊，要调整弹簧压力或更换新的压力机构；由触头表面有金属异物造成的熔焊，要更换新的触点；由操作回路电压过低或触头被卡在刚接触的位置上造成的熔焊，要提高操作电压，排除卡阻现象。

3）电磁机构故障及维修

电磁机构是低压电器的重要组成部分，起能量转换和操作运动的作用。常见的电磁机构故障有噪声较大、线圈过热或烧损，以及衔铁吸不上或吸力不足、不释放或释放缓慢等。

（1）噪声较大。造成电磁机构噪声较大的原因及排除方法：由电源电压低造成的，要提高电源电压；由衔铁与铁芯接触而粘有油污、灰尘或铁芯生锈造成的，要清理接触面；由铁芯接触面磨损过度不平造成的，要更换铁芯；由零部件歪斜或发生机械卡阻造成的，要调整或重新整理安排有关零部件；由触点压力过大造成的，要调整触点弹簧压力机构；由短路环损坏引起的，要更换铁芯或短路环。

（2）衔铁吸不上或吸力不足。造成电磁机构衔铁吸不上或吸力不足的原因及排除方法：由电源电压过低或断线、线圈进出线脱落及接线错误等造成的，要增大电源电压，整理线路；由电源电压过低或波动过大，或者可动部分被卡阻、转轴生锈、歪斜等造成的，要调整电源电压、清除可动部件的故障；由触头压力过大或超程过大造成的，要调整或更换压力机构。

（3）衔铁不释放或释放缓慢。造成电磁机构衔铁不释放或释放缓慢的原因及排除方法：由触头弹簧压力过小造成的，要调整或更换压力机构；由触头熔焊造成的，要查找熔焊原因并更换触头；由可动部件被卡阻、转轴生锈或歪斜造成的，要调整有关部件或更换转轴；由反力弹簧损坏造成的，要更换弹簧或整个反力机构。

（4）线圈过热或烧坏线圈。造成电磁机构线圈过热或烧坏线圈的原因及排除方法：由线圈电压过高或过低造成的，要调整电源电压或线圈电压；由操作频率过高或线圈参数不符合要求造成的，要更换线圈或按使用条件选用设备；由铁芯端面不平造成衔铁和铁芯吸合时有间隙造成的，要修理或更换铁芯；由线圈绝缘层老化出现匝间短路或局部对地短路造成的，要更换新的线圈。

4）传感器故障与维修

由传感器产生的误差可分为 5 个基本的类别：插入误差、应用误差、特性误差、动态误差和环境误差。插入误差是当系统中插入一个传感器时，因改变了测量参数而产生的误差，一般在进行电子测量时会出现这样的问题。应用误差是由操作人员产生的，这也意味着产生的原因很多。特性误差是设备本身固有的，它是设备理想的、公认的转移功能特性和真实特性之间的差。动态误差是由于许多传感器具有较强阻尼，因此它们不会对输入参数的改变进行快速响应。例如，热敏电阻需要数秒才能响应温度的阶跃改变，所以热敏电阻不会立即跳跃至新的阻抗或产生突变，相反，它是慢慢地改变为新值的。环境误差来源于传感器使用的环境，产生因素包括温度、摆动、振动、海拔、化学物质挥发及其他因素。

传感器在使用过程中的干扰及其解决措施：首先，进行供电系统的抗干扰设计，对传感器正常工作危害最严重的是电网尖峰脉冲干扰。产生电网尖峰脉冲干扰的用电设备有电焊机、大电机、可控机、继电接触器、电烙铁等。电网尖峰脉冲干扰可用硬件与软件结合的办法来抑制。其次，进行信号传输通道的抗干扰设计可以采用光电偶合隔离措施和双绞屏蔽线长线传输措施。最后，进行局部产生误差的消除，尤其是在低电平放大电路中，尽可能少使用开关、接插件，这是减少故障发生概率、提高精度的重要措施。

5）可编程逻辑控制器故障与维修

可编程逻辑控制器（PLC）的故障诊断主要从硬件故障与软件故障两方面进行。硬件故障与选用机种及工作环境有很大关系，当系统发生故障时，正确区分是硬件故障还是软件故障非常重要。

硬件故障的主要部位与故障现象如下。

CPU 单元：运算错误、运算滞后。

存储器单元：程序消失、部分程序变化。

电源单元：过电流造成熔丝熔断或产生过电压。

输入单元：输入的 ON 或 OFF 状态保持不变、输入信号不能全部读入、输入信号不稳定。

输出单元：特定的输出部分无输出、特定输出一直保持 ON 状态、全部无输出。

机架部分：全部输出都不动作或特定的扩展机架、单元不动作等。

PLC 故障的分类及原因如表 2.4 所示。

表 2.4　PLC 故障的分类及原因

故　障	故障分类及原因
停机	CPU 异常报警而停机；存储器异常报警而停机；输入输出异常报警而停机；扩展单元异常报警而停机
程序不执行	全部程序不执行；部分程序不执行；计数器等误动作
程序内容变化	长时间停电引起变化；电源 ON/OFF 操作引起变化，运行中发生变化
输入/输出不动作	输入信号没有读入 CPU；CPU 没有发出输出信号
写入器不能操作	没有按下特定键或操作不当；完全不动作
扩展单元不动作	只有特定的输入/输出不动作；全部不动作

PLC 发生故障时，为了迅速查出故障原因并予以及时处理，在切断电源和复位之前，必须识别以下两点：检查机械动作状态，即向运行人员了解机械部件的运行情况；观察 PLC 显示内容，即观察电源、"RUN"、输入/输出指示灯，检查 PLC 自诊断结果的显示内容。

为了识别异常状态是如何变化的，可以将开关从"RUN"位置切换至"STOP"位置，经短暂复位再切换至"RUN"位置，或者将开关保持在"RUN"位置不变，切断 PLC 电源后再投入运行。经过上述操作后，如果 PLC 返回初始状态并能正常运转，那么可判定并不是 PLC 硬件故障或软件故障，而是外部原因所致，如噪声干扰、电源异常等。

（1）判断是否为硬件故障：PLC 硬件故障具有持续性和重复性，其判断方法是切断后再接通 PLC 电源或复位操作，若通过几次重复试验都发生了相同的故障，则可判定是 PLC 本身的硬件故障。若经过上述操作故障不能再现，则说明是外部环境干扰或瞬时停电所致。

（2）判断是否为程序错误：PLC 程序错误引起的故障具有再现性。

（3）判断是否为外部原因：PLC 控制系统发生异常时，一般容易引起怀疑的可能是 PLC 本身出了问题，主要检查项目如下。

① 检查输入/输出设备状态：安装不当、调整不良、行程开关等的触点接触不良。这些状况在运行初期很难发现，只有运行一段时间后才能暴露出问题。

② 检查配线：输入/输出配线有可能断路、短路、接地，也可能与其他导线相连等。

③ 噪声、浪涌：在特定机械运转或与其他设备同步运转的过程中出现的故障，应在 PLC 外部或 PLC 侧采取抗干扰措施。

④ 电源异常：电源电压过高或过低，以及临时停电、瞬时停电、供电系统上的噪声源等。

由于 PLC 是由半导体器件组成的，长期使用后发生老化现象是不可避免的，因此平时需要对 PLC 进行定期检修与维护。检修时间一般为一年 1～2 次比较合适，如果工作在恶劣的环境中，那么应根据实际情况加大检修与维护的频率。在平时，用户应经常用抹布等为 PLC 的表面及导线间除尘除污，以保持工作环境的整洁和卫生。PLC 检修的主要项目如下。

（1）检修电源：可在电源端子处检测电压的变化范围是否在允许的±10%之间。

（2）检查工作环境：重点检查温度、湿度、振动、粉尘、干扰等是否符合标准工作环境要求。

（3）检修输入/输出用电源：可在相应端子处测量电压变化范围是否符合规格要求。

（4）检查安装状态：检查模块与模块相连的各导线及模块间的电缆是否松脱，以及外部配件的螺钉是否松动、元件是否老化等。

（5）检查后备电池电压是否符合标准、金属部件是否锈蚀等。在 PLC 检修与维护的过程中，若发现有不符合要求的情况，应及时调整、更换、修复及记录备查。

内容回顾

本章介绍了故障的概念、电子制造 SMT 设备故障分类与分析方法、设备事故分类与处理等内容；从工程振动测试方法、传感器的工作原理、振动传感器的分类、振动传感器的选用、振动诊断技术的实施过程等角度介绍了振动检测系统，并介绍了工程振动测试的方法。同时，从诊断对象的确定、诊断方案的确定、振动信号的测量等角度叙述了传感器的工作原理，并重点叙述了振动诊断技术的实施过程，介绍了温度诊断技术的原理、方法、内容、所能发现的常见故障、测温类型等，以及红外监测诊断技术及应用。此外，本章还介绍了油液污染诊断技术，并介绍了铁谱分析技术、光谱分析技术等油液检测方法，同时从目的、检测范围、应用特点、意义等角度介绍了无损检测技术，并介绍了超声检测（UT）、射线检测（RT）、红外检测（ID）、磁粉检测（MT）、激光全息检测（HNT）等常用的无损检测方法。希望通过本章，能对设备故障检测的学习有所帮助。

习题 2

1．什么是故障？简述电子制造 SMT 设备故障诊断的分类及电子制造 SMT 设备故障期分类。

2．简述电子制造 SMT 设备故障的分析方法。

3．什么是设备事故？如何分类？设备事故的调查程序是什么？

4．什么是振动监测系统？工程振动测试的方法有哪些？

5．传感器的机械接收原理是什么？

6．振动传感器的选用原则是什么？

7．简述振动诊断技术的诊断对象的选择原则。

8．简述振动诊断技术诊断方案的确定原则。

9．如何进行设备总体状态分析？

10．如何进行故障类型分析？

11．如何进行故障部位分析？

12．如何进行故障程度分析？

13．常用的振动诊断仪器有哪些？举例说明这些仪器的功能。

14．简述温度诊断技术的原理与方法。

15．简述温度诊断技术的内容与发现的常见故障。

16．什么是油液污染诊断技术？常用的油液污染度评定方法有哪些？

17．简述铁谱分析的过程。

18．简述油样光谱分析的原理及特点。

19．什么是无损检测技术？无损检测的目的与范围是什么？

20．常用的无损检测方法有哪些？无损检测的意义是什么？

第3章

通用部件

学习目标：

● 理解机架的分类、机架的外壳与稳定性设计。

● 理解 *X-Y* 轴伺服驱动与定位机构的工作原理、结构组成与控制及定位与支撑系统。

● 理解机器视觉系统的概念、工作原理，了解机器视觉系统在各种电子制造 SMT 设备中的应用。

● 理解电子制造 SMT 设备中的各种传感检测部件，如位置传感器、力传感器，以及光传感器的原理、功能、特点与具体应用。

● 理解 PCB 传输机构的结构组成，以及 PCB 传输系统在各种电子制造 SMT 设备中的应用。

参考学时：

● 讲授（6 学时），实践（6 学时）。

电子制造 SMT 设备与机电设备一样，尽管每种设备的功能各有不同，但是它们都是由通用部件和专用部件组成的。通用部件为不同设备中共有的部件，具有互换性。专用部件为完成该设备特定的功能进行专业配置的部件，这类部件是其他设备不具备的，具有专属性。对电子制造 SMT 设备来讲，常用的通用部件有机架、精确传动机构、定位机构、支撑机构、视觉对中系统、传感检测系统、PCB 传输机构等。

任务 3.1　认识机架系统

3.1.1　机架的分类

机架是机器的基础，也是机器的壳、骨架或皮肤。所有的传动、定位、传送机构均牢固地固定在机架上，无论哪一台电子制造 SMT 设备，均有一个机架，因此机架应有足够的机械强度和刚性。目前，常见的机架大致分为两类，即整体铸造式和钢结构烧焊可调式。

1. 整体铸造式

整体铸造式机架是各种中高端电子制造 SMT 设备的首选。整体铸造式机架的特点是整体性强、刚性好、结构稳定性高，整个机架铸造后通常会采用适当的金属热处理和时效处理，使机架在加工和工作过程中保持工作稳定、不变形或变形微小。此外，整体铸造式机架还具备另一个重要的特点，就是具有一定的抗震动能力，因此高档机多采用此类结构的机架，如中高速贴片机、高端印刷机等，如图 3.1 所示。

2. 钢结构烧焊可调式

钢结构烧焊可调式机架由各种规格的钢型材和钢板焊接而成，具有较高的机械强度，经过热处理后也具有较好的稳定性。它的整体性比整体铸造式机架差一点，稳定性也偏差，但具有加工简单、成本较低的特点，在外观上（去掉机器外壳）可见到明显焊缝或铆接，抗震动能力也不如整体铸造式机架好。由于钢结构烧焊可调式机架的灵活性很强、加工简单且便宜，因此在中低端印刷机、回流焊炉、波峰焊炉、检测设备、点胶机、插件机及低速贴片机等电子制造 SMT 设备中均采用这种机架结构，如图 3.2 所示。

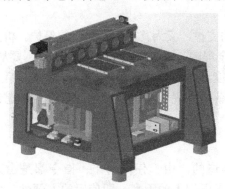　　　

图 3.1　整体铸造式机架　　　　图 3.2　钢结构烧焊可调式机架

机器采用哪种结构的机架，取决于机器的整体设计和承重。通常机器在运行过程中应平稳、轻松、无震动感，从某种意义上讲，机架起着关键作用。有一种简单的检验电子制造 SMT 设备的机械稳定性的方法，就是硬币试验，即将一个一元金属硬币竖立于机器上，稳定性好的机器在运行时硬币能站立并维持一段时间，不会出现翻倒。

3.1.2 机架的结构

电子制造 SMT 设备的外壳对于设备本身犹如衣服对于人一样，是机器不可缺少的一部分。作为一种典型的光、机、电一体化的产品，电子制造 SMT 设备属于高速高精密机电一体化设备。机械外壳的主要作用是支撑与防护功能，同时，美观的外壳能够让人乐于操作这台机器，使人-机工作环境达到美学的效果，这也是设计者追求的目标。

1. 机架的外壳设计

1）外壳的功能

电子制造 SMT 设备是一种高速高精度运动的精密机器，外壳是它不可缺少的组成部分，其主要功能如下。

（1）通过外壳将裸机包裹起来，避免人与裸机直接接触，既可保证人身安全，又可避免裸机受到人的误伤。

（2）绝对的防尘、防污染、防电磁干扰。

（3）保护安装操作部件和控制走线，并形成风道，实现散热功能。

（4）形成产品整体形象，美化外观，营造良好的人-机工作环境。

2）外壳的组成

电子制造 SMT 设备的外壳一般包括 3 部分，具体如下。

（1）外壳本体部分：通常机器下部为钢结构或钢板，机器上部采用透明的有机玻璃材料。

（2）显示监控部分：由多台显示器组成，并将这些显示器置于设备外壳的外部或内部，但要能直观地观测到显示的内容。

（3）操作控制部分：一般由键盘、鼠标、旋转杆等结构组成，通常这些结构都具有良好的操控性。

2. 机架的结构设计

机架既为电子制造 SMT 设备提供了全部的支撑，又为其提供了必要的保护。机架为设备内部核心部件与操作人员之间构建起一道安全屏障。在进行机架结构设计时，要从 5 个方面进行考虑：第一，从符合人体工程学的角度考虑设备操作与维护的舒适性；第二，考虑设备的结构紧凑性和牢固性；第三，考虑设备的外观、标识及颜色；第四，考虑设备的可靠性；第五，考虑设备的稳定性。

1）从操作与维护的舒适性考虑

任何设备都是为了生产需求而进行设计制造的，由于任何动作、指令都是由人发出的，即由人操作与控制，因此在设计中一定要考虑到人的因素，即使用的方便性、安全性和舒适性等。

由于操作人员在工作时大部分是站立姿势，因此操作的范围是否适当是一个相当重要的因素，最佳位置为距离地面 1000～1380 mm。

急停按钮、电源开关按钮的安装与放置位置也应考虑到,当单手随机操作时,按钮之间的最佳距离为 50.8 mm。

鼠标置于按钮组的右侧,符合人们通常进行鼠标操作的习惯。

2)从结构造型的设计考虑

(1)比例与尺度:外壳上下部分之间的比例符合黄金分割法。

(2)均衡与稳定:整体结构前后左右全面考虑,使整机在视觉上产生均衡、稳定的效果。

(3)统一与变化:一般外壳主要采用直线条,配合转角过渡及曲线等变化,运用统一与变化的美学法则,有利于操作者监控整个生产过程,并且达到使大设备从视觉上产生轻盈的效果。

3)从美学、色彩与结构造型设计思考

(1)色彩:一般采用偏冷或中间的单一色彩,如玉灰色,以与其他设备及环境整体色彩协调。

(2)肌理:外壳表面一般避免光亮。例如,微粒纹理,体现柔软、舒适、朴实的感觉。

(3)标志与标识:标志类一般具有品牌型号展示和装饰功能,色彩用法各制造厂商都有自己的规定;标识类一般是使用功能,如操作提示、操作注意事项和警示等,通常采用醒目的红色或黄色。

4)从可靠性设计考虑

(1)整体性:由于电子制造 SMT 设备在高速运动状态下会产生很强的震动,因此外壳必须具有足够的刚度和可靠的连接才能达到防震效果。

(2)表面处理:钣金结构的外壳在表面处理和工艺不当的情况下很容易生锈,镀锌板表面喷塑和冷轧钢板喷底漆后再喷塑是目前常用的两种表面处理技术。

5)从机架的稳定性考虑

电子制造 SMT 设备的机械结构主要由基础机架、传送导轨、横梁、X 轴方向和 Y 轴方向的运动机构、工作头移动机构等组成。机械结构是由许多零部件按一定功能要求结合起来的整体,零部件之间相互结合的部位称为结合部。结合部分为动态与静态两种,动态结合部有导轨与滑块结合、轴和轴承结合;静态结合部有螺栓连接和铆接等。无论何种结合部,均属于柔性结合。当结合部受到外加复杂动载荷作用时,结合面间会产生多自由度的有阻尼的微幅振动,即变化微小的相对位移或转动,从而使结合部有可能表现出既有弹性又有阻尼,既储存能量又消耗能量的柔性结合的本质及特性。结合部的这种特性将对机械结构整体的动态性能产生显著影响,表现为使机械结构的整体刚度降低、阻尼增加,从而导致机械结构固有频率降低,震动形态复杂化。

当电子制造 SMT 设备,如高精度印刷机、贴片机、自动光学检测机、三维焊膏厚度检测仪等设备,尤其是高速贴片机,它们在工作时不仅有较大加速度的 X 轴、Y 轴、Z 轴方向移动,而且有工作头旋转运动,机械结构受力情况非常复杂。研究表明,在电子制造 SMT 设备结构中,结合部的弹性和阻尼往往比结构本身的弹性和阻尼还要大,因此进行机架结构设计时必须充分考虑机械结构整体动力特性,尤其是结合部的结构组成及其动力特性,还要考虑机械结构对整机工作模态和精确度的影响,以及结合部刚度的变化影响,从而为电子制造 SMT 设备的装配和维护调整工艺提供指导作用。

电子制造 SMT 设备机械结构的稳定性通常采用有限元模型分析的方法，通过预先设计出机架的有限元模型，对工作环境和影响因子进行预热，再通过仿真获得机架结构的稳定性。结合部对机架结构的稳定性的主要影响如下。

（1）随着结合部刚度的增加，机架结构系统模态中单个零部件的固有频率与振型基本保持不变。

（2）结合部的固有频率随结合部刚度的增加在一定范围内将有所增加，当结合部刚度超过一定值时，结合部的法向部分模态与切向部分模态的固有频率将增加，并且最终将超越机架零部件本身的固有频率。

任务 3.2 认识 X-Y 轴伺服驱动与定位机构

3.2.1 X-Y 轴伺服驱动机构部件

1. 直线导轨

直线导轨的作用是支承并引导运动部件沿给定轨迹和行程进行直线往复运动。直线导轨由两个相对运动的部件组成，一个部件固定在机架上，称为定轨；另一个部件在定轨上移动，称为动轨。

直线导轨多用于需要进行直线往复运动的执行器。直线导轨的运动性能在低速时要求平稳、无爬行、定位准确；在高速时要求惯量小、无超调或振荡。直线导轨的精度、承载能力和寿命对系统的精度、承载能力和寿命有直接影响。按轨面摩擦性质可将直线导轨分为滑动导轨、滚动导轨、液体静压导轨、气浮导轨、磁浮导轨。

滑动导轨的结构简单、刚性好、摩擦阻力大、连续运行磨损快，在制造中对轨面刮研工序的要求很高，如图 3.3 所示。滑动导轨的静摩擦因数与动摩擦因数差别大，因此低速运动时可能产生爬行现象。滑动导轨常用于各种机床的工作台或床身导轨，装配在动轨上的多是工作台、滑台、滑板、导靴、头架等。滑动导轨截面有矩形、燕尾形、"V"形、圆形等。在重型机械中常将几种截面形状的滑动导轨组合使用，共同承担导向和支承的作用。

图 3.3 滑动导轨

滚动导轨是在运动部件与支承部件之间放置滚动体，如滚珠、滚柱、滚针或滚动轴承。滚动导轨的优点：摩擦系数不大于滑动导轨摩擦系数的 1/10；静摩擦因数与动摩擦因数差别小，不易出现爬行现象；可用小功率电动机拖动，定位精度高，寿命长。滚动导轨的缺点：阻尼小且容易引起超调或振荡，刚度低，制造困难，对脏污和轨面误差较敏感。

滚动导轨多用于光学机械、精密仪器、数控机床、纺织机械等。滚动导轨如图 3.4 所示。

按结构形式可将导轨分为开式导轨和闭式导轨。开式导轨必须借助外力。例如，只有借助自身重力才能保证动轨与定轨的轨面正确接触，这种导轨承受轨面正压力的能力较大，承受偏载和倾覆力矩的能力较差。闭式导轨依靠本身的截面形状来保证轨面的正确接触，承受偏载和倾覆力矩的能力较强，如燕尾形导轨。

图 3.4 滚动导轨

影响导轨导向精度的主要因素有直线度、两个轨面的平行度、轨面粗糙度、耐磨性能、刚度、润滑措施等。

2. 滚珠丝杠

滚珠丝杠是将回转运动转化为直线运动或将直线运动转化为回转运动的产品。滚珠丝杠由螺杆、螺母、钢球、预压片、反向器、防尘器组成，是工具机械和精密机械最常使用的传动元件，其主要功能是将旋转运动转换成线性运动或将扭矩转换成轴向反复作用力。当滚珠丝杠作为主动体时，螺母会随丝杠的转动角度按照对应规格的导程转化成直线运动，被动工件可以通过螺母座和螺母连接，从而实现对应的直线运动。滚珠丝杠的特点是，同时兼具高精度、可逆性和高效率。由于具有很小的摩擦阻力，因此滚珠丝杠广泛应用于各种工业设备和精密仪器中，如图 3.5 所示。

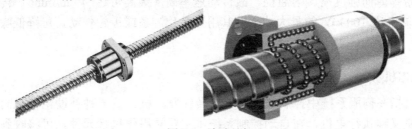

图 3.5 滚珠丝杠

滚珠丝杠常用的循环方式有两种：外循环和内循环。外循环滚珠丝杆的滚珠在循环结束后通过螺母外表面的螺旋槽或插管返回丝杠螺母间重新进入循环。内循环滚珠丝杆均采用反向器实现滚珠循环，滚珠始终与丝杠保持接触。

滚珠丝杠副可通过润滑来提高耐磨性及传动效率。润滑时，可将润滑脂加在螺纹滚道和安装螺母的壳体空间内，润滑油通过壳体上的油孔注入螺母空间内。滚珠丝杠副和其他滚动摩擦的传动元件只要避免磨料微粒及化学活性物质进入，就可以认为这些元件几乎是在不产生磨损的情况下工作的。但如果滚道上落入脏污或使用有杂质的润滑油，那么不仅会影响滚珠的正常运转，而且会使磨损急剧增加。

3. 同步齿形带

同步齿形带因带体和传动轮之间的运转达到高度同步而得名，简称同步带。在传动过程中，带体与传动轮之间不存在相对滑移，从而在任何瞬间都能实现同步传动。同步带如图 3.6 所示。

图 3.6　同步带

　　根据齿体外形，同步带分为梯形同步带和椭圆形同步带两类。前者是最早出现的常规品种，其齿体呈上大下小的梯形；后者则出现于 20 世纪 70 年代，齿体呈圆弧形，与梯形同步带相比，其能承受更大的扭矩。为了适应多轴传动的出现，又衍生出双面形同步带，其节距、齿形和单面传动的同步带相同，不同的是，其上、下两面都有齿，有对称和交错两种排列方式。

　　同步带是功率传递的主要部件，它是由背胶层、强力层、基体、带齿及有关表面层组成的，以骨架为填料，以聚氨酯或饱和氯丁橡胶为基体制成的与轮齿相啮合的带。

　　同步带集齿轮、链条、带传动装置的优点为一体，具有传动效率高、传动比准确、节能、速度比范围广、初张力小、无滑动、体积小、质量轻、占地面积小且不需要润滑、工作时无噪声、维修简单、更换方便、价格低廉、摩擦力小、传动可靠等特点。

　　同步带带体薄而强度高、耐屈挠，故传动速率高（最高可达 40 m/min），传动效率高达 95%，可输出达 100 kW 的最大功率，其用来替代链条或齿轮传动，可降低噪音，省去润滑油。

4.　伺服电机

　　伺服电机指在伺服系统中控制机械元件运转的发动机，是一种补助电动机间接变速装置。伺服电机又称执行电机，在自动控制系统中主要被用作执行元件，可将收到的电信号转换成电机轴上的角位移或角速度输出。伺服电机可精确控制速度，并将电压信号转化为转矩和转速以驱动控制对象。伺服电机转子的转速受输入信号控制，能快速反应，具有机电时间常数小、线性度高、始动电压低等特性。伺服电机的主要特点是当信号电压为零时无自转现象，转速随着转矩的增加而匀速下降。伺服电机如图 3.7 所示。

图 3.7　伺服电机

根据输入电流不同，伺服电机可分为直流和交流两大类，直流伺服电机又分为有刷电机和无刷电机。直流有刷电机成本低、结构简单、启动转矩大、调速范围宽、控制容易，但需要维护且维护不方便（换碳刷），易产生电磁干扰，对环境有要求。直流无刷电机体积小、质量轻、出力大、响应快、速度高、惯量小、转动平滑、力矩稳定、控制复杂、容易实现智能化，其电子换相方式灵活，电机免维护，效率很高，运行温度低，电磁辐射很小，寿命长，可用于各种环境。交流伺服电机也是无刷电机，分为同步和异步两类，目前在运动控制中一般都采用同步电机，因为它的功率范围大，可以做到很大的功率，而且惯量大，同时最高转动速度低，并且随着功率增大而快速降低。比较而言，交流伺服电机比直流伺服电机好。交流伺服电机采用正弦波控制，转矩脉动小；直流伺服电机采用梯形波控制，但比较简单、便宜。

3.2.2　精确牵引驱动机构

电子制造 SMT 设备最主要的驱动结构是直线驱动结构，可分为 X-Y 轴方向驱动机构、单向板宽调节机构及单向 Z 轴驱动机构 3 种。X-Y 轴方向驱动机构主要有两大类，一类是滚珠丝杠-直线导轨结构，另一类是同步带-直线导轨结构。

驱动机构的结构有以下两种电机传动方式。

（1）采用旋转电动机、滚珠丝杠加滑动导轨的结构。

（2）采用直线电动机加滑动导轨的结构。

在上述两种电机传动方式中，前者的特点是通过滚珠丝杠加滑动导轨将旋转电动机的旋转运动转化为直线运动，从而实现在 X-Y 轴平面或 Z 轴方向上点对点的位置控制。构成该结构的要件还包括同步带/带轮或联轴器，由它们将旋转电动机的扭矩传递到滚珠丝杠，从而推动滚珠丝杠的螺母在滑动导轨的引导下，实现从旋转运动到直线运动的转换。配合较好的这种传动结构的传递效率可达 95%，该结构在过去几十年被设备行业广泛采用，随着现代直线电动机技术的提高及日趋成熟，产生了直线电动机加滑动导轨的结构。

1. 滚珠丝杠-直线导轨结构

典型的滚珠丝杠-直线导轨结构的工作头固定在滚珠螺母基座和对应的直线导轨上方的基座上，电机工作时，带动螺母做 X 轴方向往复运动，由有导向的直线导轨支承，以保证运动方向平行，X 轴在两平行滚珠丝杠-直线导轨上做 Y 轴方向移动，从而实现工作头在 X-Y 轴方向的正交平行移动。PCB 承载平台也以同样的方法实现 X-Y 轴方向的正交平行移动，如图 3.8 所示。

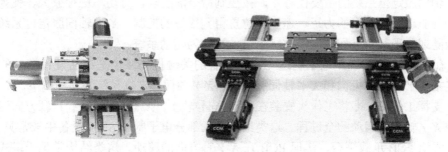

图 3.8　X-Y 轴伺服直线导轨结构

电子制造 SMT 设备运行速度的提高，将导致 X-Y 轴方向驱动机构因运动过快而发热。通常钢材的线膨胀系数为 0.000 015，铝的线膨胀系数为钢的 1.5 倍，而滚珠丝杠（与电动机连接）为主要热源，其热量的变化会影响贴装精度，故最新研制的 X-Y 轴方向驱动机构在导轨内部设有冷却系统（氮气冷却），并以此来控制热膨胀带来的误差。如果 X-Y 轴方向驱动机构没有强制冷却，那么在轴的附近会有明确的变形。此外，在高速机中采用无摩擦线性电动机和空气轴承导轨传动，运行速度将更快。

2. 同步带-直线导轨结构

同步带-直线导轨结构的主要运动过程是由传动电动机驱动小齿轮，使同步带在一定范围内做直线往复运动。这样带动轴基座在直线轴承往复运动，两个方向传动部件组合在一起组成 X-Y 轴方向驱动机构。

同步带的载荷能力相对较小，仅适用于普通印刷机中支承印刷头做前后运动，在贴片机中支承贴装头做前后运动。同步带-直线导轨结构的运行噪声低，工作环境好，如图 3.9所示。

图 3.9　同步带-直线导轨结构

3. 伺服定位系统

1）X-Y 轴伺服定位系统

伺服系统是使物体的位置、方位、状态等输出被控量能够随输入目标（或给定值）的任意变化而变化的自动控制系统。伺服电机主要靠脉冲来定位，伺服电机每接收到 1 个脉冲，就会旋转 1 个脉冲对应的角度，从而实现位移。因为伺服电机本身具备发出脉冲的功能，所以伺服电机每旋转一个角度，就会发出对应数量的脉冲，这和伺服电机接收的脉冲形成了呼应，也称为闭环。据此，就能精确地控制伺服电机的转动，从而实现精确的定位，精度可达 1 μm。

X-Y 轴伺服定位系统的主要任务是，按控制命令的要求，对功率进行放大、变换与调控等处理，使驱动装置输出的力矩、速度和位置得到很好的控制。X-Y 轴伺服定位系统是用来精确地跟随或复现某个过程的反馈控制系统，又称为随动系统。

X-Y 轴伺服定位系统是电子制造 SMT 设备的关键机构，也是评估设备精度的主要指标，它包括 X-Y 轴传动机构和 X-Y 轴伺服系统。X-Y 轴伺服定位系统的功能如下。

（1）支撑工作头，即将工作头安装在 X 轴向导轨上，X 轴向导轨沿 Y 轴方向运动，从而实现在 X-Y 轴方向运动的全过程。这类结构在大部分电子制造 SMT 设备中较常见。

（2）支撑 PCB 承载平台，实现 PCB 在 X-Y 轴方向的移动。这类结构常见于塔式旋转头类的设备中。

在电子制造 SMT 设备中，*X-Y* 轴伺服定位系统中的运动导轨的结构可分为静式导轨结构和动式导轨结构两种。工作头安装在 *X* 轴向导轨上，并且仅做 *X* 轴方向运动，而 PCB 承载台仅做 *Y* 轴方向运动，工作时两者配合完成组装过程，这种运动导轨结构就是静式导轨结构。它的特点是 *X* 轴向、*Y* 轴向导轨均与机座固定，二者不发生相对运动。工作头安装在 *X* 轴向导轨上，并且随着 *X* 轴向导轨沿 *Y* 轴方向运动，PCB 承载台固定不动，整个工作过程由工作头独自完成，这种运动导轨结构就是动式导轨结构。它的特点是 *X* 轴向导轨和 *Y* 轴向导轨属于连动式结构，二者发生相对运动。

随着 SMC/SMD 尺寸的减小及精度的不断提高，对电子制造 SMT 设备工作精度的要求越来越高。换言之，对 *X-Y* 轴伺服定位系统的要求越来越高。而 *X-Y* 轴伺服定位系统是由 *X-Y* 轴伺服系统来保证的，即上述的滚珠丝杠-直线导轨及齿行带-直线导轨，并由交流伺服电机驱动，在位移传感器及控制系统的指挥下实现精确定位，因此位移传感器的精度起着关键作用。各种精度的位移传感器的相关内容见本书 3.4.1 节。

2）运动的同步性与速度控制

由于支撑工作头的 *X* 轴向导轨是安装在两根 *Y* 轴向导轨上的，因此为了保证运行的同步性，通常有两种 *X-Y* 轴伺服定位系统架设方法。

（1）采用齿轮、齿条和过桥装置将两根 *Y* 轴向导轨相连，缺点是机械噪声大，运行速度受到限制，工作头的停止与启动均会产生应力，导致震动并可能会影响工作精度。

（2）*X* 轴方向运行采用完全同步控制回路的双 AC 伺服电机驱动系统，将内部震动降至最低，从而保证了 *Y* 轴方向同步运行，其速度快、噪声小，工作头能运行流畅。

在高速运动的电子制造 SMT 设备中，*X-Y* 轴伺服驱动系统的运行速度高达 150 mm/s，瞬时的启动与停止都会产生震动和冲击。最新的 *X-Y* 轴伺服驱动系统采用模糊控制技术，运动过程分三段控制，即"慢—快—慢"，呈"S"形变化，运动变得更"柔和"，有利于贴片精度的提高，同时机器噪声可以降到最低。

3）*Z* 轴方向伺服与定位控制系统

在通用型电子制造 SMT 设备中，支撑工作头的基座固定在 *X* 轴向导轨上，基座本身不做 *Z* 轴方向的运动。*Z* 轴方向的运动主要依靠一个独立的 *Z* 轴控制系统，这个控制系统可控制工作头自身沿着 *Z* 轴方向运动并定位，其目的是适应不同厚度的 PCB 与不同高度的元器件。*Z* 轴控制系统常见的形式有以下几种。

（1）圆光栅编码的 AC/DC 电动机伺服系统：在通用型电子制造 SMT 设备中，*Z* 轴伺服控制系统与 *X-Y* 轴伺服定位系统类似，均可以采用圆光栅编码器的 AC/DC 伺服电动机驱动滚珠丝杠或同步带机构，对于精度要求不太高的设备，通常控制精度均能满足要求。

（2）圆筒凸轮控制系统：在有些电子制造 SMT 设备中，*Z* 轴方向的运动是依靠特殊设计的圆筒凸轮曲线实现吸嘴的上下运动的，工作时，在 PCB 装载台的自动调节高度配合下，完成制造工作。

（3）*Z* 轴旋转定位：早期电子制造 SMT 设备的 *Z* 轴旋转控制是采用汽缸和挡块来实现的，现在的电子制造 SMT 设备已采用直接将微型脉冲电动机安装在工作头内部，以实现 θ 方向高精度的控制。电子制造 SMT 设备的微型脉冲电动机的分辨率为 0.024°/脉冲。

4）定位系统分辨率

X-Y 轴伺服定位系统对运动用位移传感器进行监测，并将监测数据反馈给控制器，虽然光栅尺或磁尺上的刻度很精确，但是其并不一定能提供最高的分辨率用于精确定位。分辨率的微分和倍增提高，使轴控制器可以看见的计数量增加。在电子制造 SMT 设备中，X 轴、Y 轴用位移传感器的额定定位线来分开彼此，间隔为 40~80 μm，当安装在 X 轴或 Y 轴上的读取头以最大速度通过时，读取头能够读取这些线，并反射回一束光柱；当光柱返回读取头时，产生一个正弦波模拟电压曲线，通过分析这段曲线来分析位移量，如图 3.10 所示。

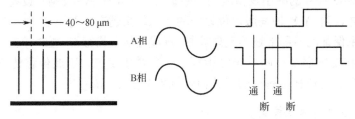

图 3.10　定位系统分辨率读取转化过程

3.2.3　定位方式与支撑系统

1. 定位方式

基板定位方式有孔定位、边定位、真空定位 3 种，如图 3.11 和图 3.12 所示。孔定位：适用于半自动设备，有较高精度要求，需要采用视觉系统及特制定位柱，不太适用于丝印。边定位：适用于自动化设备，需要光学定位，对基板厚度和平整度要求较高。真空定位：强有力的真空吸力是确保印刷质量的要点，是全自动印刷机的主流定位方式。强有力的真空吸力是确保固定 PCB 的要点，真空定位装置如图 3.12 所示。

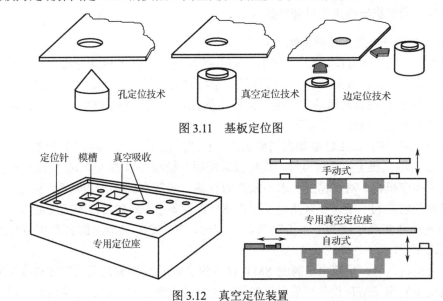

图 3.11　基板定位图

图 3.12　真空定位装置

基板定位的好坏直接影响 PCB 的印刷精度，最终影响产品的质量。尽管有时印刷设备很先进，但是如果工作人员的操作不到位，同样不能发挥出设备应有的技术水平。优良的 PCB 定位应该具有如下要素。

（1）容易入位和离位，能容忍较大的自动对位误差（停位不准）。

（2）没有任何凸起印刷面的物件，能容忍较大的基板尺寸变化（厚度、曲翘等）。

（3）在整个印刷过程中保持基板稳定。

（4）保持或协助增加基板印刷时的平整度。

2. 支撑系统

所谓支撑，是指利用一个支撑装置，在 PCB 通过传输导轨进入电子制造 SMT 设备并定位好时，从下向上将其顶起，达到支撑 PCB 的作用，并防止工作头在前后左右运动时带动 PCB 滑动。支撑装置主要有支撑柱、支撑板与支撑砖 3 种，如图 3.13 所示。

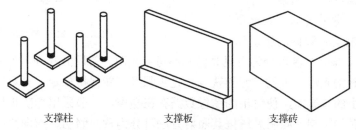

支撑柱　　　　　　支撑板　　　　　　支撑砖

图 3.13　3 种支撑装置

（1）支撑柱：柔性高、需要个别调整、效果由调整和密度而定。

（2）支撑板：柔性较差、全片高度一致、不能调整、可建立真空巢。

（3）支撑砖：双面板需特制、效果最好、成本高。

现在很多电子制造 SMT 设备通常采用真空定位加支撑的方式对传入的 PCB 进行快速定位，既有利于提高设备的工作精度，又有利于提高设备的工作效率。

任务 3.3　机器视觉对中与检测系统

3.3.1　认识机器视觉技术

机器视觉技术是一门涉及人工智能、神经生物学、心理物理学、计算机科学、图像处理、模式识别等诸多领域的交叉学科。美国制造工程师协会（Society of Manufacturing Engineers，SME）的机器视觉分会和美国机器人工业协会（Robotic Industries Association，RIA）的自动化视觉分会对机器视觉下的定义为：机器视觉是通过光学的装置和非接触的传感器自动地接收和处理一个真实物体的图像，来获得所需信息或用于控制机器运动的装置。

机器视觉系统利用摄像头和计算机代替人眼和人脑来进行各种测量和判断。机器视觉系统指通过机器视觉产品，即图像摄取装置抓取图像，然后将该图像传送至处理单元，进行数字化处理，再根据像素分布和亮度、颜色等信息，进行尺寸、形状、颜色等的判别，进而根据判别的结果来控制现场的设备动作，如图 3.14 所示。近 80%的工业机器视觉系统用在检测方面，包括用于提高生产效率、控制生产过程中的产品质量、采集产品数据等，产品的分类和选择也集成于检测功能中。机器视觉系统最大的特点是速度快、信息量大、功能多。

1. 机器视觉系统的组成

机器视觉系统包括光源、镜头、CCD 摄像机、图像采集卡（图像处理单元）、图像处理软件、监视器、通信/输入输出单元等。对主要部分介绍如下。

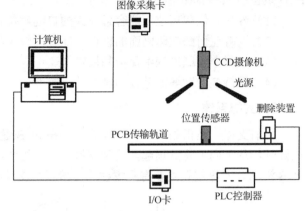

图 3.14　机器视觉系统

1）光源

与视觉传感器的照明因素一样，光源是影响机器视觉系统输入的重要因素，它直接影响输入数据的质量和至少 30%的应用效果。光源可分为可见光源和不可见光源。常用的几种可见光源是白炽灯、日光灯、水银灯和钠光灯。可见光源的缺点是光照强度不能保持稳定，且环境光将改变这些光源照射到物体上的总光能，使输出的图像数据存在噪声。一般采用加防护屏的方法来减少环境光对可见光源的影响。照明系统按其照射方法可分为背向照明、前向照明、结构光照明和频闪光照明等。其中，背向照明是被测物放在光源和 CCD 摄像机之间，它的优点是能获得高对比度的图像。前向照明是光源和 CCD 摄像机位于被测物的同侧，这种方式便于安装。结构光照明是将光栅或线光源等投射到被测物上，根据它们产生的畸变，解调出被测物的三维信息。频闪光照明是将高频率的光脉冲照射到被测物上，要求拍摄与光源同步。

2）镜头与 CCD 摄像机

被测物的图像通过一个透镜聚焦在敏感元件上，如同相机拍照一样。机器视觉系统使用传感器来捕捉图像，传感器将可视图像转化为电信号，以便计算机处理，常用工具是透镜镜头和摄像机。镜头选择应注意焦距、目标高度、影像高度、放大倍数、影像至目标的距离、中心点/节点与畸变等因素。摄像机按照不同标准可分为标准分辨率数字摄像机和模拟摄像机等。要根据不同的实际应用场合选择不同的摄像机：线阵 CCD 摄像机和面阵 CCD 摄像机；单色摄像机和彩色摄像机。

3）图像采集卡与视觉处理器

机器视觉系统实际上是一个光电转换装置，即将传感器接收到的图像信号转化为计算机能处理的电信号。摄像机可以是电子管的，也可以是固体状态传感单元。

视觉处理器集图像采集卡与处理器于一体。以往用图像采集卡时计算机的处理速度较慢，采用视觉处理器后可以加快视觉处理任务。现在由于图像采集卡可以快速传输图像到存储器，而且计算机处理速度也快多了，因此现在视觉处理器用得少了。

虽然图像采集卡只是完整的机器视觉系统的一个部件，但是它扮演着一个非常重要的角色。图像采集卡直接决定了摄像头的接口：黑白、彩色、模拟、数字等。比较典型的是PCI 或 AGP 兼容的图像采集卡，可以将图像迅速传送到计算机存储器进行处理。有些图像采集卡有内置的多路开关。例如，可以连接 8 个不同的相机，然后告诉图像采集卡采用那一个相机抓拍到的信息。有些图像采集卡有内置的数字输入口，以触发图像采集卡进行捕捉，当图像采集卡抓拍图像时，数字输出口就触发闸门。

2. 机器视觉系统的工作过程

一个典型的工业机器视觉系统包括数字图像处理技术、机械工程技术、控制技术、光源照明技术、光学成像技术、传感器技术、模拟与数字视频技术、计算机软硬件技术、人机接口技术等。

机器视觉系统的输出不是图像视频信号，而是经过运算处理后的检测结果（如尺寸数据）。一个完整的机器视觉系统的主要工作过程如下。

（1）当工件定位检测器探测到物体已经运动至接近摄像系统的视野中心时，向图像获取部分发送触发脉冲。

（2）图像获取部分按照事先设定的程序和延时，分别向摄像机和照明系统发送启动脉冲。

（3）摄像机停止目前的扫描，重新开始新一帧的扫描，或者摄像机在启动脉冲到来之前处于等待状态，在启动脉冲到来后启动新一帧扫描。摄像机在开始新一帧扫描之前，打开曝光机构，曝光时间可以事先设定。

（4）另一个启动脉冲打开灯光照明，灯光的开启时间应与摄像机的曝光时间匹配。

（5）摄像机曝光后，正式开始一帧图像的扫描和输出。

（6）图像获取部分接收模拟视频信号并通过 A/D 转换器将其数字化，或者直接接收摄像机数字化后的数字视频数据。图像获取部分将数字图像存放在处理器或计算机的内存中。

（7）处理器对图像进行处理、分析、识别，获得测量结果或逻辑控制值。处理结果控制流水线的动作、定位、纠正运动的误差等。

从上述工作过程可以看出，机器视觉系统是一种比较复杂的系统。因为大多数系统的监控对象都是运动物体，系统与运动物体的匹配和协调动作尤为重要，所以对系统各部分的动作时间和处理速度有十分严格的要求。

3. 机器视觉系统的用途与优点

机器视觉系统就其检测性质和应用范围而言，分为定量检测和定性检测两大类，每类又分为不同的子类。在工业检测领域，机器视觉系统的使用非常频繁，如 PCB 的视觉检测、钢板表面的自动探伤、大型工件平行度和垂直度测量、容器容积或杂质检测、机械零部件的自动识别分类和几何尺寸测量等。此外，在许多其他方法难以检测的场合，利用机器视觉系统可以有效地实现检测。机器视觉系统的应用正越来越多地代替人去完成许多工作，这无疑在很大程度上提高了生产自动化水平和检测系统的智能化水平。机器视觉系统的优点如下。

（1）非接触测量。对于观测者与被观测者都不会产生任何损伤，从而提高了系统的可靠性。

（2）具有较宽的光谱响应范围。例如，使用人眼看不见的红外测量、激光测量，扩展了人眼的视觉范围。

（3）长时间稳定工作。人类难以长时间对同一对象进行观察，而机器视觉检测系统则可以长时间地测量、分析和识别任务。

机器视觉系统的引入代替了传统的人工检测方法，极大地提高了投放市场的产品质量，同时提高了生产效率。由于机器视觉系统可以快速获取大量信息，而且既易于自动处理，又易于同设计信息及加工控制信息集成，因此，在现代自动化生产过程中，人们将机器视觉系统广泛地应用于工况监视、成品检验和质量控制等领域。机器视觉系统的特点是可提高生产的柔性和自动化程度。在一些不适合人工作业的危险工作环境或人工视觉难以满足要求的场合，常用机器视觉来代替人工视觉；同时在大批量工业生产过程中，用人工视觉检查产品质量的效率低且精度不高，而用机器视觉来检测，可以大大提高生产效率和生产的自动化程度。

3.3.2 机器视觉系统的工作原理与结构组成

机器视觉系统在成功的电子制造 SMT 设备中扮演着一个重要的角色。高度精确的光学装置、灵活的照明和高解析度的摄像机集成出最佳的电路和器件的图像，所以通过现代化的算法能够获得至关重要的关于需要修正电路板、元器件和供料装置变化的反馈。通过采用先进的视觉技术装置，可以达到较高水平的工作效率，降低缺陷发生的概率，从而提高整条生产线的生产量，增加经济效益。

1. 对中的分类及工作原理

所谓对中，是指贴片机在吸取元件时要保证吸嘴吸在元件中心，使元件的中心与贴片头主轴的中心线保持一致。贴片机对中的方式有 3 种：机械对中、视觉扫描对中及激光对中。

所谓机械对中，是指当贴片机工作头吸取元件后，在主轴提升时，拨动 4 个爪把元件抓一下，使元件轻微地移动到主轴中心上来，QFP 器件则在专门的对中台上进行对中。这种对中方法主要依靠机械动作，精度水平能达 0.1 mm（3σ），但速度受到限制，同时元件容易受到损坏。机械对中方式包括对中爪、对中台及水平对中滑块 3 种，如图 3.15 所示。

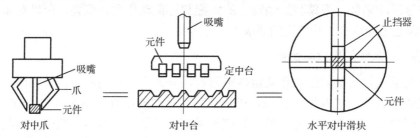

图 3.15　机械对中方式

视觉扫描对中是主流的对中方式。视觉扫描对中是指贴片机工作头在将吸取的元件移到所要放置位置的过程中，由固定在工作头上或固定在机身某个位置上的 CCD 摄像机对元件进行全方位视觉扫描对中，并且通过影像探测元件的分布，将其转换为模拟电信号，再经过 A/D 转换器转化成能进一步处理的数字形式。这些值表示视野内给定点的平均光强度，这些平均光强度经过固态摄像机上许多细小精密的光敏元件组成的 CCD 阵列，并以 0～255 级的灰度值或空间几何 RGB 值的形式输出。灰度值与光强度成正比，灰度值越大，则数字化图像越清晰。数字化信息经存储、编码、放大、整理和分析，最后将结果反馈到控制单元指令执行机构完成准确的贴片操作。视觉扫描对中的精度水平达 0.03～0.05 mm（3σ），检测速度和准确率都很高，但是单一镜头难以处理所有元件。

视觉扫描对中一般分为俯视、仰视、头部或激光对齐，具体选择哪种观测角度，视被测物的位置或摄像机的类型而定。图 3.16 为典型的贴片视觉扫描对中系统。

俯视摄像机安装在贴装头上，用来在 PCB 上搜寻目标（称作基准），以便在贴装前将印制电路板置于正确位置。仰视摄像机通常用于检测固定位置的元器件，一般采用 CCD 技术，在安装之前，元器件必须移过摄像机上方，以便进行对中处理。

目前，CCD 硬件性能具备了相当的水平，在 CCD 硬件开发方面，已经掌握了背光（Back-Lighting）及前光（Front-Lighting）技术，以及可编程的照明控制，以便更好地适应各种不同元件的贴装需要。例如，阻容类元件从后面照明，机器视觉系统仅识别本体轮廓就可以进行对中。相反，QFP 器件等多引脚器件最好是前光照明，将完整的分布在包装体四周的引脚显示出来，以便视觉系统可靠识别对中。有些 BGA 器件在底面有可见的走线，可能会混淆视觉系统，因此这些器件要求侧面照明系统，即从侧面照明锡球，因此机器视觉系统可检查锡球分布，以正确地识别元器件。

基准摄像机直接安装在贴片头上，一般采用 Line-Sensor 系统，即在拾取元器件移到指定位置的过程中完成对元器件的检测，又称为飞行对中技术，它可以大幅度提高贴装效率。该系统由两个模块组成：一个模块是由光源与镜头组成的光源模块，光源由 LED 发光二极管与散射透镜组合而成；另一个模块为接收模块，由 Line CCD 及一组光学镜头组成。这两个模块分别装在贴装头主轴的两边，与主轴及其他组件组成贴装头，如图 3.17 所示。贴片机有几个贴装头，就会有几套相应的系统。

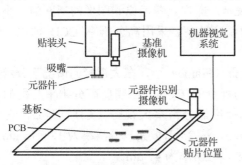

图 3.16 典型的贴片视觉扫描对中系统

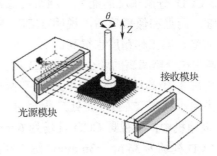

图 3.17 line-Sensor 系统模块简图

激光对中可以识别更多的形状，精度也有显著提高。激光对中指从光源产生一束照度适中的光束，直接照射在元件的规定参照点上，并以此获得相应的坐标信息。这种方法可以测量元件的尺寸、形状及吸嘴中心轴的偏差。这种方法因为不要求从摄像机上方走过，所以十分快速，但是它的主要缺陷是不能对引脚和小间距元件进行引脚检查，而对片状元件则是一个好的选择，如图 3.18 所示。

2. 光学对中系统的组成

光学对中系统一般由光源、影像探测 CCD、影像存储、数模转换、图像处理系统及影像显示器 6 部

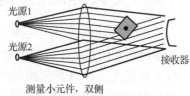

测量小元件，双侧

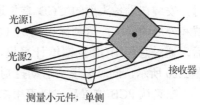

测量小元件，单侧

图 3.18 第二代激光对中技术

分组成，其核心部分是影像探测 CCD 及图像处理系统。

1）CCD 的光源

为了配合组装 BGA 和 CSP 之类的新型器件，在以往的元器件照明系统（周围、同轴）的基础上增加了新型的 BGA 照明。早期的照明装置能同时照亮焊球与元器件底部，故难以把它们区别开来。改进后的照明系统，当 LED 点亮时，仅使 BGA 元件的焊球发出反光，从而识别球栅的排列，增加可信度。

2）影像探测 CCD 及分辨率

影像探测 CCD 的主要部分是一块集成电路，在集成电路芯片上制作有由许多细小精密的光敏探测元件组成的 CCD 阵列。每个光敏探测元件输出的电信号与被观察目标上相应位置的反射光强度成正比，这一点信号即作为这一像元的灰度值或 RGB 值被记录下来。像元坐标决定了该点在图像中的位置。每个像元产生的模拟电信号经模数转换变成 0～255 之间的某一数值，并传送到计算机。

光学对中系统采用两种分辨率——灰度值分辨率和空间分辨率。

灰度值分辨率是利用图像多级亮度来表示分辨率的，机器能分辨给定点的光强度，所需光强度越小，灰度值分辨率就越高，一般采用 256 级灰度值，它具有很强的精密区分目标特征的能力。人眼处理的灰度值仅为 50～60，机器的处理能力远高于人眼的处理能力。

空间分辨率指图像中可辨认的临界物体空间几何长度的最小极限，即对细微结构的分辨率。CCD 分辨精度的能力，通常用像素来表示，即规定覆盖原始图像的栅网的大小，栅网越细，网点和像素越高，说明 CCD 的分辨精度越高。采用高分辨率 CCD 的电子制造 SMT 设备，其工作精度也很高。

通常在分辨率高的场合下，CCD 能见的视野（Frame）小，在大视野的情况下分辨率较低，故在高速/高精度的贴片机中装有两种不同视野的 CCD。在需要高分辨率辨别的情况下，采用小视野 CCD，在处理大器件时，则使用低分辨率大视野 CCD。例如，在松下 MSR 高速机中，小视野 CCD 视场为 6 mm×6 mm，达 25 万像素，分辨率为 12～15 μm；大视野 CCD 视场为 36 mm×36 mm，达 100 万像素，分辨率为 41 μm。

3.3.3　光学对中系统在工作过程中的作用与应用

1. 光学对中系统在工作过程中的作用

光学对中系统在工作过程中的作用如下。

（1）对元件及 PCB 外形进行辨析。

（2）对元件及 PCB 的位置进行确认。当 PCB 被输送至电子制造 SMT 设备的工作位置时，安装在设备头部的 CCD 首先通过对 PCB 上设定的定位标志进行辨识来实现对 PCB 位置和外形的确认。这种标识就是 PCB 的 Mark 点，如图 3.19 所示。CCD 对定位标志确认后，通过总线 BUS 反馈给计算机，然后计算出 PCB 放置原点的位置误差（ΔX、ΔY），如图 3.20 所示，同时反馈给运动控制系统，以实现 PCB 的识别过程。

在确认 PCB 位置后，接着用 CCD 摄像头对元件进行确认，包括：

（1）元件的外形是否与程序一致。

（2）元件中心是否居中。

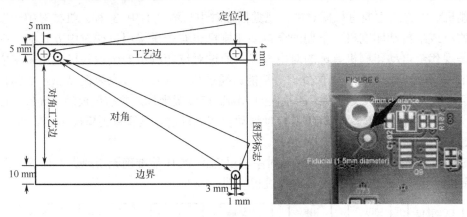

图 3.19 PCB 的 Mark 点标识

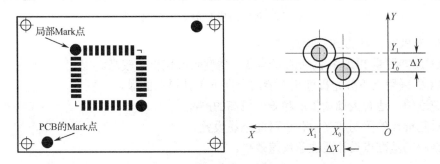

图 3.20 PCB 基准校准原理

（3）元件引脚的共面性和形变程度是否良好。

光学对中系统的辨析过程如图 3.21 所示，主要辨别两个内容：每块 PCB 的 Mark 图像必须和基准图像一样；每块 PCB 的 Mark 图像的中心必须和基准图像的中心重合。如果有偏移，那么机器会自动修正偏移。

图 3.21 光学对中系统的辨析过程

在 SMD 迅速发展的情况下，引脚间距已由早期的 1.27 mm 过渡到 0.5 mm 和 0.3 mm 等，因此仅靠上述两个光学检测器件来确认元件的几何位置还不够，在 PCB 设计时还增加了小范围的几何位置确认，即在要贴装的细间距 QFP 位置上再增加元件图像识别标志，以确保细间距元件贴装准确无误。

2. 在焊膏印刷机中的应用

PCB 和模板在对中前首先需要在印刷机内安装好模板，模板一般放在模板存储柜内干燥保存，使用前按照作业指导书领取，用完后做到及时清洗干净并再次干燥保存。在印刷机内安装模板需要做到轻松、便捷、牢固，步骤通常是先松开锁紧杆，再调整模板安装框，可以安装或取出不同尺寸的模板，在安装模板时，将模板放入安装框，抬起一点，轻轻向前滑动，然后锁紧。模板允许的最大尺寸是 750 mm×650 mm。当钢网安装架调整到 650 mm 时，选择合适的锁紧孔锁紧。

印刷机对中方式主要有机械对中、视觉扫描对中与激光对中 3 种。机械对中一般用于手动印刷机或半自动印刷机，早期的全自动印刷机也有少量采用机械对中方式的。视觉扫描对中是现代全自动印刷机首选的对中方式，通过对该印刷机安装识别摄像头来完成该功能。CCD 具有照明、摄像、图像处理等功能。通过移动 CCD 读取模板 Mark 点的位置坐标，再读取位于支撑柱或支撑板上的基板的 Mark 点位置坐标，并与模板的 Mark 点位置坐标对准，计算出两者的偏差，移动 X-Y 轴移动台使模板进行微调直到模板 Mark 点与 PCB 的 Mark 点完全重合，至此对中过程结束。

PCB 进入印刷机的前后都需要进行对中，以确保 PCB 能准确无误地进入且下一张 PCB 也能重复准确进入。视觉扫描 PCB 对中过程如图 3.22 所示。

图 3.22　视觉扫描 PCB 对中过程

自动光学 PCB 对中方式的特点如下。

（1）CCD 能测量 PCB 和钢网的基准点，精度较准但价格较高。

（2）CCD 采用上下分光摄像头，能向上向下单独摄取图像。

（3）速度快，适合大批量生产和难度较高的产品。

（4）对基准点的照明和光学分析可能不易设置。

（5）钢网的基准点设计要注意反差效果。

任务 3.4　认识传感检测系统

电子制造 SMT 设备中装有多种传感器，如位移传感器、力传感器、光传感器。随着电子制造 SMT 设备智能化程度的提高，传感器的应用范围越来越广，它们像设备的眼睛一样，可以时刻监视机器的运转情况。

3.4.1　位移传感器的应用

位移传感器又称为线性传感器，是一种属于金属感应的线性器件。传感器的作用是把各种被测物理量转换为电量。在生产过程中，位移的测量一般分为测量实物尺寸和机械位移两种。按被测变量变换的形式不同，位移传感器可分为模拟式和数字式两种，模拟式又可分为物性型和结构型两种。常用的位移传感器以模拟式结构型居多，包括电位器式位移传感器、电感式位移传感器、自整角机、电容式位移传感器、电涡流式位移传感器、霍尔式位移传感器等。数字式位移传感器的一个重要优点是，便于将信号直接送入计算机系统。

电子制造 SMT 设备中用于测量位移、感应位移并将所测位移转化成计算值的传感器主要有圆光栅编码器、磁栅尺传感器和光栅尺传感器。

1. 圆光栅编码器

在圆光栅编码器的转动部位上通常装有两片圆光栅，圆光栅是由玻璃片或透明塑料制成的，并在片上镀有明暗相间的放射状铬线，相邻的明暗间距称为一个栅节，整个圆周的总栅节数为编码器的线脉冲数。铬线数的多少表示圆光栅编码器精度的高低，显然，铬线数越多，其精度越高。其中，一片圆光栅固定在转动部位用作指标光栅，另一片圆光栅则随转动轴同步运动用来计数，因此，指标光栅与转动光栅组成一对扫描系统，相当于计数传感器，如图 3.23 所示。

图 3.23　圆光栅编码器

圆光栅编码器在工作时，可以检测出转动件的位置、角度及角加速度，还可以将这些物理量转换成电信号，并传输给控制系统，控制系统可以通过这些量来控制驱动装置。因此，圆光栅编码器通常装在伺服电机中，而伺服电机直接与滚珠丝杠相连。

贴片机在工作时将位移量转换为编码信号，并输入圆光栅编码器中，当电机工作时，圆光栅编码器记录滚杆丝杠的旋转度数，并将信息反馈给比较器，直至符合被测线性位移量，这样就将旋转运动转换成了线性运动，保证了贴装头运行到所需位置上。

采用圆光栅编码器的位移控制系统结构简单、抗干扰性强，其测量精度取决于圆光栅编码器中光栅盘上的铬线数及滚珠丝杠导轨的精度。

2. 磁栅尺传感器

磁栅尺传感器简称磁栅尺，由栅尺和磁头检测电路组成，其利用电磁特性和录磁原理对位移进行测量。磁栅尺的工作过程与录音技术相似，通过录制磁头在磁性尺（或盘）上出现间隔严格相等的磁波的过程称为录磁，已录制好磁波的磁性尺称为磁栅尺。磁栅尺上相邻栅波的间隔距离称为磁栅的波长，又称为磁栅的节距（栅距）。磁栅尺是磁栅数显系统的基准元件。

磁栅尺的栅尺可由满足一定要求的硬磁合金制成，常用的硬磁合金是 Cu-Ni-Fe 合金或 Fe-Cr-Co 合金；常用的磁性镀层的成分是 Ni、Co、P。磁栅尺是在非导磁性标尺上采用化学涂敷或电镀工艺沉积一层磁性膜（一般为 $10\sim20\ \mu m$），并在磁性膜上录制代表一定长度且具有一定波长的方波或正弦波磁轨迹信号。磁头在磁栅尺上移动和读取磁信号，并转变成电信号输入控制电路，最终控制 AC 伺服电机的运行。通常磁栅尺直接安装在 X 轴向、Y 轴向导轨上，如图 3.24 所示。

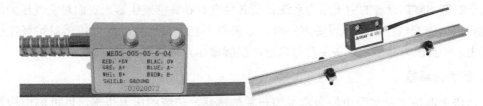

图 3.24　磁栅尺

磁栅尺的优点是制造简单、安装方便、稳定性高、量程范围大、测量精度高（$1\sim5\ \mu m$）。一般高精度自动贴片机采用此装置，贴片精度一般为 0.02 mm。

磁栅尺有两个特点：一是磁栅尺与磁头处于接触式的工作状态，二是磁栅尺处于一定的张紧状态。磁栅尺的工作原理是磁电转换，为保证磁头有稳定的输出信号幅度，以及考虑到空气的磁阻很大，栅尺与磁头之间不允许存在较大和可变的间隙，最好是接触式的。因此带型磁栅尺在工作时，磁头是压入磁带上的，这样即使带面有些不平整，磁头与磁带也能有良好的接触。线型磁栅尺的栅尺和磁头之间约有 0.01 mm 的间隙，由于装配和调整不可能达到理想状态，因此实际上线型磁栅尺也处于准接触式的工作状态。

3. 光栅尺传感器

光栅尺传感器也称为光栅尺，如图 3.25 所示，是利用光栅的光学原理进行工作的测量反馈装置。光栅尺经常存在于电子制造 SMT 设备的闭环伺服系统中，可用于直线位移或角位移的检测。光栅尺测量输出的信号为数字脉冲，具有检测范围大、检测精度高、响应速度快的特点。光栅尺按照制造方法和光学原理的不同，分为透射光栅尺和反射光栅尺。

图 3.25　光栅尺

光栅尺系统同磁栅尺系统类似，由栅尺、光栅读数头与检测电路组成。光栅尺是在透明玻璃或金属镜面上进行真空沉积镀膜，再利用光刻技术制作平行且距离相等的密集条纹（每毫米 100～300 个条纹）。栅尺由指示光栅、光源、透镜及光敏器件组成。指示光栅具有相同密度的条纹。栅尺是根据物理学的莫尔条纹形成原理进行位移测量的，测量精度高，一般为 0.1～1 μm。光栅尺在高精度贴片机中应用时，其定位精度比磁栅尺还要高 1～2 个数量级。装有光栅尺的贴片机对环境要求比较高，特别是防尘要求，因为灰尘落在光栅尺上将引起贴片机故障。

光栅尺安装的注意事项如下。

（1）光栅尺从数显表插头座上插拔时应先关闭电源。

（2）尽可能外加保护罩，并及时清理溅落在光栅尺上的切屑和油液，严格防止任何异物进入光栅尺壳体内部。

（3）为保证光栅尺使用的可靠性，每隔一定时间要用乙醇混合液（各50%）清洗擦拭光栅尺尺面及指示光栅面，以保持玻璃光栅尺面清洁。

（4）严禁剧烈震动及摔打，以免破坏光栅尺，如光栅尺断裂、光栅尺失效。

3.4.2　力传感器的应用

电子制造 SMT 设备的空气压力系统包括各种汽缸和真空发生器，它们对空气压力均有一定的要求。当空气压力低于设备规定时，设备就不能正常运转。压力传感器始终监视着压力变化，一旦压力异常，设备便及时报警，提醒操作人员处理。

1. 压力传感器

压力传感器是工业实践中最为常用的一种传感器，传统的压力传感器以机械结构型的器件为主，以弹性元件的形变指示压力，但这种结构的压力传感器尺寸大、质量重，不能提供电学输出。随着半导体技术的发展，半导体压力传感器应运而生，其特点是体积小、质量轻、准确度高、温度特性好。特别是随着 MEMS 技术的发展，半导体压力传感器向着微型化方向发展，而且其功耗小、可靠性高。

压力传感器的种类繁多，如电阻应变片压力传感器、半导体应变片压力传感器、压阻式压力传感器、电感式压力传感器、电容式压力传感器、谐振式压力传感器及电容式加速度压力传感器等，但应用最广泛的是压阻式压力传感器，它具有极低的价格和较高的精度及较好的线性特性。

　　被测的动态压力作用在弹性敏感元件上，使它变形，在其变形的部位粘贴有电阻应变片，可感受动态压力的变化，按这种原理设计的传感器称为电阻应变式压力传感器。电阻应变式压力传感器粘贴的电阻应变片主要有丝式应变片与箔式应变片。箔式应变片是以厚度为 2～8 μm 的金属箔片作为敏感栅材料的，箔栅宽度为 3～8 μm。丝式应变片是由一根具有高电阻系数的电阻丝（直径为 15～50 μm）平行地排成栅形（一般为 2～40 条），电阻值范围为 60～200 Ω（通常为 120 Ω）。

　　将电阻应变片贴在电阻纸上，电阻纸两端焊有引出线，表面覆一层薄纸，即可制成纸基的金属电阻丝应变片。测量时，用特制的胶水将金属电阻丝应变片粘贴在待测的弹性敏感元件表面，当弹性敏感元件随着动态压力变形时，电阻片也跟着变形。

　　陶瓷压力传感器是一种敏感特性高、价格低的传感器，并且在欧美国家有全面替代其他类型压力传感器的趋势。在中国，越来越多的用户使用陶瓷压力传感器替代扩散硅压力传感器，这是因为陶瓷是一种公认的抗腐蚀、抗磨损、抗冲击和震动的材料。在使用陶瓷压力传感器时，压力直接作用在陶瓷膜片的前表面，使陶瓷膜片产生微小的形变，厚膜电阻印刷在陶瓷膜片的背面，与之连接成一个惠斯通电桥（闭桥），由于压敏电阻的压阻效应，使惠斯通电桥产生一个与压力成正比的高度线性、与激励电压成正比的电压信号。陶瓷压力传感器根据标准信号量程的不同，标定为 2.0、3.0、3.3 mV 或 V 等，其可以和应变式传感器相兼容。

　　随着贴片速度及精度的提高，对贴装头将元件贴放在 PCB 上的吸放力的要求越来越高，这就是通常所说的 Z 轴软着陆功能。它是通过霍尔压力传感器及伺服电机的负载特性来实现的。将元件放置到 PCB 上的瞬间会受到震动，其震动力能及时传送到控制系统，并通过控制系统的调控再反馈到贴装头，从而实现 Z 轴软着陆功能。具有该功能的贴装头在工作时，给人的感觉是平稳轻巧的，若进一步观察，则元件两端浸在焊膏中的深度大体相同，这对防止出现"立碑"等焊接缺陷是非常有利的。不带压力传感器的贴装头会出现错位甚至飞片现象。

2. 气压传感器

　　国家标准 GB/T 7665－2005 对气压传感器下的定义是：能感受到规定的被测量并按照一定的规律转换成可用信号的器件或装置，通常由敏感元件和转换元件组成。

　　气压传感器是用于测量气体绝对压强的转换装置，可用于风压、管道气压等方面的压力测量。气压传感器主要通过薄膜、顶针和一个柔性电阻器来完成对气压的检测与转换功能。薄膜对气压强弱的变化异常敏感，一旦感应到气压的变化就会发生变形并带动顶针动作，这一系列动作将改变柔性电阻器的电阻阻值，从而将气压的变化转换为电阻阻值的变化并以电信号的形式呈现出来，之后对该电信号进行相应处理并输出给计算机。气压传感器如图 3.26 所示。

图 3.26　气压传感器

气压传感器可用于液压及气动控制系统；石化、环保、空气压缩；电站运行巡检、机车制动系统；热电机组；轻工、机械冶金；楼宇自动化、恒压供水系统；自动化检测系统；工业过程检测与控制系统；实验室压力校验等，也可用于空气压缩机、焊膏印刷机、贴片机、波峰焊炉等电子制造 SMT 设备中。

气压传感器的特性如下。

（1）过程连接部分：可扩展为法兰接连、快速接口连接、毛细管连接等。

（2）电气连接部分：可接二次就地显示仪表、防水密封连接等。

（3）介质温度特性：−20～85 ℃、−20～150 ℃、−20～200 ℃、−20～300 ℃。

（4）输出信号特性：0～20 mA、1～5 VDC、0～2 VDC。

贴装头上的吸嘴靠负压吸取元器件，因此，负压的变化反映了吸嘴吸取元器件的情况，如图 3.27 所示。如果供料器没有元器件，或者元器件过大卡在料包中，那么吸嘴将吸不到元器件；或者吸嘴虽然吸到元器件，但是元器件吸着错误，使吸嘴压力发生变化。通过检测压力变化，可以控制贴装情况。此外，如果负压不够，那么吸嘴同样吸不起元器件，或者虽然吸到元器件，但在贴装头运动过程中，元器件会因受到运动力的作用而掉下，这些情况都逃不过负压传感器的监视。如果发现吸不到元器件或吸不住元器件，那么系统会报警，提醒操作人员更换供料器或查看吸嘴负压系统是否堵塞。

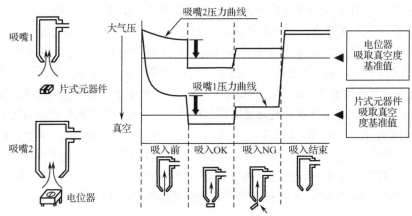

图 3.27　负压传感器检测原理示意图

目前，新型负压传感器已经实现微小型化，负压传感器与转换和处理电路集成在一起，形成一体化部件。这种将传感器与转换和处理电路集成在一起的部件通常称为变送器。变送器输出标准电信号（0～5 V 电压或 4～20 mA 电流），小型变送器的质量可小于 70 g，因此可以直接装到贴装头上。变送器直接装在贴装头上，如图 3.28（a）所示。由于多吸嘴贴装头在工作时，每个吸嘴按顺序吸取和贴装，因此可通过电磁阀使两个吸嘴共用一个负压传感器，如图 3.28（b）所示。

3.4.3　光传感器的应用

1．光电传感器

1）工作原理与结构组成

光电传感器是采用光电元件作为检测元件的传感器产品，它首先把被测物体的光强度的

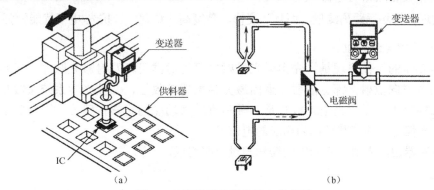

图 3.28　变送器在贴片机上的应用

变化转换成光信号的变化，然后借助光电元件进一步将光信号转换成电信号。光电传感器广泛应用于多个领域。

光电传感器主要由一般光源发生器、光电通路、光电元件接收器 3 部分组成。光源发生器对准目标发射光束，发射的光束一般来源于半导体光源、发光二极管（LED）、激光二极管及红外发光二极管，光束不间断地发射，或者改变脉冲宽度发射。光电元件接收器由光电二极管、光电三极管、光电池组成，在光电元件接收器之前，装有光学元件，如透镜和光圈等。光电通路能滤出有效信号并应用该信号。

2）分类

由于光通量对光电元件的作用原理不同，因此制成的光学测控系统是多种多样的，按光电元件输出量性质可分为两类，即模拟式光电传感器和脉冲（开关）式光电传感器。

模拟式光电传感器是将被测量转换成连续变化的光电流，它与被测量呈单值关系。模拟式光电传感器按检测目标物体被测量的方法分为透射（吸收）式、漫反射式、遮光式（光束阻挡）三大类。

所谓透射式，是指将被测物体放在光路中，恒光源发出的光通量穿过被测物被部分吸收后，透射光投射到光电元件上；所谓漫反射式，是指恒光源发出的光投射到被测物上，再从被测物表面反射，后又投射到光电元件上；所谓遮光式，是指当光源发出的光通量经被测物遮住其中一部分，使其投射到光电元件上的光通量改变，改变的程度与被测物所在的光路位置有关。

3）应用

光电传感器可以用来检测直接引起光量变化的非电量，如光强、光照度、辐射测量温度、气体成分等，也可以用来检测能转换成光量变化的其他非电量，如零部件直径、表面粗糙度、应变、位移、振动、速度、加速度，以及物体的形状、工作状态等。

在电子制造装备的大部分设备中，均能看到光电传感器的应用，用于检测 PCB 的传输、定位与计数、工作头或工作台的运动检测、安全检测、工作区域检测等。焊膏印刷机、贴片机及检测设备在工作时，为了保证工作头或工作台安全运行，通常在工作头的运动区域设有光电传感器，运用光电原理监控运行空间，以防外来物体带来伤害。

2. 激光传感器

激光传感器是利用激光技术进行测量的传感器。激光传感器是一种新型测量仪表，它的优点是能实现无接触远距离测量,而且速度快、精度高、量程大、抗光/电干扰能力强等。

1) 工作原理与结构组成

激光传感器的工作原理是,先由激光发射二极管对准目标发射激光脉冲,经目标反射后,激光向各方向散射,部分散射光返回激光传感器接收器,并被光学系统接收后成像到雪崩光电二极管上。雪崩光电二极管是一种具有放大功能的光学传感器,因此它能检测到极其微弱的光信号,并将其转化为相应的电信号。

激光传感器由激光器、激光检测器和测量电路组成。

2) 分类

激光传感器主要包括固体激光传感器、气体激光传感器、液体激光传感器和半导体激光传感器。

(1) 固体激光传感器:工作物质是固体。常用的固体激光传感器有红宝石激光器、掺钕的钇铝石榴石激光器(YAG 激光器)和钕玻璃激光器等。它们的结构大致相同,特点是小而坚固、功率高。钕玻璃激光器是目前脉冲输出功率最高的器件,已达数十兆瓦。

(2) 气体激光传感器:工作物质为气体。现已有各种气体原子、离子、金属蒸气、气体分子激光器。常用的气体激光传感器有二氧化碳激光器、氦氖激光器和一氧化碳激光器,其形状犹如普通放电管,特点是输出稳定、单色性好、寿命长,但功率较小、转换效率较低。

(3) 液体激光传感器:可以分为螯合物激光器、无机液体激光器和有机染料激光器。其中,最重要的是有机染料激光器,它的最大特点是波长连续可调。

(4) 半导体激光传感器:较"年轻"的一种激光器,其中较成熟的是砷化镓激光器,其特点是效率高、体积小、质量轻、结构简单,适用于在飞机、军舰、坦克上使用,以及步兵随身携带使用;可制成测距仪和瞄准器;但输出功率较小、定向性较差、受环境温度影响较大。

3) 应用

激光传感器的应用很广泛。利用激光的高方向性、高单色性和高亮度等特点可以实现无接触远距离测量。激光传感器常用于长度、距离、振动、速度、方位等物理量的测量,还可以用于探伤和大气污染物的监测等。

激光传感器已广泛地应用在贴片机中,它能帮助判断元器件引脚的共面性。当被测元器件运行到激光传感器的监测位置时,其发出的光束照射到 IC 引脚并反射到激光读取器上,若反射回来的光束长度同发射光束相同,则元器件共面性合格,若不相同,则引脚上翘使反射光光束变长,从而识别出该元器件引脚有缺陷。同样,激光传感器还能识别元器件的高度,这样能缩短生产的预备时间。

激光传感器可以用于检测元器件拾取与贴放的有无、方位、焊盘与模板的对中程度等。

3. 固态图像传感器

1) 工作原理与分类

固态图像传感器是利用光电器件的光电转换功能,将其感光面上的光像转换为与光像成相应比例的电信号"图像"的一种功能器件。固态图像传感器是组成数字摄像头的重要组成部分。根据元件的不同，可分为电荷耦合元件（Charge Coupled Device，CCD）和金属氧化物半导体元件（Complementary Metal-Oxide Semiconductor，CMOS）两大类，二者是固态图像传感器的敏感元件，属于一种集成电路，但 CCD 具有光电转换、信号存储、转移（传输）、输出、处理及电子快门等多种独特功能。

固态图像传感器是在同一半导体衬底上布设的若干光敏单元与移位寄存器构成的集成化、功能化的光电器件。光敏单元简称像素或像点，它们在空间上、电气上是彼此独立的。利用光敏单元的光电转换功能将投射到光敏单元上的光学图像转换成电信号"图像"，即将光强的空间分布转换为与光强成比例的、大小不等的电荷包空间分布，然后利用移位寄存器的功能将这些电荷包在时钟脉冲控制下实现读取与输出，形成一系列幅值不等的时序脉冲序列。

固态图像传感器与普通的图像传感器相比，具有体积小、失真小、灵敏度高、抗震动、耐潮湿、成本低的特点。

2）技术参数

固态图像传感器的技术参数主要包括像元尺寸、灵敏度、坏点数和光谱响应。

（1）像元尺寸：芯片像元阵列上每个像元的实际物理尺寸，通常包括 14 μm、10 μm、9 μm、7 μm、6.45 μm、3.75 μm 等。像元尺寸从某种程度上反映了芯片对光的响应能力，像元尺寸越大，能够接收到的光子数量越多，在同样的光照条件和曝光时间内产生的电荷数量也越多。对弱光成像而言，像元尺寸是芯片灵敏度的一种表征。

（2）灵敏度：芯片的重要参数之一，具有两种物理意义，一种是光电器件的光电转换能力，与响应率的意义相同，即在一定光谱范围内，单位曝光量的输出信号电压（电流），单位可以为 nA/Lux、V/W、V/Lux、V/lm；另一种是器件所能感的对地辐射功率（或照度），与探测率的意义相同，单位可以为 W 或 Lux。

（3）坏点数：芯片中坏点的数量，即不能有效成像的像元或相应不一致性大于参数允许范围的像元的数量。坏点数是衡量芯片质量的重要参数。

（4）光谱响应：芯片对不同波长光线的响应能力，通常用光谱响应曲线给出。

3）应用

固态图像传感器广泛应用于电子制造 SMT 设备的各个方面，在焊膏印刷机、贴片机、回流焊炉、波峰焊炉、自动光学检测设备、返修工作站等需要实时显示的场所，大多采用图像传感器，因为它能采集各种所需的图像信号，包括 PCB 位置、器件尺寸，并经计算机分析处理，使工作头完成调整位置的工作。

任务 3.5 PCB 传输机构

3.5.1 PCB 传输机构的组成与分类

PCB 传输机构的作用是将需要贴片的 PCB 送到预定的位置，贴片完成后再将表面组装组件（SMA）送至下道工序。PCB 传输机构简易图如图 3.29 所示。PCB 传输机构是安放在轨道上的超薄型皮带传送系统，通常皮带轮安装在轨道边缘，皮带线一般分为 A、B、C 三个区段，在三个区段都装有红外传感器，高档的机器通常还会带有条形码阅读器，它能识别 PCB 的进入和送出，以及记录 PCB 的数量，并在 B 区段传送部位设有 PCB 夹紧机构。

图 3.29　PCB 传输机构简易图

目前，大多数电子制造 SMT 设备直接采用轨道传输 PCB，也有部分设备采用工作台传输，即把 PCB 固定在工作台上，然后工作台在传输轨道上运行。

整体来讲，PCB 传输机构可分为以下 3 种。

1）整体式导轨

在整体式导轨的电子制造 SMT 设备中，PCB 的进入、贴片、送出始终在导轨（图 3.29 中的 A、B、C 三个区段的导轨合并为一根导轨）上，当 PCB 送到导轨上并前进到类似图 3.29 中的 B 区时，PCB 会有一个后退动作并遇到后制限位块，于是 PCB 停止运行，PCB 下方带有定位销的顶块上行，将销钉顶入 PCB 的工艺孔中，并且用 B 区上的压紧机构将 PCB 压紧。

在 PCB 的下方，有一块支撑台板，台板上有阵列式圆孔，当 PCB 进入 B 区后，可根据 PCB 结构需要在台板上安装适当数量的支撑杆。随着台面的上移，支撑杆将 PCB 支撑在水平位，这样贴片头在工作时就不会将 PCB 下压而影响贴片精度了。

若 PCB 事先没有预留工艺孔，则可以采用光学辨认系统确认 PCB 的位置，此时可以将定位块上的销钉拆除，当 PCB 到位后，由 PCB 前后限位块及夹紧机构共同完成 PCB 的定位。通常光学定位的精度高于机械定位，但定位时间较长。

2）活动式导轨

在活动式导轨的电子制造 SMT 设备中，B 区段导轨相对于 A、C 区段是固定不变的，而 A、C 区段导轨是可以上下升降的。当 PCB 由外部接驳台送到 A 区段导轨时，A 区段导轨处于高位并与接驳台相接；当 PCB 运行到 B 区段导轨时，A 区段导轨下沉到与 B 区段导轨同一水平面，PCB 由 A 区段移到 B 区段，并由 B 区段夹紧定位；当 PCB 贴片完成后送到 C 区段导轨，C 区段导轨由低位（与 B 区段同水平）上移到与下道工序的设备轨道同一水平，并将 PCB 由 C 区段送到下道工序。然而，在有些电子制造 SMT 设备中，其运动过程与上述相反，其 A、C 区段导轨为固定导轨，B 区段导轨则设计成可进行 X 轴、Y 轴方向移动的 PCB 承载台，并可进行上下升降运动。由此可见，不同机型的导轨有不同结构，其做法主要取决于电子制造 SMT 设备的整体结构。活动式导轨如图 3.30 所示。

（1）皮带传送既有从左到右形式，又有从右到左形式，分为前、中、后 3 部分。

（2）在前、中、后 3 部分安装有光电传感器，分别感应 PCB 的送入、传送送出。

（3）在中部装有 PCB 支撑夹紧机构，以保证贴片过程中 PCB 的定位；在传输机构中，还可以根据需要调节轨道宽度，以适应不同产品的板宽。在贴片过程中，支撑板能通过支撑 PCB 使其翘曲、松弛和柔性降到最小。

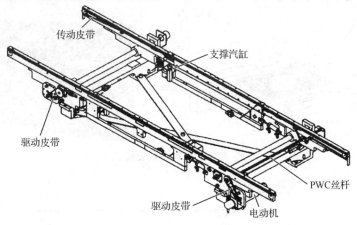

图 3.30   活动式导轨

3）双轨式传送工作模式

双轨式送板机构是能用同步模式处理双 PCB 的一个运输系统，或者在同一机器上用异步的模式处理一个 PCB 的顶面和底面。在同步模式中，相同或不同类型的双 PCB 通过贴片系统同时传送，机器的灵活性大。在异步模式中，非生产性的运输时间也减到最小。一块板移进机器，在贴片的同时，同一类型的第二块被传送到机器。这是传统型的高速机不可能有的一个特征。

双轨式送板机构一次传送两个板，等于活动式导轨又添加了一个复制板，相当于在双轨选项内有 6 个区，贴片机一次最多可放 3 块 PCB，一般两个板在 B 区段和 E 区段，另一个板可以在任何其他输入/传出位置。双轨式送板机构软件遵循先入先出原则，第一个进入机器的板也第一个传出机器，双轨运行同一产品。当一个 PCB 进行贴片时，另一个板在预备轨道的缓冲区域内，前一个板贴片完成后，立即开始处理预备轨道缓冲区域的板，这样就可以把传送板的时间降到最低。

双轨式送板机构的缺点是能够处理的 PCB 尺寸不会太大，因此这种技术比较适合使用高速、高产量的合同制造商和 OEM 企业。

3.5.2   焊膏印刷机中的 PCB 传输机构

焊膏印刷机中 PCB 的输入、输出主要依靠传送导轨上的传送皮带来完成，当 PCB 到达规定位置时，基板止挡器将挡住 PCB 防止其因惯性滑动，通过对 PCB 的夹紧，防止 PCB 跳出，从而实现金属模板的接触式印刷或非接触式印刷。通过调整边夹夹紧量及夹紧力，可以稳定地固定各种基板，提高印刷设备的使用效率。

适当调整压力控制阀使边夹能够固定基板，通过基板支撑可以防止基板摆动并使基板稳定。通常情况下，边夹装置的压力调整标准为 0.08～0.1 MPa。由于基板无刚性易弯曲，因此推荐使用真空夹紧。PCB 夹紧装置如图 3.31 所示。

PCB 停止位置由印刷条件中的 PCB 尺寸自动设定，传送方向上 PCB 的中心位于印刷台的中心，基板止挡器安装在摄像头旁，便于操作时进行调整。如果 PCB 的中心有开槽，那么设置偏移量进行调整。基板止挡器装置如图 3.32 所示。

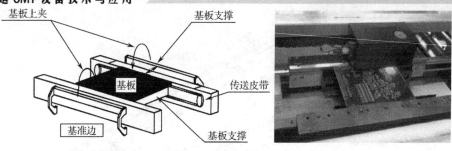

图 3.31　PCB 夹紧装置

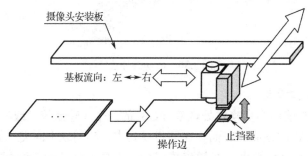

图 3.32　基板止挡器装置

印刷机对 PCB 的处理主要通过以下步骤来进行，如图 3.33 所示。

图 3.33　印刷机 PCB 处理流程

3.5.3　焊接设备中的 PCB 传输机构

PCB 传输机构在回流焊炉中主要是利用一条整体式传输链条或传输网进行传送的，属于整体传动系统。

PCB 传输机构是将电路板从回流焊炉入口按照一定速度输送到回流焊炉出口的传动装置，其包括导轨、网带（中央支撑）、链条、运输电动机、轨道宽度调节机构、运输速度控制机构等部分。PCB 传输机构的主要性能参数包括传送方式、传送方向及调速范围。回流焊炉的传动方式主要有链传动（Chain）、链传动+网传动（Mesh）、网传动、双导轨运输系统、链传动+中央支撑系统。其中，比较常用的传动方式为链传动+网传动、链传动+中央支撑系统两种。

网传动可任意放置 PCB，适用于单面板的焊接。它克服了 PCB 受热可能引起凹陷的缺陷，但对双面板焊接及设备的配线使用有局限性。链传动是将 PCB 放置于不锈钢链条加长销轴上进行传输的，可用于单/双面板的焊接及配线使用，其链条宽度可调节，以适应不同 PCB 宽度的要求。链传动的缺点是宽型或超薄 PCB 受热后可能引起凹陷，但是可以通过加入 PCB 中央支撑系统来弥补。链传动+网传动结构如图 3.34 所示。

链传动+网传动系统具有很强的适应性，这种传动方式的导轨为特制的优质铝合金，具有强度高、硬度高、变形小、精度高的特点，采用计算机全闭环控制自动调节轨道宽度，PCB 放在链条导轨上，可实现 SMC/SMD 的双面焊接，同时不锈钢网带可以防止 PCB 脱落。传送方向的选择主要视单机使用还是配线使用而定，传送速度的调节范围一般为 0.1～1.2 m/min，采用无级闭环式控制调节速度，速度精度可达±5 mm/min，足以满足回流焊设备的要求，如图 3.34 所示。链传动+中央支撑系统的传动方式一般用于传送大尺寸的多拼板，防止 PCB 在链条式传送过程中受炉温加热而变形。

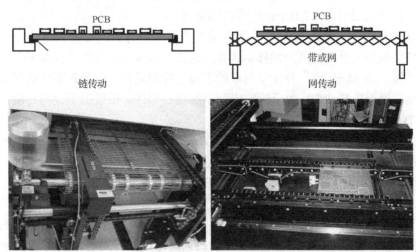

图 3.34　链传动+网传动结构

为了保证链条、网带（中央支撑）等传动部件速度一致，传动系统中装有同步链条，运输电动机可以通过同步链条驱动运输链条或网带（中央支撑）的传动轴转动。

PCB 传输机构的运输速度和导轨的轨距是可以调节和控制的，运输速度控制普遍采用变频器+全闭环控制方式，导轨的轨距根据生产 PCB 的不同宽度进行相应的调整，回流焊炉的加工尺寸范围是由设备所能调整到的最大轨距决定的。

此外，如果选择氮气保护装置，那么为了节省氮气，氮气炉的两边需要封闭起来，但用网带封闭没有意义，因此氮气炉一般不建议用网带式传动系统。

本章主要涉及电子制造 SMT 设备的通用部件，包括机架、传感检测系统、X-Y 轴伺服驱动与定位机构、机器视觉对中与检测系统和 PCB 传输机构五大部件。这些部件在焊膏印刷机、元件高速贴片机、高精度贴片机、回流焊炉、波峰焊炉、自动光学检测机、自动 X 光检测机、返修工作站、上下板机中均有运用。下面通过 5 个实训来认识不同电子制造 SMT 设备的通用部件设计。

实训 4　焊膏印刷机通用部件应用设计

1．焊膏印刷机通用部件

焊膏印刷机是 SMT 生产线的主体设备之一，属于一种机电设备，主要用于完成焊膏在 PCB 上规定位置的涂敷。它的组成部件包括通用部件和专用部件。

焊膏印刷机通用部件如下。

（1）机架结构：整体铸造式和钢结构烧焊可调式，主要用于装载焊膏印刷机的不同通用部件和专用部件，是检验焊膏印刷机稳定性的关键部件。

（2）X-Y 轴伺服驱动机构：自动控制式、半自动控制式及手工移动式，主要用于驱动印

刷头实现 X 轴方向、Y 轴方向及 Z 轴方向的自动控制移动；驱动模板夹持装置在 X 轴或 Y 轴方向手动或自动移动。

（3）PCB 传输机构：一体式、两段式、三段式。PCB 传输机构在焊膏印刷机内部可以是单轨道式和双轨道式，主要用于将 PCB 送进焊膏印刷机，并在焊膏印刷机中间固定 PCB 及将焊膏印刷到 PCB 上后将 PCBA 送出焊膏印刷机。

（4）机器视觉对中与检测系统：摄像头根据镜头探测的区位可分为上下分体式、上下一体式；摄像头根据是否移动可分为移动式和固定式。摄像头主要用于检测 PCB 上的 Mark 点、不锈钢模板上的 Mark 点，并计算两点的准确坐标和偏差，从而为不锈钢模板自动调整提供移动数据。摄像头是 PCB 和模板准确对中的核心部件，还可用于检测传输到焊膏印刷机里面的 PCB 是否是正确的 PCB，预防放错。

（5）传感检测系统：检测位置、压力、速度等物理量。

（6）支撑平台垂直上升装置：升降 PCB，便于焊膏印刷时刮刀，使得模板和 PCB 实现有压力的接触；一旦印刷结束后，便于模板与 PCB 实现快速分离。

（7）动力与安装装置。

凯格（GKG）焊膏印刷机如图 3.35 所示。可以通过实际接触凯格焊膏印刷机来了解焊膏印刷机，以及分析焊膏印刷机的结构并完成相关测绘，同时对通用结构件的应用提出应用方案和改进办法。

图 3.35　凯格（GKG）焊膏印刷机

2. 实训工具

在实训前，请领取必要的工具或耗材、测绘工具及量具等，由班长负责登记，具体如下。

（1）必要的工具或耗材：领取一盒工具，主要包括扳手、剥线钳、钢丝钳、拉马、螺丝刀、万用表、切管器、斜口钳、电烙铁、吸锡器、焊锡丝、接料器等。

（2）测绘工具：A3 绘图板、丁字尺、绘图纸、实验报告纸，以及自备必要的铅笔、圆规、直尺、三角板等。

（3）量具：领取一盒量具，主要包括水平仪、激光器、皮尺、游标卡尺、量块、塞尺、外径千分尺、直尺、万能角度尺等。

3. 实训任务与目标

下面介绍本实训的具体任务和目标，如表 3.1 所示。

表 3.1 焊膏印刷机通用部件应用设计任务表

任务	实训任务	完成目标	绘图设计	内容描述	总评
1	焊膏印刷机所属通用部件的工作原理	熟悉，能描述			
2	印刷机机架、刮刀移动模块的 *X-Y* 轴伺服驱动机构、模板夹持固定机构的 *X-Y* 轴伺服驱动机构、PCB 传输系统、机器视觉对中与检测系统、传感检测系统、支撑平台垂直上升装置和动力与安装装置等焊膏印刷机通用部件的外形结构	认识结构；熟悉不同结构件之间的连接关系；熟悉部件的结构组成			
3	根据 SMT 教学工厂中现有的凯格焊膏印刷机，以及任务 3.1~3.5 所述的各通用部件，提出一种自己的创新改进方案，并阐述这种改进方案的优缺点	测绘凯格焊膏印刷机的通用部件；提出改进方案；分析优缺点			
4	上网查阅通用部件在焊膏印刷机中的具体应用和功能的相关资料，提出这种部件在不同品牌焊膏印刷机中的具体应用和最新改进方案	资料检索与归纳，整理数据，追踪最新应用			
5	焊膏印刷机通用部件与通用部件、专用部件之间的相互连接关系，以及不同部件结合部的日常维护方法	熟悉连接关系；熟悉结合部的日常维护步骤			

4．实训任务要求

按照 5 个同学一组的方式进行分组，1 个同学是小组负责人、1 个同学是主讲人、1 个同学负责收集提问、1 个同学负责主要答辩工作，以及 1 个同学是记录员，主要完成工作如下。

（1）认识所有凯格焊膏印刷机的通用部件结构，并对通用部件进行测绘。

（2）提出改进办法，分析优缺点，撰写改进方案。

（3）资料检索与归纳，整理数据，追踪最新应用，撰写调查报告。

（4）制作答辩 PPT，进行小组间答辩汇报，并在小组间进行自评和互评。

实训 5 贴片机通用部件应用设计

1．贴片机通用部件

贴片机是 SMT 生产线的主体设备之一，属于机电设备，主要用于完成元器件在 PCB 上规定位置的贴装。它的组成部件包括通用部件和专用部件。

贴片机的通用部件如下。

（1）机架结构：整体铸造式和钢结构烧焊可调式，主要用于装载贴片机的不同通用部件和专用部件，是检验贴片机稳定性的关键部件。

（2）*X-Y* 轴伺服驱动机构：自动控制式、半自动控制式及手工移动式，主要用于驱动贴装头实现 *X* 轴方向、*Y* 轴方向及 *Z* 轴方向的自动控制移动；有些贴片机还可以使用该机构驱动支撑平台装置在 *X* 轴或 *Y* 轴方向进行自动移动。

（3）PCB 传输机构：一体式、两段式、三段式。PCB 传输机构在贴片机内部可以是单轨道式和双轨道式，主要用于将 PCB 送进贴片机、在贴片机中间固定 PCB 及将元器件贴装到 PCB 上规定位置后将 PCBA 送出贴片机。

（4）机器视觉对中与检测系统：摄像头根据镜头探测的区位可分为上下分体式、上下一体式；摄像头根据是否移动可分为移动式和固定式。摄像头主要用于检测 PCB 焊盘上的 Mark 点和元器件的准确坐标、计算测量坐标和标准坐标之间的偏差，进而判断贴装头或 PCB 是否发生偏移。摄像头是贴片机进行元器件视觉检查的关键部件，可以用来检查元器件外形、检查 PCB 的外形，还可以用来检测传输到贴片机里面的 PCB 是否是正确的 PCB，预防放错。

（5）传感检测系统：检测位置、压力、速度、负压等物理量。

（6）支撑平台垂直上升装置：升降 PCB，便于在元器件贴片时，调节元器件与 PCB 之间的贴装间隙，这样可以避免因压力过大而压坏元器件，也可以避免因间隙过大，元器件发生抛离。

（7）动力与安装装置。

JUKI KE-2080 贴片机如图 3.36 所示。可以通过实际接触 JUKI KE-2080 贴片机来了解贴片机，以及分析贴片机的结构并完成相关测绘，同时对通用结构件的应用提出应用方案和改进办法。

图 3.36　JUKI KE-2080 贴片机

2. 实训工具

在实训前，请领取必要的工具或耗材、测绘工具及量具等，由班长负责登记，具体如下。

（1）必要的工具或耗材：领取一盒工具，主要包括扳手、剥线钳、钢丝钳、拉马、螺丝刀、万用表、切管器、斜口钳、电烙铁、吸锡器、焊锡丝、接料器等。

（2）测绘工具：A3 绘图板、丁字尺、绘图纸、实验报告纸，以及自备必要的铅笔、圆规、直尺、三角板等。

（3）量具：领取一盒量具，主要包括水平仪、激光器、皮尺、游标卡尺、量块、塞尺、外径千分尺、直尺、万能角度尺等。

3. 实训任务与目标

下面介绍本实训的具体任务和目标，如表 3.2 所示。

表 3.2　贴片机通用部件应用设计任务表

任务	实训任务	完成目标	绘图设计	内容描述	总评
1	元件贴片机和器件贴片机所属通用部件的工作原理	熟悉，能描述			
2	贴片机机架、贴装头的 *X-Y* 轴伺服驱动机构、PCB 支撑平台的 *X-Y* 轴伺服驱动机构（选配）、供料器模组的 *X-Y* 轴伺服驱动机构（选配）、PCB 传输系统、机器视觉对中与检测系统、传感检测系统、支撑平台垂直上升装置和动力与安装装置等元器件贴片机通用部件的外形结构	认识结构；熟悉不同结构件之间的连接关系；熟悉部件的结构组成			
3	根据 SMT 教学工厂中现有的 JUKI KE-2080 贴片机，测绘任务 3.1～3.5 所述的各个通用部件；提出一种自己的创新改进方案，并阐述这种改进方案的优缺点	测绘 JUKI KE-2080 贴片机的通用部件；提出改进方案；分析优缺点			
4	上网查阅通用部件在元器件贴片机中的具体应用和功能的相关资料，提出这种部件在不同品牌的元器件贴片机中的具体应用和最新改进方案	资料检索与归纳，整理数据，追踪最新应用			
5	元器件贴片机通用部件与通用部件、专用部件之间的相互连接关系，以及不同部件结合部的日常维护方法	熟悉连接关系；熟悉结合部的日常维护步骤			

4. 实训任务要求

按照 5 个同学一组的方式进行分组，1 个同学是小组负责人、1 个同学是主讲人、1 个同学负责收集提问、1 个同学负责主要答辩工作，以及 1 个同学是记录员，主要完成工作如下。

（1）认识所有 JUKI KE-2080 贴片机的通用部件结构，并对通用部件进行测绘。

（2）提出改进办法，分析优缺点，撰写改进方案。

（3）资料检索与归纳，整理数据，追踪最新应用，撰写调查报告。

（4）制作答辩 PPT，进行小组间答辩汇报，并在小组间进行自评和互评。

实训 6　焊接设备通用部件应用设计

焊接设备包括回流焊炉和波峰焊炉两种，使用的实训工具与印刷机和贴片机类似，完成的实训任务要求也和前两种设备一样。

1. 回流焊炉通用部件

回流焊炉是 SMT 生产线的主体设备之一，属于机电设备，主要任务是将贴片元器件焊接到涂抹焊膏的 PCB 上。回流焊炉的组成部件包括通用部件和专用部件。

回流焊炉的通用部件如下。

（1）机架结构：整体铸造式和钢结构烧焊可调式，主要用于装载回流焊炉的各不同通用部件和专用部件，是检验回流焊炉稳定性的关键部件。

（2）*Y* 轴伺服驱动机构：自动控制式、半自动控制式及手工移动式，主要用于驱动移动导轨在 Y 轴方向移动，确保传送带导轨的间隙与 PCB 的宽度相当，既方便 PCB 沿着 X 轴方向向前传输，又能保证 PCB 不从传送带导轨上掉下来。

（3）PCB 传输机构：一体式、两段式。PCB 传输机构在回流焊炉内部可以是单轨道式和双轨道式，主要用于将 PCB 送入回流焊炉，在回流焊炉中间进行预热、保温、焊接及冷却 4 个过程，最后将焊接合格的 PCBA 送出回流焊炉。

（4）传感检测系统：检测温度、位置、压力、速度等物理量。

（5）动力与安装装置。

可以通过实际接触 JT 八温区无铅回流焊炉（以下简称 JT 回流焊炉）来了解回流焊炉，以及分析回流焊炉的结构并完成相关测绘，同时对通用结构件的应用提出应用方案和改进办法。

2. 回流焊炉实训任务与目标

下面介绍本实训的具体任务和目标，如表 3.3 所示。

表 3.3　JT 回流焊炉通用部件应用设计任务表

任务	实训任务	完成目标	绘图设计	内容描述	总评
1	元件回流焊炉和器件回流焊炉所属通用部件的工作原理	熟悉，能描述			
2	回流焊炉机架、Y 轴伺服驱动机构、PCB 传输机构、传感检测系统和动力与安装装置等元器件回流焊炉通用部件的外形结构	认识结构；熟悉部件的结构组成			
3	根据 SMT 教学工厂中现有的 JT 回流焊炉在任务 3.1～3.5 所述的各通用部件，提出一种自己的创新改进方案，并阐述这种改进方案的优缺点	测绘 JT 回流焊炉的通用部件；提出改进方案；分析优缺点			
4	上网查阅通用部件在回流焊炉中的具体应用和功能的相关资料，提出这种部件在不同品牌的回流焊炉中的具体应用和最新改进方案	资料检索与归纳，整理数据，追踪最新应用			
5	元器件回流焊炉通用部件与通用部件、专用部件之间的相互连接关系，以及不同部件结合部的日常维护方法	熟悉连接关系；熟悉结合部的日常维护步骤			

3. 波峰焊炉通用部件

波峰焊炉是 SMT 生产线的主体设备之一，属于一种机电设备，主要任务是将插装元件焊接到通孔 PCB 上。波峰焊炉的组成部件包括通用部件和专用部件。

波峰焊炉的通用部件如下。

（1）机架结构：整体铸造式和钢结构烧焊可调式，主要用于装载波峰焊炉的各不同通用部件和专用部件，是检验波峰焊炉稳定性的关键部件。

（2）Y 轴伺服驱动机构：自动控制式、半自动控制式及手工移动式，主要用于驱动移动导轨在 Y 轴方向移动，确保传送带导轨的间隙与 PCB 的宽度相当，既方便 PCB 沿着 X 轴方向向前传输，又能保证 PCB 不从传送带导轨棘爪上掉下来。

（3）PCB 传输机构：一体式、两段式。PCB 传输机构在波峰焊炉内部可以是单轨道式和双轨道式，单轨式是最常用的，主要用于将 PCB 送入波峰焊炉，并在波峰焊炉中间喷助焊剂、预热、焊接及冷却，最后将焊接合格的 PCBA 送出波峰焊炉。

（4）传感检测系统：检测温度、位置、压力、速度等物理量。

（5）动力与安装装置。

学习者可以通过实际接触 JT 无铅波峰焊炉（以下简称 JT 波峰焊炉）来完成对波峰焊炉的认识，以及分析波峰焊炉的结构并完成相关测绘，同时对通用结构件的应用提出应用方案和改进办法。

4．波峰焊炉实训任务与目标

下面介绍本实训的具体任务和目标，如表 3.4 所示。

表 3.4   JT 波峰焊炉通用部件应用设计任务表

任务	实训任务	完成目标	绘图设计	内容描述	总评
1	元件波峰焊炉和器件波峰焊炉所属通用部件的工作原理	熟悉，能描述			
2	波峰焊炉机架、Y 轴伺服驱动机构、PCB 传输机构、传感检测系统和动力与安装装置等元器件波峰焊炉通用部件的外形结构	认识结构；熟悉部件的结构组成			
3	根据 SMT 教学工厂中现有的 JT 波峰焊炉在任务 3.1～3.5 所述的各通用部件，提出一种自己的创新改进方案，并阐述这种改进方案的优缺点	测绘 JT 波峰焊炉的通用部件；提出改进方案；分析优缺点			
4	上网查阅通用部件在波峰焊炉中的具体应用和功能的相关资料，提出这种部件在不同品牌的波峰焊炉中的具体应用和最新改进方案	资料检索与归纳，整理数据，追踪最新应用			
5	元器件波峰焊炉通用部件与通用部件、专用部件之间的相互连接关系，以及不同部件结合部的日常维护方法	熟悉连接关系；熟悉结合部的日常维护步骤			

5．实训任务要求

按照 5 个同学一组的方式进行分组，1 个同学是小组负责人，1 个同学是主讲人，1 个同学负责收集提问，1 个同学负责主要答辩工作以及 1 个同学是记录员，主要完成如下工作：

（1）认识所有 JT 回流焊炉和 JT 波峰焊炉的通用零部件结构，并对通用零部件进行测绘。

（2）提出改进办法，分析优缺点，撰写改进方案。

（3）资料检索与归纳，整理数据，追踪最新应用，撰写调查报告。

（4）制作答辩 PPT，进行小组间答辩汇报，并在小组间进行自评和互评。

内容回顾

本章主要介绍了电子制造 SMT 设备中常用的 5 种通用部件，分别是机架结构、传感检测系统、X-Y 轴伺服驱动与定位机构、机器视觉对中与检测系统、PCB 传输机构。机架主要介绍了整体铸造式和钢板烧焊可调式两种。传感检测系统主要介绍了传感器检测在电子制造 SMT 设备中的应用，重点介绍了位置传感器、力传感器及光传感器。*X-Y* 轴伺服驱动与定位机构主要介绍了其结构组成，并叙述了这种通用伺服与定位机构在电子制造 SMT 设备中的应用。还介绍了机器视觉技术的概念与工作原理、机器视觉系统由哪几部分组成、机器视觉技术在电子制造 SMT 设备中的应用。最后叙述了 PCB 传输机构的特点、分类、组成及其在电子制造 SMT 设备中的应用。通过上述 5 种通用部件的描述，可以看出这 5 种通用部件对绝大部分电子制造 SMT 设备的支撑作用。

习题 3

1. 电子制造 SMT 设备的机架如何分类？有何特点？
2. 简述电子制造 SMT 设备进行机架外壳设计时的注意事项。
3. 什么是电子制造 SMT 设备的机械结构？机架的稳定性与什么有关？
4. 电子制造 SMT 设备的常用位移传感器有哪些？
5. 磁栅尺的工作原理是什么？有什么优缺点？
6. 光栅尺的工作原理是什么？有什么优缺点？
7. 压力传感器的工作原理是什么？在电子制造 SMT 设备中有什么用途？
8. 气压传感器的工作原理是什么？在电子制造 SMT 设备中有什么用途？
9. 光传感器的工作原理是什么？在电子制造 SMT 设备中有什么用途？
10. 激光传感器的工作原理是什么？在电子制造 SMT 设备中有什么用途？
11. 固态图像传感器如何分类？在电子制造 SMT 设备中有什么用途？
12. 驱动机构部件有哪些？
13. 定位与支撑机构在电子制造 SMT 设备中有什么用途？
14. 什么是机器视觉系统？机器视觉系统的组成是什么？
15. 简述机器视觉系统的工作原理与过程。
16. 光学对中系统的组成是什么？
17. 简述 PCB 传输机构的组成与分类。
18. 简述 PCB 传输机构在焊膏印刷机中的应用。
19. 简述 PCB 传输机构在贴片机中的应用。
20. 简述 PCB 传输机构在回流焊炉中的应用。

第 4 章

电子制造 SMT 主体设备

学习目标：

- 掌握焊膏涂敷的方法；掌握焊膏印刷机的概念、分类和工作原理。
- 理解焊膏印刷机的结构组成，常规功能及技术参数；了解选配焊膏印刷机的方法。
- 掌握焊膏印刷机的操作工艺过程与技巧、故障分析、保养与维护。
- 理解点胶设备的基本结构、基本工作原理、常规技术参数，以及点胶机的保养与维护等。
- 理解贴片技术及贴片机的概念、品牌、基本结构组成和分类。
- 理解贴片机的工作原理、编程步骤、实际操作过程，保养与维护。
- 理解贴片机的技术参数、选型和验收方法、安装与调试方法。
- 理解焊接技术，以及波峰焊炉、回流焊炉的概念；熟悉回流焊炉、波峰焊炉的分类和结构组成。
- 理解回流焊炉、波峰焊炉的技术参数；掌握焊接设备的选型和验收方法。
- 掌握回流焊炉、波峰焊炉的实际操作过程，以及保养与维护方法。

参考学时：

- 讲授（12 学时），实践（12 学时）。

任务 4.1 印刷涂敷设备的应用

4.1.1 认识焊膏印刷机

1. 焊膏印刷机的应用及分类

焊膏印刷机即运用印刷工艺将焊膏印刷到 PCB 上的设备，它是对整体 SMT 生产工艺和电子产品最终质量影响最大的设备。目前，我国正在使用的焊膏印刷机大部分依靠进口，国外品牌占大多数，主流品牌有 DEK 和 MPM，如图 4.1 所示，其他品牌的印刷机有德国的 EKRA、美国的 SPEEDLINE，以及日本的 HITACHI、PANASONIC、MINAMI、YAMAHA、SANYO 等。

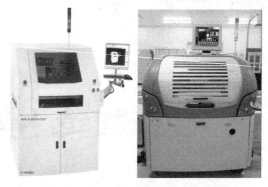

图 4.1 DEK 印刷机和 MPM 印刷机

据资料统计，焊膏印刷涂敷的好坏占造成电子产品缺陷的原因的 60%～70%。印刷工艺在 SMT 工艺流程中是第一个重要工艺，印刷机是 SMT 生产线上的第一台主要机电设备，如图 4.2 所示。印刷机的精度决定了产品未来的焊膏印刷质量。

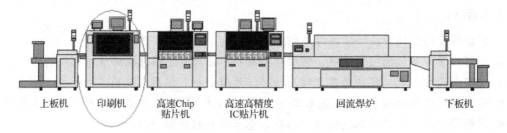

图 4.2 SMT 生产线上的印刷机

总体来讲，印刷机按自动化程度分类，可以分为手动印刷机、半自动印刷机、带视觉系统的半自动印刷机和全自动印刷机四大类；以 PCB 输入传导模式分类，可以分为单向进出模式、双向进出模式、双轨道双向进出模式三大类。

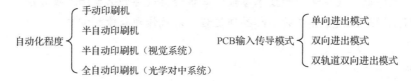

手动印刷机的各种参数和动作需要人工调节与控制，通常仅用于小批量生产或难度不高的产品。半自动印刷机除 PCB 装夹过程是人工放置以外，其余动作机器基本可以连续完成，但第一块 PCB 与模板的窗口位置是通过人工来对准的，后续 PCB 是通过印刷机台面上的定位销来实现定位对准的，因此此类 PCB 板面上应设有高精度的工艺孔，以供装夹使用。全自动印刷机通常带有光学对中系统，通过对 PCB 和模板上的对中标志（Fiducial

Mark、IC Mark）进行识别，实现模板开口与 PCB 焊盘的自动对中，一般重复精度为 ±0.025 mm，在配有 PCB 装夹系统后，可实现全自动运行。

单向进出模式指将整个刮刀机构连同模板一起抬起，将 PCB 单独放进与取出，PCB 定位精度取决于支撑平台转动轴的精度，这种精度一般不太高，多见于手动印刷机和半自动印刷机。双向进出模式指刮刀机构与模板不动，PCB 平进平出，模板与 PCB 垂直分离，故定位精度高，多见于全自动印刷机。双轨道双向进出模式是目前最先进的印刷输入传导模式，其采用双轨道同时或分项进出模式，极大地提高了印刷机的工作效率，并大幅减少了印刷机 PCB 进出等待时间。

2. 焊膏涂敷方法的分类

焊膏涂敷方法主要有手工滴涂法、丝网板印刷法和金属模板印刷法。手工滴涂法主要用于极小批量生产或新产品的模型样机和性能样机的研制阶段，以及生产中修补、更换元件等。丝网板印刷法主要用于元器件焊盘间距较大、组装密度不高的中小批量生产。金属模板印刷法可用于大批量生产、组装密度大及有多引线窄间距器件的产品（引脚中心距≤0.65 mm 的表面组装器件；外形尺寸为 0201 及以下的片式元件），如图 4.3 所示。

手工滴涂法　　　　丝网板印刷法　　　　　　金属模板印刷法

图 4.3　焊膏涂敷方法

3. 焊膏印刷的工作原理

焊膏是一种触变流体，具有一定的黏性，当刮刀以一定的速度和角度向前移动时，其将对焊膏产生压力 F，F 可以分解成水平压力 F_1 和垂直压力 F_2，如图 4.4 所示。F_1 推动焊膏在模板上向前滚动，F_2 将焊膏注入网孔或漏孔，最终将焊膏准确地涂敷在焊盘上。焊膏的黏度随着刮刀与模板的分离而逐渐下降，使焊膏可以顺利地注入网孔或漏孔，并牢固且准确地涂敷在焊盘上。

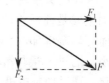

图 4.4　压力分析

F：刮刀作用于焊膏的力，刮刀的力来自印刷机。F_1：推动焊膏向前滚动的力。F_2：推动焊膏向下通过窗口的力。焊膏作为一种触变流体，印刷时遵循流体力学的物理规律。焊膏在模板上向前滚动前进，通过受力分析可知，焊膏的流体力学运动公式为

$$P_h = V \times n \times \frac{\sqrt{v}}{(\sin \alpha)^2} \tag{4-1}$$

式中，P_h—焊膏的流体压力，单位为 N/m^2；

V—刮刀下的焊膏量，单位为 m^3；

n—焊膏黏度，单位为 $Pa \cdot s$；

v—焊膏刮动速度，单位为 mm/s；

α—刮刀角度，单位为°。

4.1.2 印刷机的结构组成与运动

1. 印刷机的结构组成

印刷机的结构按照从上到下的顺序一般有机架系统、印刷头系统、模板固定与移动系统、CCD 视觉扫描系统、模板擦拭清洗系统、PCB 传输与支撑系统、传感检测系统、计算机控制系统、2D 及 3D 测量系统等，如图 4.5 所示。

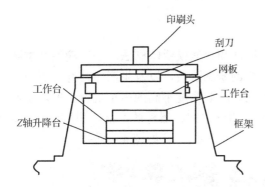

图 4.5　印刷机结构图

总体来讲，印刷机是一种机电设备，它的结构组成主要包括通用部件和专用部件。通用部件的运动功能和其他电子制造设备类似，这一点我们已经在第 2 章进行了讲述，这里我们主要讲述印刷机的专用部件。印刷机的专用部件主要有印刷头系统、模板固定与移动系统、模板擦拭清洗系统 3 部分。

1）印刷头系统

印刷头系统主要包括刮刀、刮刀固定机构、刮刀移动机构，如图 4.6 所示。印刷头的移动主要是前后移动，其运动轨迹主要是印刷头的拱架横跨印刷机左右两边的滑动导轨，从而可以确保印刷头拱架能够沿着滑动轨道进行前后运动。印刷头在运动过程中的阻滞力要小，通过一根与滑动导轨平行的滚珠丝杠和伺服电机组合使用，电机与印刷头拱架固定连接，通过控制电机的转动实现印刷头拱架的前后精确移动控制。

图 4.6　印刷头系统

尽管这种滑动轨道是由高耐腐蚀的不锈钢制成的，但是随着印刷头拱架不断地在它上面滑动，在滑动导轨表面产生磨损是不可避免的。因此，定期给滑动导轨涂抹润滑油，增加润滑，确保滑动导轨表面平整、光洁，以及粗糙度和产生的摩擦力小，这对刮刀的前后精确牵引是至关重要的。

印刷机可以选择的刮刀有多种类型，它们可以是不同硬度、不同材质、不同大小的。从材料上分，刮刀可以分为橡胶刮刀和金属刮刀；从形状上分，刮刀可以分为菱形刮刀和拖裙形刮刀，如图 4.7 所示。

图 4.7 刮刀分类

刮刀的角度通常包括 45°、60°、55°、30°，如图 4.8 所示。菱形刮刀的角度一般是 45°，在使用时每个行程只使用一把刮刀很容易弄脏，因为焊膏会往上跑，而不是只停留在刮刀的底部。此外，菱形刮刀通常采用聚乙烯材料制成，因此它的挠性不够，这意味着刮刀不能贴合扭曲变形的 PCB，可能造成漏印区域。因此，这种形式的刮刀现在已经不是很普遍了。拖裙形金属刮刀则较普遍，需要两把刮刀，一个印刷行程方向需一把刮刀，刮刀的角度大部分固定在 60°。刮刀是按硬度和颜色代号来区分的，如表 4.1 所示。

45°　　　　60°　　　　55°　　　　30°

图 4.8 刮刀角度

在使用乳胶丝网板时，对刮刀的硬度要求是小于 80 HS；在使用金属模板时，则需要较硬的刮刀或金属刮刀，其硬度要求一般为 80～85 HS。刮刀的硬度与压力必须协调，如果压力太小，那么刮刀将刮不干净模板上的焊膏；如果压力太大或刮刀太软，那么刮板将沉入模板上较大的孔内将焊膏挖出。一般公司都使用硬度为 90 HS 以上的刮刀。标准的刮刀固定架的长度为 480 mm，视情况可使用长度为 220 mm、340 mm、380 mm 或 430 mm 的刮刀固定架。印刷头固定装置图如图 4.9 所示。

表 4.1 刮刀硬度

	很软	软	硬	很硬
硬度	60～70 HS	70～80 HS	80～90 HS	≥90 HS
颜色	红色	绿色	蓝色	白色

印刷头固定装置通常有 3 种，如图 4.10 所示，常用浮动结构。印刷头一般安装两把刮刀，即双刮刀拖裙式结构，这种结构具有单控式与双控式两种模式，如图 4.11 所示。与单控式刮刀结构相比，双控式刮刀结构具有较清洁的工艺，有利于工艺管制，且允许刮刀往返的独立控制。

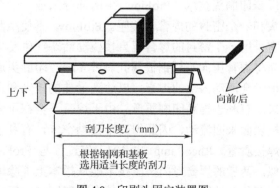

图 4.9 印刷头固定装置图

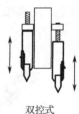

刚性结构　　　　浮动结构　　　　双桨结构　　　单控式　　　双控式
无控制　　　　　自然平衡　　　左右独立控制

图 4.10　印刷头结构　　　　　　　图 4.11　单控式与双控式刮刀结构

　　传统的焊膏印刷方式是焊膏经搅拌后，裸露地放置在模板上，没有任何防护措施。使用这种印刷方式的焊膏，一般只能在空气中放置 4～8 小时，无论最后是否使用完毕，都需要按照废物进行处理。因为这种完全裸露的焊膏在印刷的过程中会随着不停地搅拌与滚动，大量吸附空气中的湿气、灰尘与污染物，导致焊膏受到极大的污染与破坏。为了进行较好的焊膏管理，保持焊膏的"新鲜"，减少空气中的污染物与水汽对焊膏的影响，以及因刮刀下焊膏量的变化而引起的工艺变化，一种自动添锡刮刀装置应运而生。目前，自动添锡刮刀装置以 DEK 印刷机的 ProFlow 封闭挤压式印刷头（见图 4.12）、MPM 印刷机的 RheoPump 封闭挤压式印刷头（见图 4.13）、MYDATA MY500 焊膏喷印机的焊膏喷印系统（见图 4.14）为代表。它们既可以做到对焊膏添加量、焊膏添加位置和长度、焊膏添加时间（时距）进行准确控制，又可以保证焊膏不易受污染，从而得到更好的保护。

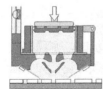

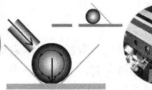

图 4.12　ProFlow 封闭挤压式印刷头　　　　　图 4.13　RheoPump 封闭挤压式印刷头

　　DEK 公司的微流挤压印刷头（ProFlow）和 MPM 公司的流变泵印刷头（RheoPump）均采用新型焊膏印刷头技术。ProFlow 由两部分组成：一个转接头和一个密封的焊膏包装匣。ProFlow 不使用刮刀，它采用一个密封的焊膏辊直接驱动活塞产生动力，从而将焊膏压向不锈钢板漏孔。ProFlow 印刷头通过钢板时会滚动内部的焊膏，以达到最佳的控制和重复效果，有利于提高印刷质量。由于焊膏不会在不锈钢模板表面来回流动，因此焊膏不接触空气，有利于保证焊接质量。RheoPump 技术的工作过程与 ProFlow 类似，两者的焊膏封闭挤压技术能从根本上消除焊膏印刷变化量的影响，使用户无须考虑印刷时间间歇或机器工作时间等，从而得到满意的印刷效果。

图 4.14　焊膏喷印系统

2）模板固定系统

模板固定系统主要包括一对"C"形槽钢，在每个"C"形槽钢内安装 4 个固定升降气动汽缸，活塞升降杆安装有硅胶垫圈、"C"形槽钢固定梁和滑动轨道，如图 4.15 所示。

1—"C"形槽钢；2—固定升降气动汽缸；3—"C"形槽钢固定梁和滑动轨道

图 4.15　模板固定系统

模板固定与调节的步骤：首先，根据模板的大小与尺寸调节"C"形槽钢的间距；然后，将模板插入"C"形槽钢，保持模板与"C"形槽钢不发生相对运动，"C"形槽钢也要保持不动；其次，给固定升降气动汽缸引入压缩空气，推动汽缸的活塞升降杆向前移动，使得硅胶垫圈紧紧地压在模板上方，确保模板稳定不动，即使在印刷焊膏时，模板与 PCB 发生振动分离，模板与"C"形槽钢之间仍不发生任何移位；最后，通过拖动"C"形槽钢在固定梁上的滑动轨道内滑动，对模板与 PCB 之间是否对中进行微调。

早期印刷机的模板固定系统的"C"形槽钢采用锁紧杆进行机械固定，现在新型印刷机全部采用固定升降气动汽缸进行气动压紧制动，如图 4.16 所示。

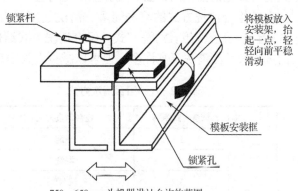

锁紧杆

将模板放入安装架，抬起一点，轻轻向前平稳滑动

模板安装框

锁紧孔

750～650 mm为机器设计允许的范围，机器不支持超出这个范围的模板

图 4.16　模板"C"形槽钢压紧装置

3）模板擦拭清洗系统

模板擦拭清洗系统主要包括擦拭机构、牵引移动机构。擦拭机构主要包括擦拭衬板、卷纸滚筒、卷纸主滚动轮、进液管、废物排出管等。擦拭衬板上分布着一系列倾斜状大孔，是真空吸孔，主要用于吸附擦拭纸清洗模板时残留的污垢，实现真空洗功能。用一根金属管连接进液管，进液管连接酒精等清洗溶液桶，在金属管上分布有很多极细的小孔，这些孔是溶剂喷嘴，主要用于喷涂清洗溶剂，实现湿洗功能。

全自动印刷机一般具有自动清洗钢网的功能，这样就可以做到不停机并按照一定频率清洗模板。清洗结构与实物装置图如图 4.17 所示。装在机器前方的卷纸要容易更换，便于维护。为了保证用干净的卷纸清洁钢网，并防止卷纸浪费，上部的滚轴由带刹刀的电机控制。清洗参数设置包括清洗频率、清洗速度、清洗面积及用纸量等。

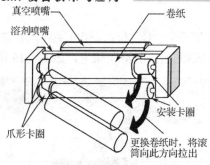

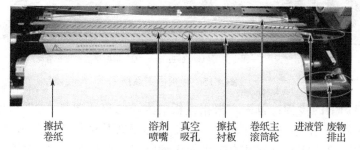

图 4.17　清洗结构与实物装置图

清洗方式主要有干洗、湿洗和真空洗 3 种。清洗方式一般选择 2 种或 3 种方式混合清洗，很少只用单独 1 种方式清洗。清洗方式可以组合成 8 种，如表 4.2 所示。8 种组合清洗方式能有效地清洁钢网背面和开孔上的焊膏微粒和助焊剂。

自动组合清洗方式的清洗间隔、清洗速度和用纸量均可通过编程加以控制，通常选择干洗+湿洗+真空洗组合清洗方式。组合清洗方式结构简图如图 4.18 所示。自动组合清洗方式的成本较手工清洗要高许多，但可以减少人为因素干扰。

表 4.2　8 种组合清洗方式

清洗方式序列	组合清洗方式
1	干洗
2	湿洗
3	干洗+湿洗
4	干洗+真空洗
5	湿洗+真空洗
6	干洗+湿洗+干洗
7	湿洗+干洗+真空洗
8	干洗+湿洗+干洗+真空洗

（表格最左侧合并单元格内容为"清洗方式"）

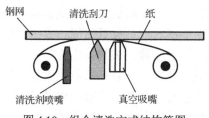

图 4.18　组合清洗方式结构简图

干洗是用擦拭纸在模板的擦拭面直接进行擦拭，而不需要添加其他材料；湿洗是在干洗的基础上向擦拭纸喷涂擦拭溶剂，溶剂的喷洒量可以通过控制旋钮进行调整。如果喷洒量减少，那么可能是由密封圈损坏等原因引起的，喷洒装置的使用寿命可能因使用的溶剂种类而变短。密封圈的材料是聚四氟乙烯（PTFE），英文名为 Teflon，通常称为铁氟龙或铁富龙等。真空洗是利用真空吸附与强气流喷射的原理来消除模板窗口中残余的焊膏、灰尘、污染物等，这些污染物用干洗或湿洗是不容易洗干净的，只有用真空强气流吹射即真空洗的方式才能清洗干净。

模板清洗一般安排在线清洗，清洗间隔时间视工艺安排而定，一般选择每印刷 8～10 块 PCB 清洗一次，可分为人工清洗和设备自动清洗两种。现在一般都采用设备自动清洗方式，并且由印刷机自带的清洗装置清洗。当印刷机不具有自动清洗装置时，可选择人工清洗。如果人工清洗采用适当的工具和方法，甚至可以做得比自动清洗效果好。在模板的清洗过程中，不得使用脱毛的布和刷子，刷子的刷毛硬度要适当，在条件许可时可考虑选择手动超声波清洗工具，但是超声波对模板质量与寿命有一定破坏。

决定模板清洗频率的因素除上文叙述的生产效率以外，还必须考虑所选焊膏是否需要清洗、焊膏的固体含量是多少、待组装电子产品对 PCB 清洁度的要求（如果是微间距印刷，那么需要增加清洗频率）、模板的设计和质量等因素。太旧、保存不良、重复使用、使用时间太长的焊膏都不推荐使用，即便使用了也需要提高清洗频率。非接触式焊膏印刷工艺与印刷间隔时间较长的印刷工艺也需要提高清洗频率。

2．决定焊膏印刷过程的因素

与焊膏印刷过程相关的部件主要有模板、刮刀、焊膏与待印刷的空 PCB。在刮刀与模板作用之前，模板与 PCB 之间既可以存在一定的间隙，也可以间隙为零。模板上的窗口与 PCB 的焊盘完全重合，焊膏呈膏糊状放置在全部模板开口的前侧。当焊膏开始印刷时，其中一把刮刀下降，刀口与模板完全平行且紧密接触，模板在刮刀压力作用下有一定弯曲，随着刮刀向前推进；焊膏在模板上随刮刀向前滚动，经过窗口时，在刮刀压力的作用下落入窗口，随后刮刀将窗口以上多余的焊膏刮平；如此循环反复，直至模板上最后一个窗口被填满，刮刀与模板及 PCB 快速分离，完成焊膏印刷涂敷过程，如图 4.19 所示。焊膏印刷过程主要表现为 5 步，分别为定位、填充、刮平、释放、擦网，如图 4.20 所示，每一步都由相关结构与操作组成，同时由相关操作确定。

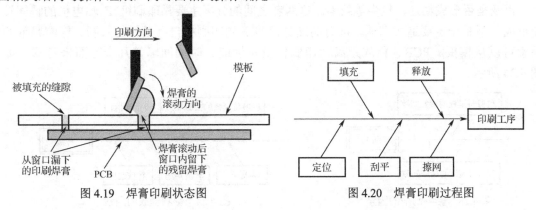

图 4.19　焊膏印刷状态图　　　　　图 4.20　焊膏印刷过程图

1）决定定位的工艺因素

定位是焊膏印刷的第一步，由这一步确定模板的开口与 PCB 的焊盘准确对准，以及为后面的刮刀印刷、焊膏填充奠定基础。因此，影响焊膏准确定位的因素主要是 PCB、模板、印刷机三者的制造精度，如图 4.21 所示。

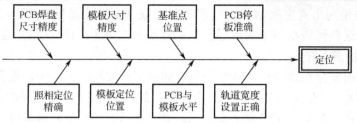

图 4.21 影响定位的因素

2）决定填充的工艺因素

填充是将焊膏通过模板窗口注入，并涂敷到对应的焊盘位置，在模板与 PCB 未分离时，焊膏将模板窗口与 PCB 焊盘形成的闭合空间填满的过程。影响焊膏填充的因素主要有模板开口、注入压力、注入时间等，如图 4.22 所示。

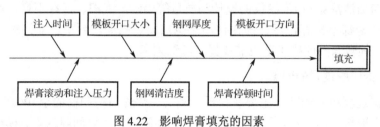

图 4.22 影响焊膏填充的因素

3）决定刮平的工艺因素

刮平是刮刀在模板上滑过，刀尖与模板表面接触，当刮刀向前滑动时，带动焊膏向前滚动，并将露出模板窗口以外的焊膏全部收拢到模板底部的过程。影响焊膏刮平的因素可以从刮刀与模板的接触间隙及 PCB 与模板的接触间隙入手，如图 4.23 所示。

4）决定释放的工艺因素

释放是刮刀与模板分离、模板与 PCB 分离的过程。释放过程的好坏将决定焊膏的成型，以及是否形成粘连、拉尖等缺陷。这两者之间的分离主要靠印刷机 Z 轴电机的瞬间转速形成，不是一定要追求高速，同时高速分离也受到印刷机自身条件的限制。影响释放的因素可以从模板、PCB、释放距离、印刷机设备性能、时间间隔等几个方面来考虑，如图 4.24 所示。

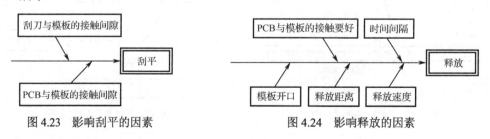

图 4.23 影响刮平的因素　　　　　　图 4.24 影响释放的因素

5）决定擦网的工艺因素

在印刷结束后，模板与 PCB 接触处或多或少会有一定的焊膏残留，若长期印刷下去，这些残留物必然逐渐干燥，从而黏附在模板的背面或落到 PCB 表面，形成污染物，因此需要及时清洗，即擦网。现在擦网一般由印刷机自动清洗装置完成。影响擦网的因素如图 4.25 所示。

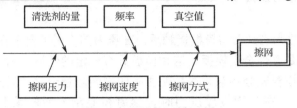

图 4.25　影响擦网的因素

4.1.3　印刷机的性能与工作效率

1. 印刷机的技术参数

印刷机的技术参数主要包括 PCB 尺寸、模板尺寸、PCB 厚度、印刷精度、印刷速度、印刷压力、印刷周期、夹板方式、对准方式、支撑方式、操作系统与操作方式、检测方式、清洗方式等。这些技术参数主要集中表现在精度、印刷平台、印刷周期、PCB、模板、检测、清洗、运输、工作条件及外观设备要求等方面。

DEK 印刷机和 MPM 印刷机作为两款主流印刷机受到了中国广大客户的喜欢，据不完全统计，这两家公司所售印刷机占中国国内市场的 50%～60%。DEK 印刷机和 MPM 印刷机的技术参数对比如表 4.3 所示。

表 4.3　DEK 印刷机与 MPM 印刷机的技术参数对比

技术参数	DEK 265 GS	MPM up3000
PCB 尺寸	45 mm×45 mm～510 mm×508 mm	50.8 mm×37.2 mm～559 mm×508 mm
模板尺寸	711 mm	737 mm
PCB 厚度	0.4～6 mm	0.254～12.7 mm
印刷精度	±0.025 mm	±0.025 mm
印刷速度	2～150 mm/s	5～203 mm/s
印刷压力	0～20 kg	0～22.7 kg
印刷周期	14 s	10 s
夹板方式	边夹紧、真空	边夹紧、真空
支撑方式	顶针、栅格块	顶针、可塑顶块
操作方式	键盘、鼠标	键盘、鼠标
电源	AC110 V、AC220 V	AC110 V、AC220 V
操作系统	全自动	全自动
检测方式	2D、3D 检测	2D、3D 检测
清洗方式	干洗+湿洗+真空洗	干洗+湿洗+真空洗

2. 印刷机的工艺控制参数

1）压力与下压深度

在模板上使用蓝色或白色刮板，为了得到正确的压力，开始时在每 50 mm 的刮板长度上施加 1 kg 压力。例如，300 mm 的刮板施加 6 kg 的压力，逐步减少压力直到焊膏开始留在模板上刮不干净，然后增加 1 kg 压力。刮刀实际压力与理想压力之间应允许存在 1～2 kg

105

的误差。

刮刀下压深度一般为当刮刀与模板接触后，在压力的作用下再下行 1～2 mm，因为现在常用的模板基本都是柔性金属模板，这种模板具有一定的弹性，增大一定下行间隙有利于实际印刷时刮刀与模板充分接触，尽量使实际印刷间隙趋于零。当然，不同刮刀所能承受的压力不同，因此，在初次设置压力时，聚氨树脂刮刀所能承受的压力一般设置为 0.15～0.25 kg/cm，金属不锈钢刮刀所能承受的压力一般设置为 0.25～0.35 kg/cm，然后采用工艺调节的方式逐渐获取最贴切的压力值。刮刀压力的控制不止听命于设置或编程，而且需要根据实际情况进行调节，最终转化为前进推力 F_1 和下降压力 F_2。

2）刮刀的推行距离与速度

从焊膏印刷的角度对刮刀的推行距离与速度的要求是，只要确保焊膏能准确通过模板窗口，并涂敷在 PCB 上的规定位置就足够了，也可以在此基础上进行调节，一般为了节省时间及提高工作效率，往往推行距离为 PCB 总长加 30～50 mm 即可，非接触式印刷可能要相对延长。

推行速度由印刷机自身速度、PCB 焊膏涂敷要求、元器件间距大小等决定，一般选择范围为 20～150 mm/min。不同产品选择不同推行速度。

3）刮刀角度与推行角度

所谓刮刀角度，是指刮刀与水平面形成的角度，这种角度是刮刀的固定属性。如上文所述，推行角度为刮刀与模板接触时形成的实际角度，这个角度可以等于刮刀角度，也可以不等于刮刀角度，如图 4.26 所示。

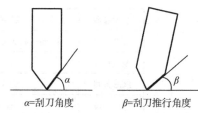

α=刮刀角度　　　β=刮刀推行角度

图 4.26　刮刀角度与推行角度

一般刮刀的推行角度设置的可变范围不大，但可作为工艺微调优化使用，调制时使刮刀压力做到最小而又有足够的焊膏滚动及刮清即可。刮刀推行角度微调通常采用气压与油压控制及电动机控制的方式。气压与油压控制一般用于较低档的半自动设备中，速度稳定性较差，但油压控制的负载能力较好；电动机控制的速度稳定性好，可调制性和可控性高，现代新型全自动高精度印刷机基本采用电动机控制。

4）刮刀提升高度与钢网脱离

在焊膏印刷结束后，要将印刷好的 PCB 导出，这时就需要抬起刮刀，再下沉 PCB 支撑平台或抬起模板，使模板与 PCB 垂直分离，从而 PCB 可以沿着传送导轨输出。印刷机的印刷工作台通过在 Z 轴升降构造的支撑下实现 Z 轴方向自由调节的功能，来实现 PCB 与模板的接触和分离。根据产品的需要选择接触式印刷或非接触式印刷。确定好提升高度可以有效保证延迟时间，并确保干净的印刷工艺。确保干净的印刷工艺即保证高质量的钢网脱离，其与 3 个要素有关，即模板分离速度、延迟时间 T（s）、有效控制距离 Z（mm）。

模板与 PCB 的分离工作是在刮刀抬起之后进行的，中间有个延迟时间，模板分离速度主要由印刷设备控制，其取决于印刷机的电机转速、传感器的灵敏度及柔性金属模板自身的弹性变形大小，如图 4.27 所示。相对来讲，模板分离速度不易过快，不能为了追求高速高生产效率而缩短有效控制距离，速度过快会导致焊膏在模板与 PCB 之间形成粘连、焊膏没有分离完全、模板跳板、印刷在 PCB 上的焊膏不成型与坍塌等。慢速分离模板功效图如图 4.28 所示。当然，模板分离速度也不能太慢，太慢不仅浪费时间，降低生产效率，而且容易引起印刷图形模糊、粘连、坍塌等。

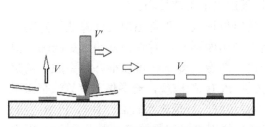

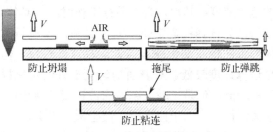

图 4.27 柔性金属模板分离图　　　图 4.28 慢速分离模板功效图

3. 印刷机的性能评估与效率优化

1）评估印刷机的性能

一般从柔性、精度和可靠性等角度对印刷机的性能进行评估。

柔性的评估可以从以下两方面进行。首先，印刷机必须具备柔性的机械结构，以获得最佳的夹具方案；其次，印刷机必须具有先进的软件，使系统能够自动适应不同的基板。在印刷机上快速、紧固且又精确地夹住 PCB 是表面组装生产线中诸多夹具设计的难题之一。印刷机必须具有多种定位选件，使其可以按相应情况单独或相互配合使用。对比度低的视觉系统对各种基板材料的适应性较强，如果装有此类系统，加之适当的机械定位装置，那么对陶瓷基板甚至柔性基板而言，均可以很容易处理。

对自动印刷机而言，其精度受到多方面的影响。一些印刷机的 PCB 在印刷机上的定位校正采用机械定位的方式，采用这种方式，其固有的精度受到 PCB 与 PCB 之间的基板偏差的影响。某些高端印刷机采用的是非接触式运动传感器，与机械定位不同的是，在变换不同的 PCB 时，它可以对不同的基板进行补偿，而不需要人工干预。由于采用此类传感器，因此 PCB 的自动校正速度较快，重复性也更好，当对已有组件的 PCB 进行第二面印刷时，这一点显得十分重要。采用结构型执行机构，如铸件，可以增进系统的重复性与可靠性。若要达到高的稳定性，首先要有一个稳定的基础与框架，因此，设备通常喜欢采用铸件以达到所需的稳定性，而不必考虑较高的运行速度引起的附加应力。

当然，任何机器最终都会损坏，性能工程设计只是提高了设备系统的可靠性，并尽量缩短了未来非自然停机的时间和次数，而非永远不坏，因此更换零部件迅速应该得到重点考虑。当一个零部件或一个子系统损坏时，应能很方便地取下或更换。模块化设计对缩短停机时间、迅速更换零部件十分重要。另外，不管用户身在何地，制造商的零部件与技术支持均应快速便捷，当然如果零部件能有更好的互换性则更好。

2）印刷设备效率的优化

在印刷过程中，PCB 与模板的分离速度及印刷行程是相对固定的，而刮刀的推行速度则取决于模板上的开口尺寸和焊膏的成分，因此，提高印刷机的操作速度成为关键因素。自动印刷机的实际印刷周期通常为 15～20 s，对于高速生产线则要求小于 10 s。尽管印刷操作并非决定性因素，但在许多实际生产中，随着产量的增加，其重要性也应得到加强。当然，提高精度与柔性势必需要增加处理的时间，因此印刷机的固有速度越快，就越有时间完成其他辅助修正工作，如在线 2D 和 3D 检查。

通常采用两种方法提高工作效率，首先，提高印刷机的固有工作速度及印刷机各个轴的运动速度；其次，合并并行工作时间，具体可以采用以下工艺技巧。

（1）选择视觉定位模式。目前，印刷机的视觉定位模式主要有图像灰度算法和空间几何彩色图像算法两种。前者运算速度较快，但是识别精度不高；后者识别精度更准确，但是运算速度较低。对表面均匀度很好的覆铜板来说，图像灰度算法可以很好地完成自动定位的功能；但是，越来越多的镀锡板、镀金板、柔性 PCB 的出现，给图像灰度算法带来了巨大的挑战。由于镀锡板、镀金板的表面均匀度不是很好，且反光率较高，使得 PCB 上的 Mark 点的成像亮度差别极大，这增加了图像灰度定位的误检率和漏检率。由于柔性 PCB 表面的平整度不好，因此 PCB 上 Mark 点的成像同样会有亮度差别大的问题，而且会使 Mark 点的大小、形状发生变化，这些问题都是基于图像灰度算法难于克服的，而基于空间几何彩色图像算法就可以很好地处理上述这些问题。高端印刷设备可以自由选择两种定位模式，用户也可以根据自己的需要选择合适的视觉定位模式。

（2）智能化控制。智能软件能够自动测算印刷机的效率，高效印刷机可以对机器的功能和工艺进行控制，从而实现各工序间的快速转换。最新的智能软件具有运动控制的并行性，可使印刷机中的并行工作同时进行。先进的印刷系统至少有 4 个轴可以同时运动，可以使多种动作同时完成。另一项新的技术是"自适应补偿"，用于对印刷机各项功能进行持续分析以提高生产效率。例如，在模板与 PCB 校正的过程中，可通过校正两者位移量的大小进行分析，从而自动重新确立模板的原点位置，缩短校正时间。

目前，智能软件还能够对超出印刷机以外的意外情况进行分析，操作系统可以监视下一工位的设备，核实 PCB 的需求情况，并且能够针对整条生产线的情况提出最大限度地提高生产效率的策略。例如，印刷机不停地监测下一工位的情况，在其完成一个操作之前即向其输送一块 PCB，如果完成操作在先，那么印刷机会改变常规的次序直至满足整条生产线的需求。

（3）缩短产品变换时间。现在的印刷机通常有多种选件，有的选件具有支撑引脚自动排布功能，即将支撑引脚按一定图形排布给待 PCB 以供支撑，引脚的排布可编程控制，并且不需要专用夹具，从而缩短了产品变换时间，最适合生产产品型号经常变换的生产线。还有的选件具有模板的在线更换功能，即自动从在线模板贮藏架（通常位于印刷机的后部）中选择并装载模板，典型的模板更换时间为 20 s。另外，系统中印刷台 Y 轴与 Z 轴的柔性夹具可对基板进行适当力度的夹紧，从而有效地适应不同尺寸的基板。最后，印刷机还可配置离线编程软件，使印刷机能够直接从计算机中下载设置好的参数和基准点数据。

（4）重叠清洁时间。如今，可以装配在印刷机上的各种形式的自动擦拭系统相继问世，它们大多具有很强的真空吸力和改进的擦拭管理程序。更先进的做法是，首先进行高效率的湿擦，随后进行干擦以去除遗留的溶剂，最后用清洗溶剂去除残留的焊膏。采用快速而高效的模板擦拭不仅可以缩短印刷周期，而且可以减少系统的保养频次。当然，更有意义的是，可以使印刷机同时进行多种操作，如在擦拭模板的同时进行焊膏的填充。

（5）消灭进出 PCB 的时间。主流印刷机是基于双通路思想设计的。所谓双通路思想，

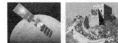

是在 SMT 电子组装中，每个通路都能以逻辑排列顺序进行独立控制，从而形成有效的 PCB 流动，这样减少了 PCB 在运送过程中损失的时间，并且延长了印刷设备做自身工作的时间。一台双通路焊膏印刷机可以在一块 PCB 进行装载、卸载的同时，对第二块 PCB 进行印刷作业，这样节省了整体时间。

三段式 PCB 传送导轨不仅可以缩短实际定位夹具的调整时间、加快 PCB 的传送速度，而且可以插队导入另一块 PCB。三段式 PCB 传送导轨如图 4.29 所示。

双印刷系统是在一台印刷机中布置两条传送导轨，两条传送导轨可以同时进板，并自动调节导轨宽度，进行连续独立的印刷。这样可无限缩小进出 PCB 的时间，快速完成 PCB 定位、高速检验

图 4.29　三段式 PCB 传送导轨

PCB、赋予组装制造商更多的灵活性，同时实现两块不同 PCB 的印刷。双印刷系统印刷机的工作效率几乎是普通焊膏印刷机的两倍。

4.1.4　印刷机的故障分析与维修及保养

1. 印刷机的故障分析与维修

印刷机作为机电设备，在长期使用过程中必然会发生磨损，从设备可靠性的角度来讲，用户在使用设备时应该做到及时有效的保养，只有这样才能有效地延长设备的使用寿命。印刷机出现故障后，我们一般采取的措施是，先由操作工或技术员简单分析故障，并尝试解决问题，如果不能解决，再要求设备工程师来分析故障并解决，最严重时一般由多名设备专家会诊并协同设备供应商技术服务人员共同解决。印刷机出现故障后，分析原因是比较困难的，这不仅需要丰富的经验，还需要科学的故障诊断手段。DEK 印刷机故障分析与维修如表 4.4 所示。

表 4.4　DEK 印刷机故障分析与维修

序号	故障现象	原因	处理方法
1	照不到 Mark 点	挡板片上下不灵活	调整加油
		气管接头坏掉	更换气管接头
		Mark 点尺寸不对	输入正确的 Mark 点尺寸
		程序有误	重做一个程序
		模板和 PCB 上的 Mark 点异常	更换模板
2	出现压力不够报警、印浆厚、托盘顶不到位、异响	支持台上升的（刹车）一根皮带磨损	更换新的皮带
3	电动机失效、印刷厚度偏高	Z 轴刹车失灵和皮带损坏	更换刹车和皮带
4	卡板报警	出板传感器损坏	更换新的感应器并重新焊接
5	印刷传输损坏	电动机和刹车损坏	更换传输电动机和刹车
6	系统键没有作用	系统键损坏	1. 更换系统键 2. 把供应电源的开关长期啮合

续表

序号	故障现象	原因	处理方法
7	印刷头升起不能降下	电源箱接头松动	电源箱的接头重新接紧
8	系统电源停止	视觉相机 X-Y 轴电动机的一根电源线的阻值不稳定	更换视觉相机 X-Y 轴电动机的电源线
		紧急停止开关已被按下	拔起所有紧急停止开关
		机器前盖或后盖被打开	关好机器前后盖
		印刷头工作不正常	检查印刷头是否已安全降下
		24 V 电动机已经关闭	合上 24 V 电源开关
			1. 检查 24DC 模组电源中接线是否牢固可靠
			2. 检查刹车是否有损坏
9	相机位置不正确,机器出现 Y 向相机或 X 向相机错误报警	Y 向相机右边的皮带断	更换一新的皮带
		Y 向相机和 X 向相机无法回归原点	检查 Y 向相机和 X 向相机的动作是否顺畅
			2. 检查 Y 向相机和 X 向相机的归零传感器是否正常工作
			3. 关机重启
10	钢网锁不紧	电磁阀损坏	更换电磁阀
11	没有擦网、死机	擦网系统磁铁的高度不对	重新调整磁铁的高度
12	PCB 卡在轨道上	PCB 可能在定位或印刷后卡在轨道上,无法送出	轨道太宽或太窄,调整轨道至适当位置
13	不进板和输送皮带损坏	输送皮带不动作	1. 检查输送皮带是否断裂
			2. 检查板停止传感器是否正常(灵敏度)
			3. 检查输送皮带电动机是否动作并确认线路正常
14	机器停电开机后出现气源关闭警示	气压不正常	1. 检查气压来源的气压接头是否松动
	压力不够报警		2. 检查气压压力是否调整不当
15	轨道抬升错误	轨道抬升超过位置,有板子、工具或顶针在轨道下面	1. 检查是否有顶针在轨道下
			2. 检查顶起轨道的 4 根调节器是否高度不一致
			3. 检查轨道举起的 Sensor 是否正常
			4. 检查刮刀皮带有无异常
			5. 检查前后刮刀电动机的电源信号线
			6. 更换前后刮刀电动机的电源线

2. 印刷机的保养与维护

印刷机的保养周期分为日保养、周或旬保养、月或季保养及大保养。保养周期的编排在安排生产计划时就已设定好,原则上不会发生太大变化。此外,在生产过程中还有许多不定期的保养,对设备故障做到预防维修,防患于未然,而不是事后维修。

1）日保养

印刷机的日保养工作主要是检查印刷机内有无异物、检查仪表、做好清洁工作。使用小铲、抹布、无毒清洁剂等清洁工具与材料，主要完成升降台表面的残留物，以及机器表面、机器出口处和入口处的传感器的清洁工作。

注意事项：抹布上和清洁剂中不能含有对人体有害的物质，为了保障操作人员的健康和安全，请操作人员在进行机器保养与维护时穿上保护服，并且在进行机器保养与维护时切断电源和气源。

2）周或旬保养

印刷机的周或旬保养工作主要是检查部件、做好关键部件的润滑、检测部分易损部件的工作是否失效，以及完成以下机器内部和外部的检查和润滑。机器表面部分周或旬保养如表 4.5 所示，具体检查内容如下。

（1）印刷头的直线性是否改变，皮带和皮带轮是否异常。

（2）刮刀部分的直线性是否改变，刮刀表面是否有擦伤与变形。

（3）摄像机的 *X-Y* 轴的直线性是否改变，摄像机能否准确摄像。

（4）对轨道系统和气阀区域的各螺丝和气阀进行检查。

（5）底钢板擦拭机构的直线性是否改变，电磁机构是否异常。

表4.5　机器表面部分周或旬保养

序号	保养内容
1	除去印刷机盖子和表面面板上的灰尘，以及焊膏和其他残留物
2	检查急停开关和其他功能键的动作是否正常
3	检查所有外部连接电缆和气管的连接情况

3）月或季保养

印刷机的月或季保养工作主要是检查部件、做好关键部件的更换与校正、检测部分易损部件的工作是否失效，同时做好上一级保养的全部工作。印刷机月或季保养如表 4.6 所示。

表4.6　印刷机月或季保养

保养部位	保养内容
印刷机机架	擦干净导轨
	给导轨上润滑油
	检查驱动皮带有无破损或断裂
	推动印刷机机架移动，检查动作是否顺畅平稳
刮刀	擦干净螺杆导轨
	上润滑油
	检查刮刀的各个动作的平稳性
相机的 *X/Y* 轴	擦干净导轨
	给导轨上润滑油
	检查皮带和连线有无破损

续表

保养部位	保养内容
相机的 X/Y 轴	擦拭相机镜头
	检查相机各个动作是否卡滞
	检查听板片的动作灵敏度
RAIL 系统	清洁轨道及轨道螺纹，使其上面不残留焊膏及其他残留物
	清洁轨道及轨道螺纹
	检查 PCB 夹紧动作和皮带传输情况
	循环轨道系统，确保其动作顺畅
	擦干净轨道左右两边的传感器，并检查其工作情况
钢板擦拭机构	擦干净导轨
	润滑轨道
	如果可能，移开纸卷并擦拭该组件，使上面不残留焊膏和残留物
	检查电线和气管的状况
	检查底部窗口清洗动作是否顺畅
	检查以下机构：纸卷供给电动机、溶剂供给器、真空供给器

4.1.5 点胶设备的应用

1. 认识点胶设备

所谓点胶机，就是通过在 PCB 上需要贴片的位置预先点上一种特殊的胶来固定贴片元件的设备。点胶机又称为涂胶机、滴胶机或打胶机等，是专门对流体进行控制并将流体点滴、涂敷于产品表面或产品内部的自动化机器。点胶机主要用于将产品工艺中的胶水、油漆及其他液体精确地点涂到每个产品相应的位置，其可以用来打点、画线、画圆形或弧形。

点胶机作为一种功能补偿性设备，正好可以填补焊膏印刷机的不足。点胶机的用途有产品试制、小批量产品生产、返修工作、混装板插件回流应用、焊膏量添加补偿（丝印后）、黏胶/焊膏混合应用（丝印焊膏后）、COB 封装、FC 与 CSP 填充应用等。

1）黏结剂涂敷工艺流程

黏结剂作为焊膏的补充用品，其有别于普通焊膏。黏结剂具有绝缘性，在电子产品组装过程中，其只负责黏结固定的作用。黏结剂通常用于波峰焊焊接工艺。黏结剂涂敷流程图如图 4.30 所示。

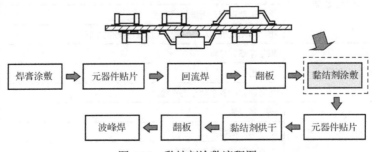

图 4.30 黏结剂涂敷流程图

2）点胶机的品牌

目前，我国市场上主要的点胶机品牌有日本的 FUJI GL2-GL5 系列，松下的 HD3、HDP3、HDF、BD20、BD30 系列，YAMAHA、YSD、HSD-Xg 系列，武藏 MUSASHI；美国 Camalot 的 X-Y Flexpro-HVB、X-Y Flexpro-DLM 系列，韩国阿尔帕；中国日东 DSP 系列，中国腾盛等。全自动点胶机如图 4.31 所示；台式手动点胶机如图 4.32 所示。

图 4.31　全自动点胶机　　　　　　　　图 4.32　台式手动点胶机

2. 点胶机的工作原理和技术参数

点胶机主要由主控制面板、辅助控制面板、轨道和工作台、PCB 顶针、轨迹球、真空压力泵、机架、主控制计算机及显示器等组成。

点胶机的工作原理是将压缩空气送入胶瓶（注射器），再将胶压进与活塞室相连的进给管中，当活塞处于上冲状态时，活塞室中填满胶；当活塞向下推进滴胶针头时，胶从针嘴压出。滴出的胶量由活塞下冲的距离决定，该距离既可以手工调节，又可以在软件中控制。点胶机常用以下 4 种泵，如图 4.33 所示。

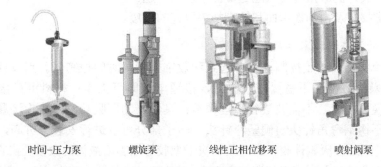

时间-压力泵　　　　螺旋泵　　　　线性正相位移泵　　　　喷射阀泵

图 4.33　点胶泵

1）注射法的工作原理

注射法类似于医用注射器，其工作原理是通过对注射管上的活塞施加压力，并在延续一定的时间后将胶水挤出的过程。胶水量的大小主要由施加压力的大小和施加时间综合控制。贴片胶注射法的点胶过程如图 4.34 所示。在点胶过程中必须注意以下两点。

（1）贴片胶必须与 PCB 表面有一定的湿润力，即贴片胶必须能润湿 PCB 表面。

（2）贴片胶对 PCB 表面的润湿力必须比对针管和针头的润湿力和它本身的内聚力大。

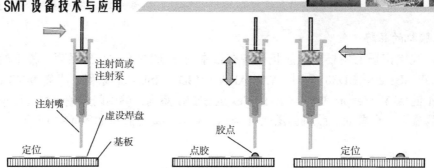

图 4.34 贴片胶注射法的点胶过程

2）螺旋泵

螺旋泵（阿基米德式螺线泵）的工作原理是压缩空气送入胶瓶（注射器），再将胶压进进给管中，胶流经以固定时间、特定速度旋转的螺杆，螺杆的旋转在胶剂上形成剪切力，使胶剂沿螺纹流下，螺杆的旋转在胶剂上不断加压，使其从滴胶针嘴流出。

螺旋泵的特点是具有胶点点径无固定限制的灵活性，可通过软件进行调整，但滴大胶点时，螺杆旋转时间长，会降低整台机器的产量。另外，胶剂的黏度和流动特性会影响其稳定性。

3）无接触式滴胶泵

无接触式滴胶泵的工作原理是压缩空气送入胶瓶（注射器），再将胶压进与活塞室相连的进给管中，在此加热，温度受控制，以达到最佳的、始终如一的黏性。使用一个球座结构，胶剂填充于球从座中缩回留下的空缺，当球回来时，由加速产生的力量断开胶剂流，使其从滴胶针嘴喷射出来，从而滴到板上形成胶点。无接触式滴胶泵的主要特点如下。

（1）解决了传统方法产生的胶点拉尾的问题。

（2）没有滴胶针的磨损和与其他零部件干涉的问题。

（3）无针嘴损坏及由基板弯曲和针嘴损害引起的报废。

4）点胶机的特点与技术参数

点胶机由管状旋转出胶控制，有普通式和数字式两种时间控制器。点胶针头设置有微动点触开关，操作方便，不需要空气压力，接通电源即可工作；材料可直接使用原装容器；可快速交换出胶管，不需要进行清理调节；具备自动回吸功能，防止滴漏。针头分为不锈钢针头、不锈钢弯角针头与硬塑料针头；转子部分可以进行安装与拆卸，提高了维护性能。点胶机是最适合厌氧性胶、瞬间胶、快干型胶等低黏度液体的微量吐出设备。

点胶机的技术参数主要有点胶量的大小、点胶压力（背压）、针头大小、针头与 PCB 间的距离、胶水的温度、胶水的黏度、固化温度曲线、产生气泡的多少。

3. 点胶机的保养与维护

点胶机的保养与维护与印刷机类似，也采用日保养、周或旬保养、月或季保养、大保养的方式进行。常规保养方法与步骤如下。

使用工具：毛刷、扳手、相关零部件、抹布、清洁剂。

作业规范：

（1）拆下待清洁零部件，拔除气管，旋下胶管，准备工具进行清洁。

（2）清洁针嘴。将针头从胶盒套筒上取下，浸泡在清洁剂中，然后取出用气枪吹，直至针孔畅通。

（3）清洁胶盒套筒。用专用工具旋下导引螺杆，使用清洁布清洁导引螺杆；对于胶盒套筒内部的清洁可任意使用毛刷或清洁布，但是一定不能一次通到底。

（4）等零部件上的溶剂挥发掉后，依次装回即可。

HDP3 点胶机定期保养报表如表 4.7 所示。

表 4.7 HDP3 点胶机定期保养报表

ZC 设备-03

南京	工作规范		系长		班长		担当
名称	HDP3 点胶机定期保养报表		自动插件组				
机器号		运转时间		保养时间		时 分	
开始时间	年 月 日 时 分		结束时间		年 月 日 时 分		
序号	设备保养点检项目						结果
1	X-Y 轴工作台	（1）直线导轨清扫并加注油脂（薄）					
		（2）滚珠丝杠清扫并加注油脂（薄）					
		（3）传感器清扫（不能有油污附着）					
2	涂敷头	（1）头部皮带清扫，检查皮带是否损坏					
		（2）胶筒清扫并除去接着剂					
		（3）点胶针嘴清扫，用 0.3 mm 钢丝除去接着剂					
		（4）凸轮肋股表面及 T 型轴承清扫并加注油脂（薄）					
3	装载/卸载单元	（1）传输皮带清扫，检查皮带是否磨损，如果磨损需更换					
		（2）皮带轮清扫，转动单元加注 1～2 滴润滑油（机油）					
		（3）丝杠清扫并加注油脂（薄）					
4	试打卷纸工作部	（1）直线导轨清扫并加注油脂（薄）					
		（2）试打卷纸轮清扫并加注油脂（薄）					
5	真空过滤器	（1）检查清洗真空过滤器，如果破损需更换					
备件更换记录							
序号	零部件代码		零部件名称		数量		备注

实训 7 印刷机专用部件结构认识

1. 印刷机实训任务分解

本次实训涉及的印刷机品牌有凯格印刷机、DEK 印刷机、EKRA 印刷机，可任意选择其中一台印刷机完成实训。本实训要学习印刷机的结构、故障分析与保养，主要完成 3 项任务，具体如下。

（1）掌握印刷机的结构组成，认识印刷机的各结构件，并对这些结构件进行测绘，同时描述各结构件的连接与运动关系。

（2）掌握印刷机的实际操作过程及印刷程序的编制和各参数的设置，绘制印刷机的操作过程图，制作印刷机操作流程卡。

（3）掌握印刷机的保养规则，理解印刷机的四级保养机制和保养内容，并对印刷机进行实际保养，同时制作印刷机保养说明及保养卡。

2. 印刷机的结构件拆分

首先对 EKRA 半自动印刷机、凯格全自动印刷机、DEK 全自动印刷机的结构进行比较，认识这 3 种印刷机的结构组成及其不同，并理解它们的工作原理。印刷机可拆分为以下 7 部分。

（1）印刷机的机架。

（2）印刷平台及其 Z 轴升降支撑系统。

（3）PCB 传输机构与 PCB 夹紧装置。

（4）模板及模板夹持装置、模板 X-Y 轴方向移动调节装置。

（5）印刷头安装机构、印刷头运动装置。

（6）擦拭纸安装机构、擦拭纸运动机构。

（7）CCD 检测机构及其运动装置。

由于我们已经在第 3 章对通用部件进行了拆分、测绘与设计，因此在本实训中，我们重点完成印刷机专用部件的拆分、测绘与设计。印刷机专用部件应用设计任务表如表 4.8 所示。

表 4.8　印刷机专用部件应用设计任务表

步骤	具体任务	完成目标	绘图设计	内容描述	总评
1	模板及模板夹持装置、模板 X-Y 轴方向移动调节装置	结构件测绘；工作过程描述；与其他部件的连接关系；分析优缺点并提出改进方案			
2	印刷头安装机构、印刷头运动装置	结构件测绘；工作过程描述；与其他部件的连接关系；分析优缺点并提出改进方案			
3	擦拭纸安装机构、擦拭纸运动机构	结构件测绘；工作过程描述；与其他部件的连接关系；分析优缺点并提出改进方案			

3. 实训工具及要求

（1）常用工具或耗材：领取一盒工具，主要包括扳手、剥线钳、钢丝钳、拉马、螺丝刀、万用表、切管器、斜口钳、电烙铁、吸锡器、焊锡丝、接料器等。

（2）绘图工具：A3 绘图板、丁字尺，绘图纸、实验报告纸，以及自备必要的铅笔、圆规、直尺、三角板等。

（3）量具：领取一盒量具，主要包括水平仪、激光器、皮尺、游标卡尺、量块、塞尺、外径千分尺、直尺、万能角度尺等。

4. 实训任务要求

按照 5 个同学一组的方式进行分组，1 个同学是小组负责人、1 个同学是主讲人、1 个同学负责收集提问、1 个同学负责主要答辩工作，以及 1 个同学是记录员，主要完成工作如下。

（1）认识所有专用部件结构，对专用部件进行测绘。

（2）提出改进办法，分析优缺点，撰写改进方案。

（3）资料检索与归纳，整理数据，追踪最新应用，撰写调查报告。

（4）制作答辩 PPT，进行小组间答辩汇报，小组间进行自评和互评。

实训 8 印刷机操作过程及要求

在印刷之前，首先必须做好准备，将印刷过程中需要用到的材料放置在印刷机旁边，然后开机初始化，再编制或调试印刷程序；首次印刷并检验，确定检验合格后再批量印刷，最后对印刷结果进行抽样检测。全自动印刷机或半自动印刷机的焊膏印刷工艺过程如下。

1. 印刷机操作过程

印刷机的操作步骤一般如下。

（1）印刷前的准备及开机初始化：熟悉产品工艺要求；领取经检验合格的 PCB，如果发现 PCB 已受潮或受污染，应退回来料检验部分进行清洗、烘干处理；提前 2～4 小时准备焊膏；检查模板，确保模板完好无损；检查印刷设备使用状态是否完好，以及电气等动力源是否准备到位；检查其他辅助工具和材料如铲刀、放大镜、螺丝刀、酒精等是否准备好。

（2）安装刮刀和模板：先安装模板后安装刮刀。模板安装时应将其插入模板轨道上并推到最后位置卡紧，拧下气压制动开关，固定住模板。选择比 PCB 至少宽 30 mm 的刮刀，并调节好刮刀浮动机构，使刮刀底面略高于模板，印刷间隙小于 0.07 mm。

（3）PCB 定位：PCB 定位有边夹紧定位和顶针定位两种方法，目的是使 PCB 初步调整到与模板图形相对应的位置上。双面贴装 PCB 在采用顶针定位印刷第二面时，要注意避开已贴好的元器件，不要顶在元器件上，防止元器件受损。

（4）图形对准：图形对准是通过对工作台或模板的 X 轴、Y 轴、θ 角方向进行精细调整。图形对准时需要注意 PCB 的方向与整体模板开孔图形一致；设置好 PCB 与模板的接触高度，使 PCB 顶面刚好与模板底面接触。一般先调 θ 角方向，使 PCB 与模板图形平行，再调 X 轴、Y 轴方向，然后重复进行微调，直至 PCB 的焊盘图形与模板图形完全重合为止。

（5）制作 Mark 的视觉图像：在制作 Mark 图像时，要使图像清晰、边缘光滑、黑白分明；注意，从 PCB 与模板图形精确对中后到制作视觉图像前，PCB 定位不能松开，否则会改变 Mark 的坐标位置。

（6）设置印刷工艺参数：根据印刷机的功能和技术参数进行设置。印刷机的前、后印刷行程极限是在模板图形后 20 mm 处，印刷速度为 20～100 mm/s，刮刀压力一般设置为 2～5 kg/cm²。理想的印刷机模板分离速度如表 4.9 所示。模板清洗频率的设置以保证印刷质量为准，无窄间距时可以设置为每印 20 块 PCB 或 50 块 PCB 一次，也可以不清洗，而窄间距可以设置为每印 1 块 PCB 时必须清洗一次。

表 4.9 理想的印刷机模板分离速度

引脚间距	分离速度	引脚间距	分离速度
≤0.3 mm	0.1～0.5 mm/s	0.4～0.5 mm	0.1～1.0 mm/s
0.5～0.65 mm	0.5～1.5 mm/s	≥0.65 mm	0.8～2.0 mm/s

（7）添加焊膏：用小刮勺将焊膏均匀沿刮刀宽度方向添加在模板的漏印图形后面，但不能将焊膏添加到模板的漏孔上。焊膏一次不要加得太多，一般首次添加焊膏为 250～300 g，能使印刷时沿刮刀宽度方向形成 ϕ10 mm 左右的圆柱状即可。在印刷过程中只要做到随时补充焊膏就可以了，这样做有利于减少焊膏长时间在空气中吸收水分或溶剂挥发而影响焊接质量。

（8）首件试印并检验：鉴于无法判断产品在印刷时是否能一次性印刷成功，我们选择试印并检验首件印刷质量，如果首件检验不符合要求，那么必须重新调整印刷参数，严重时需要重新对准图形，然后试印，直至符合质量标准才能正式连续印刷，只有这样才能确保产品的印刷质量。

印刷机操作流程图如图 4.35 所示。

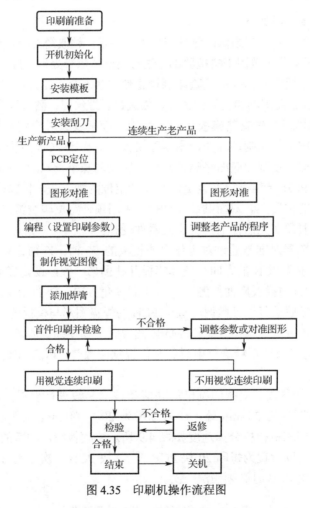

图 4.35　印刷机操作流程图

2. 实训任务要求

按照 5 个同学一组的方式进行分组，1 个同学是小组负责人、1 个同学是主讲人、1 个同学负责收集提问、1 个同学负责主要答辩工作，以及 1 个同学是记录员，主要完成工作如下。

（1）查找印刷机工艺参数的条目与范围，完成印刷机的编程。

（2）实际操作印刷机，撰写操作心得。

（3）撰写印刷机的操作流程图。

（4）制作答辩 PPT，进行小组间答辩汇报，小组间进行自评和互评。

实训 9　印刷机维护及保养卡制作

不同保养周期需要耗费的时间不同。保养卡包含 5 个条目：保养项目、保养工具、保养方法、检查方法和检查判定基准。印刷机日常维护与保养举例如下。

1. 印刷机维护举例

1）清洁机器平台

（1）保养项目：清洁机器平台。

（2）保养工具：擦拭纸、酒精。

（3）保养方法：用蘸有酒精的擦拭纸清洁机器平台，在清洁平台时，切勿让夹板器刀片划伤手臂，如图 4.36 所示。

（4）检查方法：检查是否有焊膏残留物，并且确保平台表面无灰尘。

（5）检查判定基准：机器平台干净无异物。

2）清洁夹板机构

（1）保养项目：清洁夹板机构。

（2）保养工具：擦拭纸、酒精、铲刀。

（3）保养方法：如图 4.37 所示，用蘸有酒精的擦拭纸清洁夹板机构，如果有凝固残留焊膏，那么用铲刀铲除，并且检查夹板器是否有破损，若有，则通知技术人员更换。

（4）检查方法：检查是否有焊膏残留物，以及表面是否有灰尘。

（5）检查判定基准：无异物、无灰尘。

图 4.36　清洁机器平台　　　　　　　　图 4.37　清洁夹板机构

3）清洁 PCB 装载器外观和机器内部

（1）保养项目：清洁 PCB 装载器外观和机器内部。

（2）保养工具：擦拭纸、玻璃净、吸尘器。

（3）保养方法：将玻璃净喷到机器之上，用擦拭纸擦拭干净，并用吸尘器清洁机器内部的纸屑、散料和灰尘。

（4）检查方法：目视机器外观是否有明显脏物及灰尘，检查机器内部是否有明显脏物及灰尘，以及是否有纸屑、料盘、器件等。

（5）检查判定基准：机器外观无明显脏物及灰尘，机器内部无明显脏物及灰尘，以及无纸屑、料盘、器件等。

2. 实训任务要求

印刷机的其他任何元件、部件单元的保养均参照上述 3 个案例的格式进行编写；保养方法要求做到图文并茂，直观形象。

具体任务是任意选择印刷机保养项目中的 3 个项目，完成故障诊断维修与保养工艺卡的制作。

任务 4.2 贴装设备的应用

4.2.1 认识贴片机

1. 贴片机的应用

自动贴片机相当于机器人的机械手，其能按照事先编制好的程序把元器件从包装中取出来，并贴放到 PCB 相应的位置上。在电子产品制造早期，由于片式元器件尺寸相对较大，人们用镊子等简单的工具就可以实现拾取元器件与放置元器件两个动作，但为了满足规模化生产的需要，特别是随着 SMC/SMD 朝着微型化和超细间距方向发展，贴片机的应用越来越广泛，而且多功能贴片机的贴装精度也越来越高。

贴装技术是 SMT 中必不可少的基本技术之一，是从英文名称"Pick and Place"（拾取和放置）演变而来的，因此有些文献现在仍将其称为拾放技术。贴装技术的英文名称还有"Chip Mounter"（片式元件安装）和"Component Mounter"（元件安装），以及"Chip Placement"（片式元件安放）和"Component Placement"（元件安放），与现在通用的中文名称贴装技术或贴片技术比较吻合。

贴装技术主要包括贴装工艺和贴装设备两个方面，贴装工艺包括贴装工艺原理、贴装工艺设计、贴装工艺流程、贴装工艺管理；贴装设备包括贴片机原理、贴片机结构组成、贴片机应用、贴片机管理与维护等。贴片工艺是 SMT 组装的第二道工序，如图 4.38 所示。

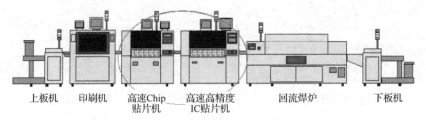

上板机　　印刷机　　高速Chip　　高速高精度　　　　回流焊炉　　　　下板机
　　　　　　　　　贴片机　　IC贴片机

图 4.38　SMT 生产线中的贴片机

2. 贴片机的品牌

在我国，所有的贴片机可以分为三大块，即日系品牌贴片机、欧美品牌贴片机、其他品牌贴片机。同一品牌的贴片机还有不同的型号，由这些纷繁复杂的型号组成了全球贴片机供销网络。

日系品牌贴片机主要有 PANSONIC（BM123、CM402 等型号）、JUKI（KE-2060、KE-2080 等）、FUJI（CP-643、NXT 等）、YAMAHA（YV100X 等）、HITACHI（SANYO）（TCM-1000 等）、SONY（I-PULSE 等）、MIRAE（1010P、1025P 等）等；欧美品牌贴片机主要有 SIEMENZ（SIPLACE X4i、HS50 等）、UNIVERSAL（GSM-2 等）、Assembléon（FCM1 等）等；其他品牌贴片机主要有 SAMSUNG（CP45、CP60、CP63、SM310 等）、凯格等，如图 4.39～图 4.41 所示。

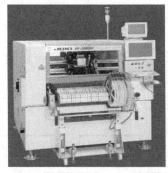

图 4.39　SIPLACE X4i 贴片机　　图 4.40　JUKI KE-2080 贴片机　　图 4.41　PANSONIC CM402 贴片机

4.2.2　贴片机的工作过程

1. 贴片机的工作原理

贴片机其实就是一个具有高速、高精度、高可靠性的搬运机器人，其贴片原理与机器人搬运类似。我们需要使贴片机明白搬运什么样的元器件、采用什么样的搬运方式、去哪里搬运、搬运的元器件是否正确、搬运好的元器件需要放置到什么地方去等问题。通过程序控制可使贴片机按照我们的要求来实现元器件贴装。

在贴装技术中，任何一款贴片机的元器件贴装过程都包括 PCB 传输、拾取元器件、支撑与识别、检测与调整及元器件贴放等步骤，如图 4.42 所示。

在不对元器件和基板造成任何损坏的情况下，完整稳固地快速拾取所需的正确元器件，并快速、准确地把所有拾取的元器件贴放在指定的位置上。

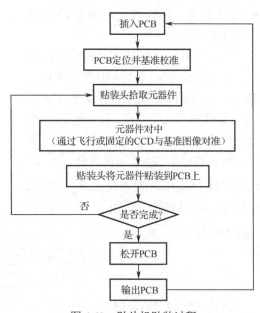

图 4.42　贴片机贴装过程

2. 贴片机的编程步骤与项目

贴片机的编程主要有在线编程和离线编程两种。

离线编程：在元器件较多的情况，离线编程的速度一般比在线编程快，编程的效率较高。离线编程主要是在独立的计算机上通过离线编程软件把 PCB 的贴装程序编好、调试好，然后通过数据线把程序传输到贴片机上的计算机中存储起来，在调用时，随时可以通过贴片机上的键盘把程序调用出来，这样就可以进行生产了。

在线编程：在元器件较少的情况，在线编程是利用贴片机中的计算机进行编程的，先对 PCB 上的元器件的贴装位置适时地进行坐标数据的定位，再根据不同的元器件选择吸嘴，在数据表格上填入相关的数据，如吸嘴编号、贴装头编号、元器件厚度、供料器所在位置编号、元器件的规格尺寸等。

1）编程的一般步骤与原理

（1）编程的具体步骤：确定尺寸、设定坐标、选择合适的吸嘴和贴装头、编辑影像等。编程的具体步骤如图 4.43 所示。

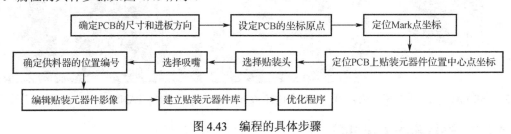

图 4.43　编程的具体步骤

（2）贴片机的离线编程是在在线编程的基础上脱离实际 SMT 生产线的一种编程方式。贴片机离线编程原理图如图 4.44 所示。

X_{mount}、Y_{mount} 为贴片机贴片位置的 X 向、Y 向坐标；O_{mount} 为贴片机的零点；X_{PCB}、Y_{PCB} 为 PCB 的 X 向、Y 向坐标；O_{PCB} 为 PCB 的设置零点，R_1、R_2 是 PCB 上的任意两个元件。由图 4.44 可以看出：R_1 元件到 O_{mount} 的向量为 $\overrightarrow{O_{mount}R_1}$，$R_2$ 元件到 O_{mount} 的向量为 $\overrightarrow{O_{mount}R_2}$；$R_1$ 元件到 O_{PCB} 的向量为 $\overrightarrow{O_{PCB}R_1}$，$R_2$ 元件到 O_{PCB} 的向量为 $\overrightarrow{O_{PCB}R_2}$。

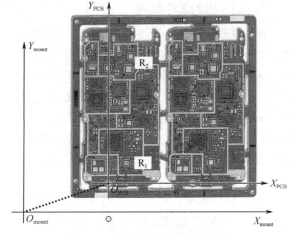

图 4.44　贴片机离线编程原理图

$$\overrightarrow{O_{mount}R_1} = \overrightarrow{O_{mount}O_{PCB}} + \overrightarrow{O_{PCB}R_1} \tag{4-2}$$

$$\overrightarrow{O_{mount}R_2} = \overrightarrow{O_{mount}O_{PCB}} + \overrightarrow{O_{PCB}R_2} \tag{4-3}$$

由式（4-2）和式（4-3）可以看出，在计算 $\overrightarrow{O_{mount}R_1}$ 和 $\overrightarrow{O_{mount}R_2}$ 时，只要计算出 $\overrightarrow{O_{PCB}R_1}$ 和 $\overrightarrow{O_{PCB}R_2}$，然后均加上 $\overrightarrow{O_{mount}O_{PCB}}$ 即可。这里无论元器件如何变化，元器件与贴片机基准点和元器件与 PCB 零点的向量差 $\overrightarrow{O_{mount}O_{PCB}}$ 是恒定的，只要输入向量 $\overrightarrow{O_{mount}O_{PCB}}$，贴片机编程人员就可以在任意位置进行离线编程。

2）贴片机的编程项目

贴片机本身是一个高精度机器人，其搬运原理与搬运机器人类似。贴片机主要需要编制以下数据：装载数据（PCB Data）、偏移数据（Offset Data）、标志点信息（Mark Data）、拾片程序数据（NC Data）、贴装头数据（Head Data）、吸嘴数据（Nozzle Data）、供料器数据（Feeder Data）、元器件属性数据（Parts Data）、优化数据（Sort Data）。贴片机的编程项目如图 4.45 所示。

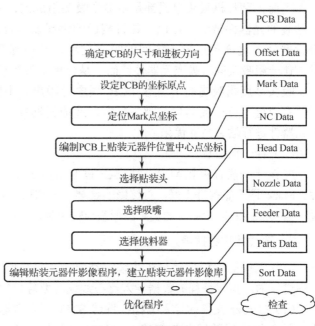

图 4.45　贴片机的编程项目

（1）贴片程序数据。

贴片程序数据（PCB 上元器件焊盘中心点坐标相对于 PCB 原点的偏差值）是任意取一点作为 PCB 的原点。贴片程序就是告诉机器贴片的位置、贴片的角度、贴片的高度等信息，其内容包括每一步的元器件名、说明、每一步的 X 坐标和转角 T、贴片的高度是否需要修正、用第几号贴装头贴片、采用几号吸嘴、是否同时贴片、是否跳步等。贴片程序中还包括 PCB Mark 点和局部元件 Mark 点的 X、Y 坐标信息等。

（2）元器件属性数据。

元器件属性数据主要包括元器件的规格尺寸、吸嘴编号、光源的选择、供料器的选择、供料器的站位号等。元器件影像程序编辑是贴片机程序编辑中非常重要的环节之一，绝大部分元器件在现代贴片机中都有影像库，编程时只要从影像库中加以调用就可以了。极个别元器件在影像库中没有记录，这就需要我们进行编辑，编辑步骤如下。

① 将该类元器件调入贴片机。

② 新建影像文件名。

③ 打开摄像头对着该元器件拍照。

④ 将元器件的相关属性，如元器件的长宽高尺寸、电极宽度、吸嘴类型、供料器类型、抛料位置等，按照模板固定方式输入。

⑤ 补充该元器件特有的属性。

⑥ 试验。元器件影像编辑原则是能调用则调用，尽量少编辑。

（3）拾片程序数据。

拾片程序就是告诉贴片机到哪里拾片、拾什么样的片封装的元器件、元器件的包装什么样、用哪一个贴装头及什么样的吸嘴去吸取等拾片信息。拾片程序的内容包括每一步的元器件名、每一步拾片的 X、Y 坐标信息和转角 T 的偏移量、供料器位置、供料器类型、拾片高度、抛料位置、是否跳步等。

当前，贴片机吸头单元都是由多个吸头组成的，有线式结构和旋转式结构。根据 PCB 上贴装的元器件数量，可以把数目相近的供料器组合在一起，使机器在贴装时一次吸取多个元器件，这样可以省下中间的吸取过程，从而提高效率。机器在执行吸取元器件指令时，让一组吸头同时吸取元器件，而不是让单个吸头只吸取一个元器件。

吸头高度指吸嘴的下端与 PCB 顶层的距离。不同的元器件在贴装时，由于其厚度不同，有时会有部分元器件被吸头打裂，造成元器件的损坏，因此在优化时，要对不同厚度的元器件进行贴装高度优化。

（4）标志点信息。

PCB 上一般有两个 Mark，主要在 PCB 的对角上，利用 Mark，可以更加精确地贴装元器件。Mark 图形做得好不好，直接影响贴装精度和贴装效率，如果 Mark 图形做得虚，也就是说，当 Mark 图形与 Mark 的实际图形差异较大时，贴片时会因不承认 Mark 而造成频繁停机。

3. 离线编程数据导入及注意事项

离线编程的编程步骤与在线编程类似，也是按照数据编辑、元器件影像及程序优化的步骤进行的。离线编程的数据导入比在线编程要轻松很多，导入数据的方法有以下 3 种。

（1）Gerber 文件的导入编程：目前 SMT 行业普遍使用的一种方法，其特点是编程速度快，导入的坐标数据非常精确，一般在贴片机上不需要调整，主要是把不同元件的位置号、元器件规格尺寸和元器件焊盘的中心点坐标导入。

（2）CAD 文件的导入编程：贴片机一般对 CAD 格式不兼容，因此需要把 CAD 坐标数据复制到离线编程软件中，再对数据进行编辑，如编辑吸头、吸嘴的编号；对系统库内没有规格的元器件还需要编辑元器件的影像和供料站号。

（3）SMB 图像扫描编程：可以通过把 PCB 的实物图像扫描到离线编程软件中，再利用鼠标控制光标单击焊盘中心点的位置，这样会自动生成一个坐标数据，但此坐标数据一般在导入到贴片机时，需要重新调整。

（4）贴片机编程注意事项如下。

① PCB 尺寸、源点等数据要准确；拾片与贴片及各种库的元器件名要统一。

② 凡是程序中涉及的元器件，必须在元器件库、包装库、供料器库、托盘库、托盘料架库、图像库建立并登记，各种元器件需要的吸嘴型号也必须在吸嘴库中登记。

③ 在线编程时输入的元器件的名称、位号、型号等必须与元器件明细和装配图相符；在编程过程中，应在同一块 PCB 上连续完成坐标的输入，重新上 PCB 或更换新 PCB 都有可能造成贴片坐标的误差。

④ 编程优化原则：换吸嘴的次数要少；拾片、贴片路径要短；多头贴片机应考虑每次同时拾片的数量多；同一类型元器件应放在一起；料站编排要紧凑，中间尽量不要有空闲料站；对于大的元器件，如引脚超过 120 以上的 QFP、PLCC、BGA 等，应用单个拾片方式，这样可提高精度。

⑤ 编程结束后，必须按 BOM 单再次进行校对检查，检查正确后方可进行生产。

⑥ 无论是离线编程的程序，还是在线编程的程序，编程结束后都必须按工艺文件中的元器件明细表进行校对检查，检查正确后才能进行生产。将完全正确的产品程序拷贝到备份软盘中进行保存。

4.2.3　贴片机的结构组成与运动

1. 贴片机分类及结构

贴片机可以从速度、功能、贴装方式、控制方式、结构及自动化程度等几个方面进行分类。

按照速度分类：低速机、中速机、高速机、超高速机。中速贴片机的贴片速度为 10 000～25 000 片/时，高速贴片机的贴片速度为 25 000～50 000 片/时，超高速贴片机的贴片速度为 50 000 片/时以上，部分贴片机的贴片速度可以超过 10 0000 片/时。按照功能分类，贴片机可分为高速机、泛用机。按照驱动系统，贴片机可分为旋转解码+丝杠、旋转解码+传送带、线性解码+丝杠、线性解码+线性电动机、机械转塔式、硬盘转送等。按结构，贴片机可分为拱架型、转塔型、转盘型及大型平行系统。

1）拱架型贴片机

拱架型（Overhead Gantry-style）结构又称为动臂式结构，也可以叫作平台式结构或过顶悬梁式结构。现在几乎所有的多功能贴片机和中速贴片机都采用这种结构，如图 4.46 所示。这种结构一般采用一体式的基础框架，将贴装头横梁的 X 轴、Y 轴定位系统安装在基础框架上，PCB 识别相机（下视相机）安装在贴装头的旁边。PCB 传送到机器中间的工作平台上固定，供料器安装在传送轨道的两边，在供料器旁安装有元器件识别相机。采用这种结构的贴片机有 UNIVERSAL 公司的 GSM 系列、ASSEMBLEON 公司的 AQ-1、HITACHI 公司的 TIM-X、FUJI 公司的 QP 和 XP 系列、PANASONIC 公司的 BM 系列与 CP 系列、SAMSUNG 公司的 CP60 系列、日本 JUKI 公司的 KE 系列等。

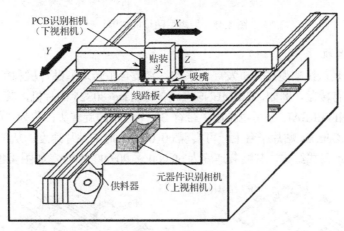

图 4.46　拱架型

大型拱架型贴片机可采用不同的横梁数量，以及安装不同数量的贴装头，如图 4.47 所示。

（1）单横梁单头。横梁在基础框架上沿 Y 轴方向运动，贴装头在横梁上沿 X 轴方向运动。

（2）单横梁双头。在单个横梁的前后两边都装有贴装头，前面的贴装头在前面的送料器上吸取和贴装元器件，后面的贴装头在后面的送料器上吸取和贴装元器件。

（3）双横梁双头。机器的基础框架上装有两个横梁，每个横梁上分别装有一个贴装头。当 PCB 进入工作平台，前贴装头在进行基准带识别时，后贴装头可以先吸料，反之亦然。

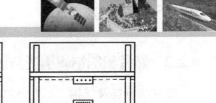

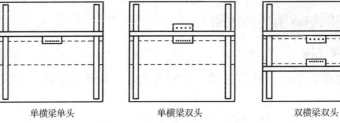

| 单横梁单头 | 单横梁双头 | 双横梁双头 |

图 4.47 拱架型结构的横梁和贴装头

2）转塔型贴片机

转塔（Turret）的概念是，元器件送料器放在一个单坐标移动的料车上，PCB 放在一个 *X-Y* 轴坐标系统移动的工作台上，贴装头安装在一个转塔上，工作时，料车将元器件送料器移动到取料位置，贴装头上的真空吸嘴在取料位置吸取元器件，然后经转塔转动到贴片位置（与取料位置成 180°），在转动过程中，通过对元器件位置与方向的调整，将元器件贴放在基板上。PCB 在转动的贴装头之下移动，在正确的贴装位置下停止，以便让元器件贴放，如图 4.48 所示。这种结构的高速贴片机在我国的应用很普遍，因为其不但速度快，而且历经十余年的发展技术已非常成熟。生产转塔型贴片机的厂商主要有 PANASONIC、HITACHI、FUJI。

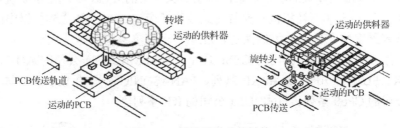

图 4.48 转塔型贴片机结构

3）转盘型贴片机

转盘型贴片机是从拱架型贴片机发展而来的，它集合了转塔型贴片机和拱架型贴片机的特点，在动臂上安装有转盘。例如，SIEMENS 公司的 Siplace 80S25 贴片机，其有两个带有 12 个吸嘴的旋转头。UNIVERSAL 公司也推出了带有 30 个吸嘴的旋转头，称为"闪电头"，两个这样的旋转头安装在 Genesis 贴片平台上，可实现 60 000 片/时的贴片速度。从严格意义上说，转盘型贴片机仍属于动臂式结构，其贴装速度为 60 000～100 000 片/时，如图 4.49 所示。

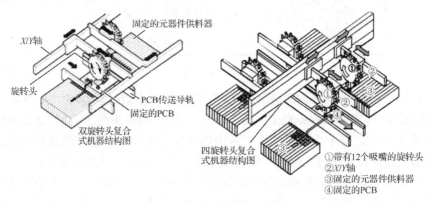

图 4.49 转盘型贴片机结构图

4）大型平行系统

大型平行系统（又称为模组型）使用一系列小的单独的贴装单元，每个单元都有自己的丝杠位置系统，并安装有相机和贴装头。每个贴装头可吸取有限的带式供料器，可贴装 PCB 的一部分，PCB 以固定的间隔时间在机器内步步推进。单独地各单元的运行速度较慢，但是它们连续平行地运行会有很高的产量。生产模组式贴片机的大型厂商主要有 PANASONIC、ASSEMBLEON、FUJI 和 SIEMENS。

模组机在理论上对能够组合的贴片机模组的数量没有限制，即可通过增加模组不断提高产能，但每增加一个模组都会使生产线延长一个模组的长度，因此在重新配置生产线时，需要考虑场地及后继生产线的调整问题。

2. 贴片机的结构组成与部件运动规律

贴片机一般由 3 个主要部分组成：机械系统、控制系统和视觉系统。与焊膏印刷机类似，贴片机也属于一台机电设备，它的结构组成部件可以分为通用部件和专用部件。机架、PCB 传输与支撑机构、X-Y 轴伺服驱动与定位机构、机器视觉对中与检测系统、传感检测系统、计算机软硬件控制系统等属于通用部件，这些内容参见本书第 3 章；贴装头系统、供料系统属于专用部件。贴片机组成结构如图 4.50 所示。

1）贴装头

贴装头是贴片机的关键部件，它在拾取元器件后能在校正系统的控制下自动校正位置，并将元器件准确地贴放到指定的位置。贴装头的发展是贴片机进步的标志，贴装头已由早期的单头机械对中发展到多头光学对中。以下为贴装头的种类形式，如图 4.51 所示。

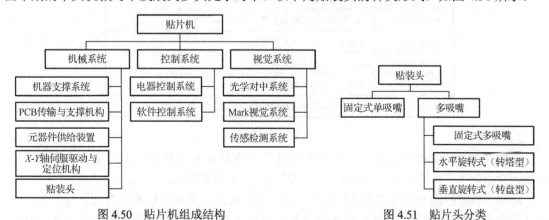

图 4.50　贴片机组成结构　　　　图 4.51　贴片头分类

（1）固定式单吸嘴贴装头：早期单吸嘴贴装头是由吸嘴、定位爪、定位台和 Z 轴、θ 角运动系统组成的，并固定在 X 轴、Y 轴传动机构上。当吸嘴吸取一个元器件后，通过机械对中机构实现元器件对中并给供料器一个信号（电信号或机械信号），使下一个元器件进入吸片位置。这种方式的贴片速度很慢。

（2）固定式多吸嘴贴装头：通用型贴片机常采用的结构，它在原单吸嘴贴装头的基础上进行了改进，即由单吸嘴增加到了 2～12 个吸嘴。它们仍然固定在 X 轴、Y 轴上，但不再使用机械对中，而改为多种样式的光学对中，工作时分别吸取元器件，对中后再依次贴放到 PCB 的指定位置上。单吸嘴贴装头在一个贴装循环中只能贴装一个元器件，所以相对贴装精度较高。多吸嘴并列平行的吸嘴贴装轴在一个贴装循环中可以吸取、校正和贴装多个元器件，从而可以提高贴装的速度，由于吸嘴与吸嘴之间的距离和送料器各轨道之间的距离相同，因此在使用相同的供料器时，多个吸嘴能够同时下降到供料器的高度同时吸料，这样可以提高吸料的速度。目前，这类机型的贴片速度为 30 000～60 000 片/时。

（3）水平旋转式（转塔型）贴装头

转塔型贴装头的工作过程是在从供料器上吸取元器件后，经过检查、识别、校正和角度更正后贴装在 PCB 上，然后将未通过识别的元器件抛掉，再更换吸嘴和预旋转，准备下一次吸料。转塔型贴片机的转塔一般有 12～24 个贴装头，每个贴装头上有 4～6 个吸嘴，故可以吸放多种大小不同的元器件。12 个贴装头固定安装在转塔上，只做水平方向旋转，而且每个旋转头的各个位置都做了明确分工，如表 4.10 所示。

表 4.10　元器件贴装头吸嘴功能

位置	动作与功能
1（12 点钟）	吸取元器件，吸取高度控制
2（1 点钟）	智能检测，检查元器件的厚度、是否侧立，以及吸嘴高度
3（2 点钟）	无动作
4（3 点钟）	元器件的识别和校正
5（4 点钟）	元器件旋转，并通过负压压力的大小检查元器件是否存在
6（5 点钟）	元器件旋转到贴装角度
7（6 点钟）	元器件贴装到 PCB，贴装高度控制
8（7 点钟）	未通过识别的元器件不进行贴装，抛到抛料盒中
9（8 点钟）	将用过的吸嘴回收到贴装头中
10（9 点钟）	通过旋转贴装头来更换吸嘴
11（10 点钟）	吸嘴下降到需要的高度
12（11 点钟）	贴装头预旋转到吸料的角度

2）吸嘴

吸嘴在吸片时，必须达到一定的真空度才能判别拾起的元器件是否正常，当元器件侧立或因元器件"卡带"而未能被吸起时，贴片机将发出报警信号。

贴装头吸嘴拾起元器件并将其贴放到 PCB 上的瞬间，通常采取两种方法进行贴放，一种是根据元器件的高度，即事先输入元器件的厚度，当贴装头下降到此高度时，真空释放元器件并将其贴放到焊盘上。采用这种方法有时会因元器件厚度的超差而出现贴放过早或过迟现象，严重时会引起元器件移位或飞片缺陷。另一种更先进的方法是，吸嘴根据元器件与 PCB 接触的瞬间产生的反作用力，在压力传感器的作用下实现贴放的软着陆，又称为 Z 轴的软着陆。这种方法贴片轻松，并且不易出现移位与飞片缺陷。随着元器件的微型化，现已出现 0.2 mm×0.1 mm 的片式元器件，而吸嘴又与元器件高速接触，因此吸嘴的磨损是非常严重的，特别是在高速贴片机中，所以吸嘴的材料与结构越来越受到人们的重视。早期吸嘴采用合金材料，后又改为碳纤维耐磨塑料材料，更先进的吸嘴采用陶瓷材料及金刚石，使吸嘴更耐用。贴片机吸嘴如图 4.52 所示。

3）供料器

供料器（又称为喂料器）的作用是将片式 SMC/SMD 按照一定规律和顺序提供给贴装头，以便准确方便地拾取元器件。供料器在贴片机中占有较多的数量和位置，它是选择贴片机和安排贴片工艺的重要组成部分。根据 SMC/SMD 包装的不同，供料器通常有带状、管状、盘状和散装等几种。

（1）带状供料器。带状包装是电子元器件的主流包装之一，约 80% 的元器件采用这种包装方式。常见的有电阻、各种电

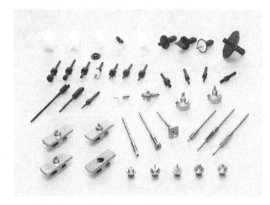

图 4.52　贴片机吸嘴

容及各种 SOIC 器件。带状包装由带盘与编带组成。带状供料器的标准尺寸有 8 mm、12 mm、16 mm、24 mm、32 mm、40 mm、44 mm、52 mm 等。带状供料器的运行原理是编带轮固定在供料器的轴上，编带通过压带装置进入供料槽内；上层带与编带基体通过分离板分离，并固定到收带轮上，编带基体上的同步孔装入同步棘轮齿上，编带头直至供料器的外端。供料器装入供料站后，贴装头按程序吸取元器件并通过进给滚轮给手柄一个机械信号，使同步轮转一个角度，从而将下一个元器件送到供料位置上。供料器通过皮带轮机构将上层带收回卷紧，通过废带通道排除到外面，并定时处理。根据驱动同步棘轮的动力来源，带状供料器可分为机械式、电动式和气动式。机械式供料器是棘轮传动结构，它是通过向进给手柄打压驱动同步棘轮前进的，所以称为机械式。而电动式供料器的同步棘轮的运行则是依靠低速直流伺服电机驱动的。此外，气动式供料器的同步棘轮的运行依靠微型电磁阀转换来控制。目前，供料器以机械式和电动式为主。机械式供料器（左图）和电动式供料器（右图）如图 4.53 所示。

图 4.53　编带供料器

（2）管状供料器。管状供料器是将管内的元器件按顺序送到吸片位置，以供贴装头吸取。管状供料器的结构形式多种多样，它由电动振动台、定位板等组成。早期的管状供料器仅安装一根管，现在则可以将相同的几个管叠加在一起，以减少换料的时间，也可以将几种不同的管并列在一道，以实现同时供料。管状供料器根据工作原理的不同可以分为重力推动式和振动推动式，如图 4.54 所示。

尽管管式供料器非常适用于双列封装的元器件，但是元器件封装的"刺"问题和"旋转"问题仍然是管式封装设计者与使用者很难解决的问题，如图 4.55 所示。

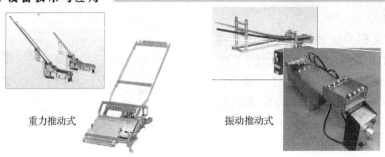

图 4.54　管式供料器

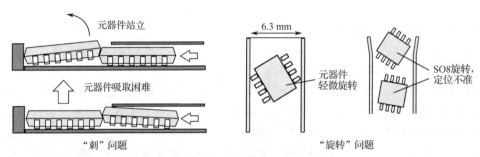

图 4.55　管式供料器的难题

（3）盘状供料器：又称为华夫盘包装，主要用于 QFP、BGA、CSP 等元器件。这类元器件通常引脚精细、极易碰伤，故采用上下托盘将元器件的本体夹紧，并保证左右不能移动，以便运输和贴装。盘状供料器的结构形式有单盘式和多盘式，根据供料的方式又可分为固定式（Manual Fix Tray）、直接拾取自动转换式（Auto-exchange Direct Pick）、间接拾取自动转换式（Auto-exchange Indirect Pick）3 种，如图 4.56 所示。固定式盘状供料器属于单盘式供料器，仅一个矩形盘，只要把它放在料位上，然后使用磁条或夹具就可以进行定位了。直接拾取自动转换式供料器和间接拾取自动转换式供料器属于多盘式供料器，通常安装在贴片机的后料位上，约占 20 个 8 mm 的料位，但它可以以 40 种不同的方形元器件同时供料。较先进的多盘式供料器可将托盘分为上下两部分且各容 20 盘，同时能分别进行控制，在更换元器件时，可实现不停机换料。

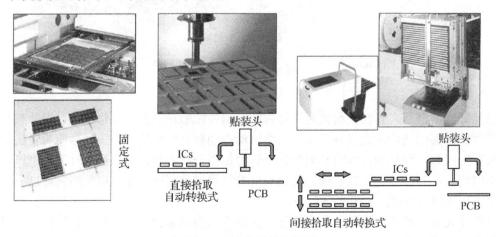

图 4.56　盘状供料器结构

（4）散装仓储式供料器。散装仓储式供料器是近几年出现的新型供料器。SMC 放在专用塑料盒里，每盒装有一万只元器件，这不仅可以减少停机时间，而且节约了大量的编带纸，同时意味着节约木柴，故具有环保理念。散装仓储式供料器的运行原理，其带有一套线性振动轨道，随着轨道的振动，元器件在轨道上排队向前。这种供料器适用于矩形和圆形片式元器件，不适用于极性元器件。目前，最小元器件尺寸已做到 0.6 mm×0.3 mm。散装仓储式供料器所占料位与 8 mm 带状供料器相同。

目前已开发出带双仓、双道轨的散装仓储式供料器，即一只供料器相当于两只供料器的功能，这意味着在不增加空间的情况下，装料能力提高了一倍。

（5）供料器的安装车。由于 SMT 组装的产品越来越复杂，每种电子产品需贴装的元器件也越来越多，因此要求贴片机能装载更多的供料器，通常以能装载 8 mm 供料器的数量作为贴片机供料器的装载数。大部分贴片机将供料器直接安装在机架上，为了提高贴片能力，减少换料时间，特别是产品更新时往往需要重新组织供料器，因此大型高速贴片机采用双组合送料架，能真正做到不停机换料，最多可以放置 120×2 个供料器。在一些中速贴片机中，常采用推车一体式料架，换料时可以方便地将整个供料器与主机脱离，从而实现供料器的整体更换，大大缩短装卸料的时间。不同贴片机的供料器安装车如图 4.57 所示。

PHILIPS供料器放置车　　JUKI供料器　　PANASERT供料器放置车　　FUJI NXT供料器
　　　　　　　　　　　上料座（立式）　　　　　　　　　　　　　　放置车

图 4.57　不同贴片机的供料器安装车

4.2.4　贴片机的选型和验收

1. 贴片机的主要技术参数

贴片机的适应性、贴片速度、贴片精度是贴片机的 3 个主要技术参数。

贴片机的适应性决定了贴片机的主要功能，如能贴什么样的元器件、摄像机参数、元器件贴装范围、贴片机的可调整能力；贴片精度决定了贴片机所能达到的能力；贴片速度决定了贴片机的产能；基板支持范围和最大装料能力决定了贴片机能支持多大的 PCB 和最多能容纳多少品种的元器件；机器的电、气参数及环境要求，以及机器的外观尺寸、质量及物理承重要求决定了机器的安装条件。

1）贴片机的贴片精度

贴片精度是表征贴片机的一项重要指标。贴片精度指贴片机 X 轴、Y 轴位移运动的机械精度和 Z 轴的旋转精度，其分为定位精度（Placement Accuracy）、重复精度（Repeatability）和分辨率（Resolution）。此外，贴片精度也是贴片机贴片质量的特性分布，可以用平均值（μ）与标准偏差（σ）来表征；还可以用贴片机在受控的正常工作状态下的作业能力来表示，即用过程能力指数 Cp/Cpk 值来表征。

（1）定位精度。定位精度指实际贴片位置与设定的贴片位置的偏差。由于元器件在包装中的位置是随机存放的，因此贴装头拾取元器件后有 X、Y、θ 3 个自由度，在与 PCB 上焊盘位置的对中过程中，存在 ΔX、ΔY、Δθ 3 个误差量。其中，ΔX、ΔY 是由贴片机机械定位系统位移造成的，称为位移误差，其计算公式如式（4-4）所示。Δθ 是由贴装头中 Z 轴旋转校正系统造成的，称为旋转误差，其计算公式如式（4-5）所示。贴片机的定位精度如图 4.58 所示。

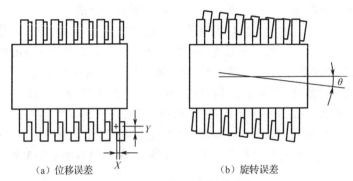

（a）位移误差　　　　　　　　　（b）旋转误差

图 4.58　贴片机的定位精度

$$T = \sqrt{X_t^2 + Y_t^2} \tag{4-4}$$

$$R = 2L\sin(\theta/2) \tag{4-5}$$

式中，X_t 为沿 X 轴的误差分量；Y_t 为沿 Y 轴的误差分量；R 为由旋转误差引起的真实位置偏移；L 为从元器件中心到封装角的距离；θ 为离开标定取向最大角度偏离。

（2）重复精度。重复精度是描述贴片机重复地返回设定贴片位置的能力。美国机床制造厂商协会（National Machine Tool Builders Association，NMTBA）规定，重复精度指单向趋近时，在同样条件下，贴片机正方向对某给定点多次趋近得出以平均位置 X 为中心的离散度；双向趋近时，在同样条件下，贴片机正负方向对某给定点多次趋近得出以平均位置 X 为中心的离散度；以±3σ 表示。

准确地说，每个运动系统的 X 位移、Y 位移和 θ 均有各自的重复精度，它们综合的结果体现了贴片机的贴片精度，因此贴片机的标准精度通常以贴片机的重复精度来表征。

（3）分辨率。分辨率指贴片机机械位移的最小当量，它取决于伺服电动机和轴驱动机构上的旋转或线性编码器的分辨率，即贴片机采取的实现高精度贴片的手段。正如前面提到的，好的贴片机的分辨率已做到 0.0018°/脉冲，当贴装头接收到一个脉冲指令时，它仅会旋转 0.0018°。通常采用光栅尺/磁栅尺的贴片机的分辨率要高于使用圆光栅编码器的贴片机的分辨率。

在实际生产中，贴片精度指元器件引脚与对应的焊盘两者对位的偏差度。由于贴片过程是一个动态的过程，所贴装的 PCB 在不停地更换，并且每块 PCB 采用腐蚀方法制造，其中定位标志、焊盘、元器件尺寸误差、贴片胶和焊膏都对它有影响，因此贴片机的贴片精度除贴片机本身的重复精度之外，还包括 PCB/焊盘定位误差、焊盘尺寸误差、PCB 光绘误差（CAD）及片式元器件制造误差。

2）贴片机的贴片速度

贴片速度指贴片机在单位时间内贴装元器件的能力，一般用每小时贴装元器件数或每个元器件的贴装周期来表示，如 60 000 点/时或 0.06 秒/元器件等。通常，在贴片机的参数中，贴片速度只是理论速度，是根据吸嘴的最小取料时间，以及从取料位置到贴装位置的最短移动距离和最小贴装距离等理想状态计算出来的理论速度，而且只是元器件贴装的理论时间，并不包括传送时间和准备时间等辅助时间。一般用以下参数描述贴片速度。

（1）贴装周期。贴装周期是贴片速度的基本参数。它指从拾取元器件开始，经过检测、贴放到 PCB 上再返回拾取元器件位置时所用的时间。每进行一次这种行程，就完成一次贴装操作，即完成一个贴装周期。一般高速贴片机贴装片式元器件的贴装周期为 0.2 s 以内，目前最快的贴装周期为 0.04～0.02 s；一般用泛用机贴装 QFP 的贴片速度为 1～2 s，贴装片式元器件的贴片速度为 0.05～0.2 s。目前泛用机的贴片速度也能达到 0.2 s。

（2）贴装率。贴装率指一小时内贴装元器件的数量，单位是 CPH。它是贴片机制造厂家在理想条件下测算出的贴片速度，理论速度的计算不考虑 PCB 装卸时间，贴片距离最近且仅贴少量的元器件（约 150 个片式元器件），然后算出贴装一个元器件所用的时间，并以此推算一小时的贴装数量。

在实际贴片生产中，需要考虑的时间如下。

① PCB 传送和定位时间：贴装完成的 PCB 从工作台面传到下段机器或等待位置的时间及等待中的 PCB 从上段机器或等待位置传到机器工作台面的时间。通常传送的时间为 2.5～5 s，有些特殊装置可以达到 1.4 s。

② PCB 基准点校正时间：由于 PCB 的传送、翘曲和贴装精度的要求等，用 PCB 上的基准点定位是最好的方式。一般来说，两个基准点可以校正 PCB 在 X 轴、Y 轴方向的偏差和角度的偏差，以及回流焊后引起的翘曲变形。

③ 吸嘴更换时间：不同的元器件需要不同的吸嘴，贴片机吸嘴的自动更换要花费一定的时间。

④ 元器件送料拾取时间：元器件拾取的时间包括吸嘴移动到元器件上空、吸嘴在 Z 轴的带动下移动到元器件吸取位置并接触吸嘴、吸嘴的真空打开，以及吸嘴带着元器件在 Z 轴的带动下回到移动高度的时间。

⑤ 工作台移动时间：对于转塔式贴片机，是指 X 轴、Y 轴工作台带动 PCB 从上一位置移动到现在将要贴装的位置的时间；对于平台式贴片机，是指悬臂的 X、Y 驱动轴带动贴装头从上一位置移动到现在将要贴装的位置的时间。

⑥ 元器件识别时间：当元器件通过元器件识别摄像机时，摄像机摄取元器件图像的时间。对于转塔式贴片机，由于转塔转动有一定的频率，而单个元器件照相的时间小于元器件取料和贴装的时间，因此这个时间可忽略不计。

⑦ 元器件贴装时间：从吸嘴带着元器件到达贴装焊盘上方，吸嘴通过 Z 轴的带动下降到贴片高度并与焊盘上的焊膏接触，吸嘴的真空关闭并离开贴片高度，吸嘴的吹气打开以保证元器件不随着吸嘴的离开而带起来，最后吸嘴回到原始高度的时间。

贴片机的实际贴片速度远低于其标示的理论速度。根据 PCB 上贴片元器件的数量不同、分布不同、种类不同、种类的多少不同，以及贴片机特征和形式的不同，通常贴片机的实际贴片速度只有理论速度的 50%～75%。

（3）生产量。理论上可以根据贴装率计算每班的生产量，然而实际的生产量与计算得到的生产量有很大的差别，这是因为实际的生产量受到多种因素的影响。影响实际生产量的主要因素如下。

① PCB 装卸时间：在自动化系统中，PCB 装卸时间为 5～10 s，而手工操作需要 1 min 左右。

② 多种类生产：当元器件的种类超过供料器的数目时，停机换料的时间会影响实际生产量。

③ 元器件类型：贴装集成电路比贴装片式元器件要求的贴装精度更高，所以贴装周期时间也长。

④ 每班的实际工作时间：每班的实际工作时间须扣除辅助时间和非生产时间，这也会影响每班的生产量。

⑤ 不可预测的停机时间。

3）贴片机的适应性

（1）贴片机能贴装的元器件类型。贴片机能贴装的元器件类型指贴片机可以贴装的全部元器件种类，种类越多，贴片机的适应性越好。影响贴片机能贴装的元器件类型的主要因素是贴片精度、贴装工具、定心机构与元器件的相容性，以及供料器的种类与数量。

（2）贴片机的最大装料能力。贴片机的最大装料能力与它的送料器站位数量与间距是确定的。一般在设备对比中都以各贴片机所能装载 8 mm 供料器的最多数量作为参考，目前单台贴片机可装载 8 mm 供料器的数量为 64～256 个。对于不同宽度的物料，一台贴片机所能容纳的供料器站位数量不同，多功能贴片机还可以根据需要加装托盘送料器平台，一个托盘送料器平台可以容纳多个不同物料的托盘。贴片机的最大装料能力越大，其对不同产品的适应能力越强，但贴片机的外形尺寸和质量也越大，相应的价格也越高。

（3）贴片机的可调整能力。当贴片机从组装一种类型的 PCB 转换成组装另一种类型的 PCB 时，需要进行贴片程序更换、供料器更换、贴装头调整或更换。通过上述更换，贴片机能更好地满足新 PCB 的贴装需要。总体来讲，贴片机的可调整能力体现在这些更换是否能够实现及实现是否及时上。

2. 贴装的过程能力指数 Cp 值与 Cpk 值

过程能力指数 Cp 值与 Cpk 值是反映当过程处于正常状态时，表现出来的保证产品质量的能力，并以数值定量的形式表达出来。贴片机的过程能力指数 Cp 值指当分布中心和公差中心重合时的过程能力指数；Cpk 值则是当分布中心与公差中心不重合时出现的偏移量，是对过程能力指数进行的修正。贴片机的 Cp/Cpk 值标准如表 4.11 所示。

表 4.11　贴片机的 Cp/Cpk 值标准

序号	Cp/Cpk 值	状态	判断
1	≥1.67	太好	制程能力太好，可考虑缩小规格或降低成本
2	1.33～1.67	合格	理想状态，继续维持
3	1.00～1.33	警告	使制程保持管制状态，否则随时有产生不良品的危险
4	0.83～1.00	不足	有改善的必要
5	<0.83	非常不足	采取紧急措施

Cp 值、Cpk 值的计算公式如下。

$$Cp = \frac{规格公差}{6\sigma} = \frac{(USL-LSL)}{6\sigma} \quad (4-6)$$

$$Cpk = \frac{Min[(USL-\overline{X}),(\overline{X}-LSL)]}{3\sigma} \quad (4-7)$$

下面以一个简单的实例来说明过程能力指数在贴片机参数中的应用。

图 4.59 是一个贴装偏差分布符合正态分布的贴装过程偏差曲线，并且数据群的分布中心与质量控制目标值一致。在图 4.59 中，Mean 为贴装测量值的平均偏差，即 $\overline{X}$，这里为 $-12\ \mu m$；动标准偏差在实际计算时以样本标准偏差 s 代替，这里 $s=10\ \mu m$；Accuracy 为所有偏差的算术平均差与目标点坐标之间的差距；LSL 为下极限范围，这里 LSL$=-50\ \mu m$；USL 为上极限范围，这里 USL$=50\ \mu m$，经过计算求得：

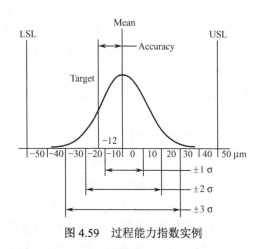

图 4.59　过程能力指数实例

$$Cpk = \frac{50-12}{3\times10} = 1.27$$

3. 贴片机的采购参数

贴片机的采购参数可以从两方面获得，一方面可以向设备供应商索要信息，主要从供应商提供的产品介绍书中获得，但这远远不够，应向供应商索要更多的、进一步的资料和信息，如设备的功能、原理、供料器信息、设备发展性和经济性信息，甚至设备应用说明书等；另一方面必须从其他途径收集资料，如设备稳定性和可靠性、软件使用性、市场口碑、市场占有率及品牌知名度等。贴片机的采购参数应重点关注以下 5 个方面。

（1）设备的功能、性能、原理及应用能力。在采购设备时需要先了解贴片机的结构及工作原理，以及贴片机的结构是平动式、旋转式还是组合式，同时需要了解贴片机的功能、性能，以及吸嘴的类型、结构与分布等。设备的应用能力指保留设备标准参数与实际使用参数的差异，以及贴装折扣率，可通过调查使用的客户来获得。不同的客户使用同一家的设备，由于产品、批量的不同，结果会有差异，因此需要多考察几家。

（2）设备的技术指标参数。设备的技术指标参数主要包括贴片速度、贴片精度、贴装元器件范围、基板尺寸、贴装头配置、元器件光学对中精度、摄像机分辨率与稳定性、主机供料器能够放置 8 mm 供料器的数量及其种类与动力供应、同品牌不同设备之间的通用性，以及 8 mm 供料器的 2 mm 步进与 4 mm 步进的通用性。

（3）设备的稳定性、可靠性、维护与保养及软件操作。设备的稳定性指设备连续保持一种工作状态，使生产产品的质量处于一致状态，如贴片机的重复精度保持一致等。设备的可靠性指在有效工作时间内，设备连续工作而不失效的概率，即生产中设备不出现故障的频率。设备的可靠性越高，其故障率越低。设备的维护与保养的难易程度、保养频率，

电子制造 SMT 设备技术与应用

以及某个部位的保养是否需要特殊的操作和工具等是设备的可维护性关注的重点。贴片机的软件操作是否简单、方便；界面是否常用，与其他计算机软件是否容易对接；软件功能的丰富程度；编程方式是否包括在线式、离线式、视校式及数据输入等；是否自带程序检查功能等。

（4）产品更换（机种的更换）的灵活性、通用性及优化能力。设备的量产准备时间是否足够短，产品机种切换所需时间的长短，供料器上料的快捷程度，贴片机是否适合各种 PCB 生产，设备本身的优化能力及生产线整体平衡能力的评分。

（5）贴片机的市场信息。贴片机的市场信息主要包括贴片机机型的市场占有率、贴片机技术的发展前景、贴片机品牌的知名度、用户评价、安全性及经济性，如所购机型的价格、配置价格、备件价格、维修的服务价格、维护成本和故障停机成本，以及市场上旧机器余额成本。

4. 贴片机的选择

（1）贴片机的市场选择。市场印象是对设备供应商的评估，包括广告力度、销售商信誉度、营业人员的素质、市场占有率、市场口碑及品牌知名度等。

（2）贴片机的成本选择。成本分析包括购机价格、备件价格、服务价格、故障停机成本和旧机器兼容成本等。购机价格指主机价格，当然越便宜越好。购买机器除了看主机价格，还要看附件和备件的价格，因为备件价格要占整个主机价格的 1/3，甚至 1/2，所以购买时必须考虑。故障停机成本指因设备产生故障或造成设备停机而产生的一切成本。这里不光是时间成本，还有其他相关的成本，如 PCB 的报废和物料的损失；贴装到一半时的 PCB 能否继续进行，还是将其及元器件报废等。

（3）贴片机的生产性选择。生产性评估主要从设备产能、通用性、生产灵活性、量产准备时间、质量稳定性、可靠性和软件功能的丰富程度等几个方面来评估。

（4）贴片机的技术支持选择。技术支持主要包括能否提供工艺、管理方法支持及本地培训，以及备件仓库是否充盈、服务人员的数量有多少、服务人员的素质怎么样、是否提供售前技术资料和售后技术资料、其他用户评价、全球标准服务网络等。

（5）贴片机选择中应注意的问题。评估表在设备选择方面是必须的，它可以对设备进行量化，知道对设备进行哪方面的评估，以及每种设备的优劣，以便做出决定。当然，评估表不是绝对准确的，所以不能完全依赖评估表，因为评估打分有人为因素，会有一定的误差，而且权重的科学性也是相对的。在评估表中，权重很重要，其决定了对设备的取舍。总体来讲，采购贴片机有不同的考量，可以从商务、生产性、成本、先进性、技术支持及市场印象几个方面进行，每个指标都有对应的权重，每份选择背后的关注点也各有不同，可参考以下项目权重评估表，如表 4.12 所示。

表 4.12　项目权重评估表

项目	分类	A	B	C	D	权重
1	商务					5%
2	生产性					25%
3	成本					25%
4	先进性					10%

续表

项目	分类	A	B	C	D	权重
5	技术支持					25%
6	市场印象					10%
	合计					100%

5. 贴片机验收

贴片机是一种价格较为昂贵的设备，一旦选定后，贴片机的技术参数也就确定了。要检测购买的设备是否达到需要的要求，就必须验收。验收的步骤如下。

（1）设备到厂的开箱验收。

（2）设备安装和调试后验收。

（3）设备性能指标方面的验收。

（4）设备可靠性的验收。

验收的方法一般有按照 IPC9850 标准验收、按照标准测试板验收和按照实际产品验收。

按照 IPC9850 标准验收的指标主要包括贴片精度、重复精度及贴片速度；对于贴片机的其他指标，如丢料率、元器件的范围，以及振动容忍度等没有涉及。

按照标准测试板验收是行业内较通用的做法，按照标准测试板验收是将所有元器件在一块 PCB 上进行贴装，PCB 不是空白玻璃，而是实际设计、制造出来的 DEMO 验收板，它可以兼容所有类型的元器件，而且元器件的角度可以变化，甚至可以组成各种图形，验收时进行实际的贴装，然后用其他 AOI 进行检查，必要时还可以进行焊接和检查缺陷率。

1）贴片机验收项目与步骤

（1）设备到厂的开箱验收。

设备到厂的开箱验收主要包括以下内容。

① 技术资料：随机资料齐全，包括使用说明书、配线图、部品表、SC 程序表和维护保养手册等。技术资料中还应有《机器贴装性能表》，将按照 IPC9850 标准测试数据填于 IPC9850-F1 表中，并提供给用户。

② 外观检查：设备无明显破损、锈迹和油漆剥落。

③ 随机附件、备件和工具清点：实物应与随机清单及合同清单相符。

设备验收后要填写《设备开箱验收单》，双方签字。

（2）设备安装和调试后验收。

设备安装到位后进行初步的验收，主要包括以下内容。

① 机械检查：在半自动和全自动状态下工作时，搬送和运转正常，无异常噪声。

② 电气检查：电气控制正常，如操作面板和指示灯等。

③ 气动检查：气动元器件工作正常，如 PCB 搬送等。

④ 安全检查：各安全传感器均正常工作。

⑤ 安装高度：主机各安装高度为 915 mm±5 mm（轨道传送皮带上表面到地面的高度）。

⑥ 水平调整：设备的水平度在 0.04 mm/m 以内（使用 1 Div=0.02 mm/m 的水平仪）。

⑦ 设备连线：各设备基准线为固定侧轨道的内侧，设备与设备之间传送轨道的间距为

6 mm±2 mm。

验收后，填写机械、电气、气动和连线检查验收单，双方签字。

（3）设备性能指标方面的验收。

① 贴片精度、重复精度及旋转角的验收。贴片精度检测：在专用基板上，按相同间距连续贴装一定面积，然后用专用计量仪器测量出实际贴装位置和理论贴装位置的误差，即平均偏差和标准偏差，并算出 Cpk 值，判定设备保证精度的能力是否达到设备应有的要求。贴片角度检测：在标准板上，按相隔相同旋转角度（如每隔 5°），在 360° 范围内按相同半径贴装一个圆周，用专用计量仪器测量出理论贴装位置、角度和实际贴装位置和角度的误差，并算出 Cpk 值，判定设备保证精度的能力是否达到设备应有的要求。

② 元器件范围的验收：贴装设备能够贴装的最小元器件和最大元器件在贴装后用专用计量仪器进行检查，测量出理论贴装位置、角度和实际贴装位置、角度的误差是否达到设备应有的要求。

③ 基板尺寸验收：选择最大的 PCB，在机器能力的最大距离内来回贴装元器件，达到一定数量后用专用计量仪器测量出理论贴装位置、角度和实际贴装位置、角度的误差，并算出 Cpk 值，判定设备保证精度的能力是否达到设备应有的要求。

④ 贴片速度：折算理论速度与实际速度的差异。用专用的标准测试板，在规定范围内进行连续贴装，然后用总的贴装时间除以总点数，得出每贴装一点使用的时间，判定其是否在设备的规定范围内。

⑤ 软件编程的测试：用 3 个贴装程序，分别在测试的设备上进行编程，检验其编程速度。

⑥ 光学视觉系统的检测：基板 Mark 点的检测可用两种方法，第一，用装有不同厂家生产的 Mark 点的多块 PCB 检验贴片机识别的识别率；第二，设计一块 PCB，上面布置大小不一、形状不一的 Mark 点，用机器识别。元器件识别系统：分别对 3 种类型的元器件进行识别，即最小元器件的识别、最精密元器件的识别、非标准元器件的识别。采用异性元器件进行编程贴装，查看识别率。

⑦ 吸嘴的检测及贴装率验收：贴装率是设备通过贴装一定数量的元器件检测出来的，在测试时要对设备能够贴装的所有元器件类型，如片状元器件、晶体管和 IC 等进行贴装测试。例如，贴装 10 000 点，统计一下有几个元器件被抛弃掉，一般要求贴装率高于 99.98%。

⑧ 设备的振动测试：设备安装完毕，用一个一角钱的硬币直立于机器顶部，设备在高速运行时，观察这个硬币是否倒下，若不倒下，则证明设备运行平稳，震动小；若设备震动大，则需要考虑加固底座和对设备的水平度进行调整。

2）贴片机的可靠性测试

设备验收除设备外观和性能验收之外，还必须经过一年的设备磨合，以逐步了解设备的性能。对设备的可靠性进行验收，即在设备运行时间（最好一年）内，出现多少次故障及平均故障时间等。如果经常出现故障或超过合同规定的要求，那么可以在最后的 10%余款中进行适当的谈判。

另外，由于验收时测试板的产品批量有限、测试板的型号有限，因此验收的结果也会有一定的限制。在保修磨合期内，设备贴装产品的批次增多，可以查看设备的灵活性和贴装速度等是否达到供应商提供的数据要求。

（1）按照标准测试板验收。

① 测试样板：标准测试板的来源有贴片机厂商提供的，也有客户自己提供的，但大多数是由贴片机厂商提供的。不同贴片机厂商的标准测试板会有差异，特别是 PCB 制作精度要求也不一样。测试样板如图 4.60 所示。

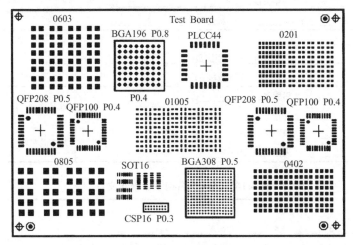

图 4.60　测试样板

标准测试板的尺寸设计得越大越好，最好为设备的最大尺寸，如 300 mm×250 mm，板厚为 1.6 mm；标准测试板的制作精度要比一般 PCB 的要求高，特别是焊盘尺寸和间距的精度要求，一般要求焊盘尺寸精度为±0.01 mm，焊盘图形尺寸与引脚位置按 1∶1 设计，应避免 PCB 制造带来的误差，以免影响测量结果。PCB 的数量越多越好，以便进行数据统计，同时测试结果也较可信。

② 验收元器件：一般是真实元器件，如片式元器件和 QFP、BGA、CSP 等均采用实际元器件。提供验收的元器件必须符合相关技术规范，这样可消除元器件误差造成的测试结果误差。

（2）按照实际产品验收。

将实际产品在 SMT 生产线上进行试生产，根据实际生产结果评估贴片机的优劣。这种方法适合大规模生产，而且产品一般是相对稳定的。选择的实际产品应具有一定的代表性，包括元器件范围广泛，如片式电容和电阻越小越好，最好达到 0201 尺寸要求（长 0.2 mm×宽 0.1 mm）；IC 元器件的引脚间距最好达到 0.4 mm，IC 尺寸越大越好，引脚数越多越好；BGA 元器件一定要贴装验收，间距 0.4～0.5 mm 的芯片尺寸封装（CSP）已得到广泛应用。验收生产最好有一定的批量，这样才能有一定的统计学数据，如贴片速度和精度的判断和比较才具有说服力。实际产品贴装的判断主要是视觉目检，可以参照 IPC-610-D 三级标准中的位移标准进行，如 QFP 元器件引脚侧面偏移不超过焊盘的 25%为合格，但趾部不允许偏移；片式阻容元器件也一样，侧面偏移不超过焊盘的 25%为合格，趾部不允许偏移；BGA 元器件偏移焊盘 50%为不合格。经过一定批次的生产和检测，所有贴装不合格率不应超过 1%。这些单个验收的方法简单，在 SMT 生产线验收中被大量采用，但它往往只是定性地描述贴片机的各项指标。贴片机元器件属性表述文件如表 4.13 所示。贴片机结构设置报告文件如表 4.14 所示。

表 4.13　贴片机元器件属性表述文件

供料器料号：＿＿＿＿＿＿＿＿＿＿	
元器件名称：＿＿＿＿＿＿＿＿＿　尺寸：X＿＿＿＿；Y＿＿＿＿；Z＿＿＿＿	
元器件类型：＿＿＿＿＿＿＿＿　对中方法：＿＿＿＿＿＿＿＿＿＿	
偏差坐标：X＿＿＿；Y＿＿＿；Z＿＿＿　灰度值：＿＿＿＿＿＿＿＿	
引脚描述：＿＿＿＿＿＿＿＿＿	
边长：＿＿＿＿＿＿　＿＿＿＿＿＿　引脚数：＿＿＿＿＿＿＿＿	
X 向偏移量：＿＿＿＿＿＿＿＿＿　Y 向偏移量：＿＿＿＿＿＿＿＿	

引脚长：＿＿＿＿＿＿　＿＿＿＿＿	引脚宽：＿＿＿＿＿＿＿＿	PCB 运动方向：＿＿＿＿＿＿
引脚间距：＿＿＿＿＿＿＿＿＿	T-hgs：＿＿＿＿＿＿＿＿	从左向右（　　）
最大引脚间距：＿＿＿＿　＿＿＿	最小引脚间距：＿＿＿＿＿＿	从右向左（　　）
焊盘宽：＿＿＿＿＿＿　＿＿＿＿	翼型引脚占比：＿＿＿＿＿＿	

表 4.14　贴片机结构设置报告文件

吸嘴位置：

1. X＿＿＿＿＿　2. X＿＿＿＿＿　3. X＿＿＿＿＿　4. X＿＿＿＿＿　5. X＿＿＿＿＿　6. X＿＿＿＿＿
　Y＿＿＿＿　　Y＿＿＿＿　　Y＿＿＿＿　　Y＿＿＿＿　　Y＿＿＿＿　　Y＿＿＿＿
　Z＿＿＿＿　　Z＿＿＿＿　　Z＿＿＿＿　　Z＿＿＿＿　　Z＿＿＿＿　　Z＿＿＿＿

供料器位置：

前面：＿＿＿＿＿＿　　左面：＿＿＿＿＿＿　　右面：＿＿＿＿＿＿　　背面：＿＿＿＿＿＿

华夫盘供料器：　　　　　行数＿＿＿＿＿＿　列数＿＿＿＿＿＿

第一示教：X＿＿＿＿；Y＿＿＿＿；Z＿＿＿＿；　第二示教：X＿＿＿＿；Y＿＿＿＿；Z＿＿＿＿

CAD 数据	开始	结束
参考设计号		
元器件类型号		
X 坐标		
Y 坐标		
θ 坐标		
元器件标号 1		
元器件标号 2		
X 坐标		
Y 坐标		
θ 坐标		

（3）贴片机验收的关键指标与注意事项。

① 实际测量数据不超过供应商提供数据的 25%，如贴片速度不低于理论速度的 75%。

② 贴片精度的测量从实际出发，Z 轴比 X 轴和 Y 轴的精度要高，特别是细小元器件的贴装，对 Z 轴的精确控制是控制缺陷率的一种手段。因此，用细小元器件如 01005 验收贴装，不仅是精度的检验，而且是贴片机 Z 轴控制的一项检验。

③ 不光要进行精度的检验，最好能进行 PCB 的实际焊接。标准测试板和实际产品的验收都可以进行实际焊接，这样可以更为全面地检查整线设备的完整性。

④ 在贴装细小元器件 0402、0201 和 01005 时，采用玻璃的 PCB 可以不用双面胶作黏结剂，而改用润滑脂，可以更接近实际效果。

⑤ 测试前可以参照 IPC9850 标准执行，并进行实验指导书的编写。

⑥ 提供的元器件及相关辅料（如双面胶、润滑脂和玻璃板等）应符合有关技术规格。

⑦ 贴出的板应 100%满足 SMT 检验规范及设备精度要求，即在连续 5000 点的贴装中，无漏贴、贴装位置完全偏离焊盘及翘立与竖贴现象。

⑧ 设备记录的生产情报应满足吸着率≥99.95%，装着率≥99.90%。

⑨ 在对购买的设备进行全方位的测试和验收评估后，填写设备安装验收表，然后双方签字确认。

4.2.5　贴片机故障分析与维护及效率提升

1. 贴片机的常见故障及排除办法

贴片机的常见故障有机器不启动、贴装头不动、上板后 PCB 不往前走、拾取错误、贴装错误等。贴片机常见故障排除办法如表 4.15 所示。

表 4.15　贴片机常见故障排除办法

故障的表现形式	故障原因	故障排除办法
设备不启动	机器的紧急开关处于打开状态	关闭紧急开关
	电磁阀没有启动	修理电磁阀
	互锁开关断开	接通互锁开关
	气压不足	检查气源使气压达到要求值
	控制器故障	关机后重新启动
上板后 PCB 不往前走	PCB 传输系统的皮带松了或断裂	更换 PCB 传输系统的皮带
	PCB 传输系统的传感器上有脏污或短路	擦拭 PCB 传输系统的传感器
	润滑油过多，传感器被污染	
贴装头不动	横向传输器或传感器接触不良或短路	检查并修复传输器，传感器润滑油不能过多，清理传感器
	纵向传输器或传感器接触不良或短路	
	润滑油过多，传感器被污染	
不能拾取元器件	吸嘴磨损老化，有裂纹引起漏气	更换吸嘴
	吸嘴下表面不平，有焊膏等脏物；吸嘴孔被堵塞	底端面擦净，并将吸嘴用细针通孔
	吸嘴孔径与元器件不匹配	更换吸嘴
	真空管道和过滤器的进气端或出气端有问题，没有形成真空或形成的是不完全的真空（不能听到排气声；真空阀门 LED 未亮；进气端的真空压力不足）	检查真空管道和接口有无泄漏，重新连接空气管道或将其更换；更换接口或气管；更换真空阀
	元器件表面不平整	更换合格元器件
拾取的元器件的位置偏移	元器件黏在底带上；编带孔的毛边卡住了元器件；元器件和编带孔之间的间隙不够大	揭开塑料胶带，将编带倒过来，看一下元器件能否自己掉下来
	编带元器件表面的塑料胶带太黏或不结实，塑料胶带不能正常展开或塑料胶带从边缘撕裂开	查看塑料胶带展开和卷起时的情况；重新安装供料器或更换元器件
	拾取坐标值错误，供料器偏离中心位置	检查坐标数据，重新编程

故障的表现形式	故障原因	故障排除办法
元器件从贴装头上掉下来	吸嘴、元器件或供料器的选择不正确；元器件库数据不正确，使拾取时间过早	查看库数据，重新设置
	拾取阈值设置错误，以致出现拾取错误	提高或降低拾取阈值
	震动供料器滑道中元器件的引脚变形	取出滑道中变形的元器件
	编带供料器卷带轮松动，塑料胶带没有卷绕	调整编带供料器卷带轮的松紧度
	编带供料器卷带轮太紧，送料时塑料胶带被拉断	调整编带供料器卷带轮的松紧度
元器件贴错或极性方向错	贴片编程错误	修改贴片程序
	拾片编程错误或供料器位置装错	修改拾片程序，更改料站
	晶体管、电解电容器等极性元器件方向不一致	更换元器件时要注意极性方向
	往震动供料器滑道中加管装元器件方向不一致	注意元器件的方向
贴装位置偏离坐标位置	贴片编程错误	个别元器件位置不准确时，修改元器件坐标；整块板偏移可修改 PCB Mark 坐标
	元器件厚度设置错误	修改元器件库程序
	贴装头高度太高，贴片时元器件从高处扔下	重新设置 Z 轴高度，使元器件焊端底部与 PCB 上表面的距离等于最大焊料球的直径
	贴装头高度太低，使元器件滑动	调高贴装头的位置
	贴装速度太快；X 轴、Y 轴、Z 轴及转角 θ 速度过快	降低速度
	元器件的上下表面不平行，导致贴装位置偏移	更换元器件

2. 贴片机的维护

贴片机的维护要建立 3 方面的制度：第一，制定设备的运行状况、检查及保养制度；第二，制定设备检查和保养的工作流程；第三，制订设备备件寿命统计和更换实施计划表。贴片机维护的根本目的是确保贴片机良好运行、延长使用寿命、提高工作效率。

1）贴片机的日保养

贴片机的日保养主要完成的工作如下。

（1）所有的吸嘴均正确地安放在吸嘴库上。

（2）导轨的宽度按 PCB 的宽度调整好。

（3）PCB 能被正确地安放。

（4）安装好所有的供料器。

（5）检查程序并正确保存程序。

（6）设备的前后盖关好。

（7）贴片机内传输导轨上、贴装头移动范围内、固定摄像机上、吸嘴库周围、供料器上无异物。

（8）工作温度为 20～26 ℃，湿度为 45%～60%RH，要求空气清洁，无腐蚀气体，不漏气。

此外，还应做好以下清洁工作：使用干净的棉布清洁设备表面和触摸屏上的灰尘、设备内部杂物、设备供料器平台、废料带箱。贴片机日保养记录表如表 4.16 所示。

表 4.16　贴片机日保养记录表

项目	清洁设备表面及触摸屏上的灰尘	检查空气压力 0.45～0.79 MPa	用无纺布擦拭摄像机玻璃盖	清洁工作台上掉落的元器件	清理废料盒及废料带存储盒	清理供料器工作台面	检查上下载带并清除异物	检查运动部件有无异常声音	操作	确认
1										
2										

2）贴片机的周保养

贴片机的周保养主要完成的工作如下。

（1）清洁或更换吸嘴。

（2）清洁或更换吸嘴上的过滤器。

（3）清洁和润滑空气装置。

（4）清洁和润滑 X-Y 轴，Z/θ 平台和 PCB 夹持装置。

（5）清洁摄像机。

（6）清洁基板检测传感器。

（7）检查安全装置。

贴片机周保养记录表如表 4.17 所示。

表 4.17　贴片机周保养记录表

周保养记录							
保养者			保养开始时间				
单元	编号	部位	方法	问题	操作	完成情况	结果
识别	1	镜头表面玻璃	清洁（无纺布）				
	2	识别镜头	清洁（无纺布）				
	3	识别发光管	吹球吹净				
	4	散热风扇	吹球吹净				
送料	1	台面、送料	清洁				
贴装头	1	吸嘴	超声波清洗				
	2	反光板	无纺布擦拭				
	3	吸嘴孔	清洗（酒精）				
	4	过滤器	清洗、点检、更换				
	5	真空吸嘴	检查				
基板传送	1	汽缸夹紧部位	清扫				
	2	滚轮	加油				
	3	传送皮带	清洗				
保养结束时间：							
操作：调整——A；清洁——C；加油——L；点检——V；交换——X；紧固——H							

3）贴片机的月保养

贴片机的月保养主要完成的工作如下。

（1）检查、清洁和润滑宽度调节装置。

（2）检查 X 轴、Y 轴电机，以及 Z 轴电机、S 电机、旋转电机。

（3）检查吸嘴库上的夹具，并进行试验。

（4）检查边夹紧装置、后顶块、缓冲挡块。

（5）检查贴装位置与拾取点坐标。

（6）检查传输导轨，查看磨损情况。

（7）检查 PCB 限位器。

（8）检查各供料器的磨损情况，并润滑结合处。

（9）检查操作开关与贴装位置。

此外，还应完成清洁润滑工作，具体如下。

（1）清洁或更换坏的吸嘴。

（2）清洁和润滑 X-Y 轴、Z/θ 平台和 PCB 夹持装置。

（3）清洁和检查各类吸头。

（4）清洁和润滑空气装置。

（5）清洁基板检测传感器。

（6）清洁摄像机。

贴片机月保养记录表如表 4.18 所示。

表 4.18　贴片机月保养记录表

月保养记录							
保养者			保养开始时间				
单元	编号	部位	方法	问题	操作	完成情况	结果
送料	1	切刀装置	清洁与润滑				
贴装头	1	过滤器	清洗、点检、更换				
	2	真空吸嘴	检查				
基板传送	1	汽缸夹紧部位	清扫、润滑、检查				
	2	滚轮	加油				
	3	传送皮带	清洗				
	4	宽度调节装置	检查、清洁、润滑				
	5	X-Y 轴	清洁与润滑				
其他	1	内部接线	检查有无异常				
	2	安全装置	检查急停是否正常				
保养结束时间：							
操作：调整——A；清洁——C；加油——L；点检——V；交换——X；紧固——H							

4）贴片机的机械部分维护

（1）空气通道的清洁。为了保证设备的精确性和安装速度，要求定期清洁空气通道

（从空气过滤组件向吸嘴托吹气）。每星期将空气过滤滤芯从空气过滤组件中拿出来一次，检查其污染情况，如果被灰尘堵塞，那么将其更换。

（2）吸嘴的清洁。如果污物（如焊料）堵在吸嘴里，那么吸气不会有力；如果吸嘴的底面有污物，那么会造成漏气，同时造成在进行图像处理时，系统不能识别较小的元器件。在清洁吸嘴时，用吹风机吹去灰尘，并用酒精清洁吸嘴，一星期至少一次，平时也要进行清洁。在清洁吸嘴后，一定要涂上硅酮润滑油。

（3）吸垫的检查。检查吸垫是否有裂缝和污染，清洁时不要将酒精洒在吸嘴的标记上，如果不小心洒上了，那么要立即擦去；将少量硅酮润滑油涂在吸垫的外表面，然后用干布擦去润滑油，防止橡胶吸垫变质。

（4）检查空气压力及真空排出管的性能。打开真空阀门，用手指堵住吸嘴顶部，查看负压是否大于 0.08 MPa。

（5）结合部的润滑。在对贴片机的 X 轴的球形螺钉、引导器；Y 轴的引导器、引导轴、球形螺钉、调节螺钉；传输导轨的引导轴；贴装头的球形螺杆、线性通路、润滑油孔；多槽轴托盘供料器的球形螺钉、滑动组件、多槽轴等进行润滑时，不要使用过多的润滑油，否则在贴片机运转时，会将润滑油溅得到处都是。

5）贴片机的备件计划

与保养计划相关的还有备件计划，如备件的库存情况、使用情况、更换情况等。从设备购买之日起，详细记录备件的使用、维修和维护情况，并进行故障的统计、分类及故障原因分析，以达到故障预警的目的。在整个过程中，与生产设备的厂商保持必要的联系，同时有必要将以上相关资料与生产设备的厂商共享，这样才能准确地把握设备的可靠性及寿命。因此，要制订备件计划相应的表格，如备件消耗表、备件使用情况登记表等，如表 4.19 和表 4.20 所示。

表 4.19　备件消耗表

序号	备件名称	采购量	消耗数	库存	预计购买数
1	供料器				
2	吸嘴				
3	传感器				
4	电机				

表 4.20　备件使用情况登记表

序号	更换时间	更换原因	操作人员	备注
1				
2				

3. 贴装效率提升

首先选择按照 DFM 要求对 PCB 进行设计，Mark 设置要规范；PCB 的外形、尺寸、孔定位、边定位的设置要正确，必须符合贴片机的要求；小尺寸的 PCB 要加工拼板，这样可以减少停机时间和传输时间。

1）供料方式优化

采取先进的措施进行换料和补充元器件，可以采用的方法如下。

（1）使用可更换的小车，托盘料架可多设置几层相同的元器件。

（2）使用黏结供料器，并提前装好备用的供料器。

（3）用量多的元器件可以设置多个料站位置。

2）生产线的平衡优化

当多台贴片机连线生产时，需要对生产线进行平衡优化。生产线的平衡优化主要考虑各种生产设备之间的生产量的平衡优化，既要考虑单一设备的工作能力与优化基础，又要考虑同类设备或不同类设备，如高速机和多功能贴片机之间的产量平衡，经平衡优化后，生产线的生产效率可以大幅度提高（10%～50%）。

生产线的平衡优化需要考虑以下几个问题。

（1）确定基本的节拍：当多台机器一起工作时，首先确定一个基本节拍和计算方法。节拍定义为生产线贴装一个元器件所需的时间，它在单机生产优化中就可以确定下来，同时，可以计算这块板的基本贴装时间。

（2）多功能贴片机在生产线中的调节作用：确定多功能贴片机和高速机的元器件数量和种类，按照基本原则将元器件分配于具体机器上，再用多功能贴片机进行节拍调整。由于元器件的发展趋势是分立元器件越来越少，BGA、CSP 和 POP 等复杂元器件越来越多，因此多功能贴片机的选择尤其重要，它既要能贴装高精度元器件，又要贴装范围广泛。

（3）高速机作为瓶颈设备时是最经济的：由于高速机在整个生产线上的价格最贵，因此尽量发挥高速机的效能才是最经济的做法。若贴片机和多功能贴片机在生产中出现瓶颈现象，则此生产线属于不经济的生产方式。

（4）连线缓冲器节省换料时间：电子产品在批量生产时，一般 95%以上的生产方式是连线生产，其主要缺点是，当生产线连线时，只要一台机器有问题，那么全线都要停机或待机；若某台机器换料，则整条线都要等待或停机。为了避免全线等待或停机的损失，中间最好增加缓冲器。

缓冲器的作用是，当机器正常运转时，只当作传送设备；当某台机器需要换料时，缓冲器起到存储 PCB 的作用。增加的缓冲器数量应与生产线的节拍和生产线长度结合起来考虑。此外，元器件在备料时可根据用料的多少选择包装形式，用料多的元器件尽量选用编带包装。操作人员在操作机器时，要严格按照安全操作规程操作机器，注意机器的维护保养。

下面通过 3 个实训来学习和掌握 JUKI 贴片机的结构、故障分析与保养方法。

实训 10　贴片机专用部件结构认识

1. 贴片机实训任务分解

本次实训的印刷机品牌有 JUKI 贴片机、UNIVERSAL GSM 贴片机、铃木贴片机。本次实训主要完成 3 项任务：贴片机的结构、故障分析与保养方法。

（1）掌握贴片机的结构组成，认识贴片机的各结构件，并对这些结构件进行测绘，同时描述各结构件的连接与运动关系。

（2）掌握贴片机的实际操作过程及印刷程序的编制和各参数设置，绘制贴片机的操作过程图，制作贴片机操作流程卡。

（3）掌握贴片机的保养规则，理解贴片机的四级保养机制和保养内容，能够对贴片机进行实际保养，并制作贴片机保养说明及保养卡。

2. 贴片机结构件拆分

首先对 JUKI 贴片机、UNIVERSAL GSM 贴片机、铃木贴片机进行结构比较，认识这 3 种贴片机的结构组成与不同，理解它们的工作原理。贴片机的结构可拆分为以下 8 个部分。

（1）机架（以下机构必须在机架中体现）。

（2）3 种供料器及各自的运动机理。

（3）PCB 传送导轨及运动控制机理。

（4）PCB 支撑结构。

（5）贴装头移动、定位、伺服机构，$X\text{-}Y$ 轴 θ 运动机构。

（6）贴装头、吸嘴、吸嘴库、废料库及贴装头运动机理。

（7）CCD 检测机构及运动轨迹。

（8）传感器检测系统及工作过程，紧急制动开关。

由于我们已经在第 3 章对通用部件进行了拆分、测绘与设计，因此在本实训中，我们重点完成贴片机专用部件的拆分、测绘与设计，如表 4.21 所示。

表 4.21 贴片机专用部件应用设计任务表

任务	实训任务	完成目标	绘图设计	内容描述	总评
1	编带供料器、管式供料器及托盘供料器的结构及各自的运动机理，料站的工作原理	结构件测绘；工作过程描述；与其他部件的连接关系；分析优缺点并提出改进方案			
2	贴装头运动机理与过程	使用流程图描述贴装头的工作过程，并用文字描述贴装头的运动机理			
3	吸嘴、吸嘴库、废料库的结构，以及工作原理与运动过程	结构件测绘；工作过程描述；与其他部件的连接关系；分析优缺点并提出改进方案			

3. 实训工具及要求

（1）常用工具或耗材：领取一盒工具，主要包括扳手、剥线钳、钢丝钳、拉马、螺丝刀、万用表、切管器、斜口钳、电烙铁、吸锡器、焊锡丝、接料器等。

（2）绘图工具：A3 绘图板、丁字尺、绘图纸、实验报告纸，以及自备必要的铅笔、圆规、直尺、三角板等。

（3）量具：领取一盒量具，主要包括水平仪、激光器、皮尺、游标卡尺、量块、塞尺、外径千分尺、直尺、万能角度尺等。

4. 实训任务要求

按照 5 个同学一组的方式进行分组，1 个同学是小组负责人、1 个同学是主讲人、1 个同学负责收集提问、1 个同学负责主要答辩工作，以及 1 个同学是记录员，主要工作如下。

（1）认识贴片机所有专用部件结构，对专用部件进行测绘。

（2）提出改进办法，分析优缺点，撰写改进方案。

（3）资料检索与归纳，整理数据，追踪最新应用，撰写调查报告。

（4）制作答辩 PPT，进行小组间答辩汇报，小组间进行自评和互评。

实训 11　JUKI KE-2080 贴片机操作过程

无论是新产品，还是老产品，贴片机均有操作步骤。贴片机的操作步骤如图 4.61 所示。

1. 贴片机通用操作过程

1）贴装前的准备

（1）准备相关产品工艺文件，根据产品工艺文件的贴装明细表领料（PCB、元器件）并进行核对。

（2）根据开封时间的长短及是否受潮或污染等具体情况，对已经开启包装的 PCB 进行清洗和烘干处理。

（3）开封后检查元器件，对受潮元器件按照 SMT 工艺元器件管理要求进行处理。

（4）按元器件的规格及类型选择适合的供料器，并正确安装元器件编带供料。

（5）设备状态检查：检查空气压缩机的气压，应达到设备要求，

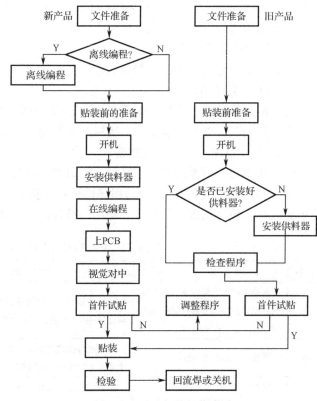

图 4.61　贴片机的操作步骤

一般为 6～7 kg/cm²；检查并确保导轨上、贴装头移动范围内、自动更换吸嘴库周围、托盘架上没有任何障碍物。

2）开机

（1）按照安全技术操作规程开机；检查贴片机的气压是否达到设备要求，一般为 5 kg/cm² 左右。

（2）打开伺服系统，将贴片机所有轴调回到原点位置。

（3）调整贴片机导轨宽度，导轨宽度应大于 PCB 宽度 1 mm 左右，并保证 PCB 在导轨上滑动自如。

（4）设置并安装 PCB 定位装置。

（5）当采用针定位时，应按照 PCB 定位孔的位置安装并调整定位针的位置，要使定位针恰好在 PCB 的定位孔中间，使 PCB 上下移动自如。

（6）若采用边定位，则必须根据 PCB 的外形尺寸调整限位器和顶块的位置。

（7）根据 PCB 的厚度和外形尺寸安放 PCB 支撑顶针，以保证贴片时 PCB 上受力均匀，不松动。

（8）设置完毕，可装上 PCB，然后进行在线编程或贴片操作。

3）安装供料器

（1）按照离线编程或在线编程的方式编制拾片程序表，并将各元器件安装到贴片机的料站上。

（2）在安装供料器时，必须按照要求安装到位。

（3）供料器安装完毕，必须由检验人员检查，确保正确无误后才能进行试贴和生产。

4）做基准标志（Mark）和元器件的视觉图像

在进行高精度贴装时，必须对 PCB 进行基准校准。基准校准是通过在 PCB 上设计基准标志（Mark）和贴片机的光学对中系统进行校准的。基准标志（Mark）分为 PCB 基准标志和局部基准标志，如图 4.62 所示。

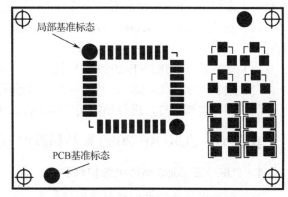

图 4.62　基准标志（Mark）示意图

5）首件试贴并检验

（1）程序试运行：一般采用不贴装元器件（空运行）的方式，若试运行正常，则可正式贴装。

（2）首件试贴：调出程序文件，按照操作规程试贴一块 PCB。

（3）首件检验：主要检验项目有各元器件位号上元器件的规格、方向、极性是否与工艺文件（或表面组装样板）相符；元器件有无损坏、引脚有无变形；元器件的贴装位置偏离焊盘的位移是否超出允许范围。检验方法：根据各单位的检测设备配置而定，普通间距元器件可采用目视的方式进行检验，高密度窄间距元器件可用放大镜、显微镜、在线或离线光学检查设备。检验标准一般按照公司制定的企业标准或参照其他标准（如 IPC 标准或 SJ/T10670-1995 表面组装工艺通用技术要求）执行。

6）调整程序或重做视觉图像

（1）若检查出元器件的规格、方向、极性错误，则应按照工艺文件修正程序。

（2）若 PCB 上的元器件的贴装位置偏移，则可用以下两种方法进行调整。

① 若 PCB 上的所有元器件的贴装位置都向同一方向偏移，这种情况应通过修正 PCB Mark 点的坐标来解决，即把 PCB Mark 点的坐标向元器件偏移方向移动，移动量与元器件贴装位置的偏移量相等。

② 若 PCB 上的个别元器件的贴装位置偏移，则可估计一个偏移量并在程序表中直接修正个别元器件的贴片坐标，也可通过自学编程的方法用摄像机重新照出正确的坐标。

（3）若首件试贴时，贴片故障比较多，则根据具体情况进行处理，具体参阅第 4.2.5 节。

（4）在贴装过程中，要随时注意废料槽中的弃料是否堆积过高，若堆积过高，则应及时清理，使弃料不能高于槽口，以免损坏贴装头。

7）检验

（1）首件自检合格后送专检，专检合格后再批量贴装。

（2）检验方法与检验标准与首件检验相同。

（3）当封装元器件有窄间距引线（引线中心距为 0.65 mm 以下）时，必须全检。

（4）当封装元器件无窄间距引线时，可按每 50 块抽取 1 块 PCB、每 200 块抽取 3 块 PCB、每 500 块抽取 5 块 PCB 的规则进行抽检。

2. 实训任务要求

按照 5 个同学一组的方式进行分组，1 个同学是小组负责人、1 个同学是主讲人、1 个同学负责收集提问、1 个同学负责主要答辩工作，以及 1 个同学是记录员，主要工作如下。

（1）查找 JUKI KE-2080 贴片机工艺参数的条目与范围，完成 JUKI KE-2080 贴片机的编程。

（2）实际操作 JUKI KE-2080 贴片机，并撰写操作心得。

（3）绘制 JUKI KE-2080 贴片机的操作流程图。

（4）制作答辩 PPT，进行小组间答辩汇报，小组间进行自评和互评。

实训 12　JUKI KE-2080 贴片机维护与注意事项

1. JUKI KE-2080 贴片机维护举例

贴片机常用部件的维护与保养方法如下。

1）X 轴、Y 轴传动结构的维护

（1）清扫滑动导轨上的污垢、灰尘等。

（2）将滑动导轨上的旧油擦去。

（3）加入新的润滑油（必须使用厂家配送的专用润滑油）。

注：擦油和上油时一定不能擦到或上到磁栅尺上；对设备进行维护或维修时一定不要将螺丝刀等磁性工具靠近磁栅尺使用。

2）贴片头滚珠丝杠的维护

（1）解除伺服（控制面板上有解除伺服按钮）。

（2）擦去滚珠丝杠上的旧油和污垢。

（3）加入新的润滑油（必须使用厂家配送的专用润滑油）。

（4）在涂抹润滑油后，用手重复移动 Z 轴若干次，使润滑油均匀。

3）吸嘴滑动导轨的维护

（1）将吸嘴从吸嘴库中取出并清洗（浸在酒精中或使用加有酒精的超声波清洗机进行清洗）。

（2）将清洗后的吸嘴吹干。

（3）在吸嘴的滑动导轨上涂抹专用润滑油（润滑油用量要适中，不能过少或过多，过

少会导致吸嘴的滑动部分不能被有效润滑，而过多会导致多余的润滑油进入吸嘴内造成阻塞）。

（4）将吸嘴沿滑动导轨移动若干次，使润滑油均匀，最后将吸嘴放回吸嘴库。

4）其他结构的维护

（1）齿形带、传输皮带应保持清洁，避免有污浊物特别是腐蚀性污浊物及卡件等情况，同时防止齿形带、传输皮带老化腐蚀或压损变形。

（2）ATC 容易受到污染，应定期清扫，若 ATC 上有元器件、脏物或滑动块下有残油，则可能造成吸嘴装卸不顺利等问题，应尽早清除。

5）JUKI KE-2080 贴片机实训注意事项

（1）请采取必要的安全对策进行搬运，防止提起、移动时发生倒置、掉落事故。

（2）运行前的注意事项：为防止人身事故，在接通电源前，请确认连接器与电缆类元器件无损伤、脱落、松弛等。为防止人身事故，请勿将手放入驱动部件。

（3）维修与保养的注意事项：

① 为防止因操作不熟练而引起的事故，修理、调试作业应由熟悉机器操作的技术人员进行指导；更换零部件时，请使用制造厂商的纯正零部件。

② 为防止因操作不熟练而引起的触电事故，有关电气的修理、维修（包括配线），请委托具有电气专业知识的人员。

③ 为防止因启动不规范而引起的事故，请拆下气源管并放出剩余的空气后再启动。

④ 为防止人身事故，在进行修理、调试、零部件更换等作业后，请确认螺钉、螺母等不松弛。

（4）工作环境的相关注意事项：

① 为防止错误操作引起的事故，请勿在受高频焊机等噪声源（电磁波）影响的环境下使用。

② 为防止错误操作引起的事故，请勿在电源电压超过 200 V±20 V 的情况下使用。

③ 为防止错误操作引起的事故，请在 0.5～1.0 MPa 的供气压力下使用。

④ 为安全使用，请在操作时的环境温度为 10～35 ℃，以及操作时在相对湿度为 50%RH 以下（35 ℃）、90%RH 以上（20 ℃）的环境下使用。

⑤ 为防止电气部件破损引起的事故，当将机器从冷处突然移动到暖处时，有时会结露，因此，请在彻底消除水滴后再接通电源。

⑥ 为防止电气部件破损引起的事故，打雷时请停止使用，并拔出电源插头。

2. 实训任务要求

贴片机的其他任何元器件、部件单元的保养均可参照上述 3 个案例进行。不同保养周期需要耗费的时间各不相同，保养卡应包含 5 个条目：保养项目、保养工具、保养方法、检查方法和检查判定基准。任意选择贴片机保养中的 3 个项目完成故障诊断、维修与保养工艺卡的制作。

任务 4.3 焊接设备的应用

4.3.1 认识焊接设备

焊接是使焊料合金与要结合的金属表面之间形成合金层的一种连接技术。它的主要工艺特征是，用焊剂将要焊接的金属表面洗净（去除氧化物等），使之对焊料具有良好的润湿性，然后提供熔融焊料润湿金属表面，在焊料和被焊金属之间形成金属化合物。焊接设备主要分为波峰焊炉和回流焊炉。随着电子工业的发展，传统的波峰焊接工艺正被逐步淘汰，同时回流焊接工艺、选择性波峰焊接工艺，甚至激光焊接技术将取而代之。

1. 回流焊炉的分类与工作原理

1）回流焊炉在 SMT 生产线中的位置

回流焊炉是能够焊接表面贴装元器件的电子制造 SMT 设备之一，其处于电子产品制造环节的最后一道工序，是完成元器件电气连接的关键。回流焊炉直接与电子产品的可靠性相关，如图 4.63 所示。当前，无论是回流焊炉还是波峰焊炉，均是高耗能设备，耗电量较大，从节省能源的角度考虑，有些场合可以考虑两条生产线共用一台回流焊炉，只要能保证回流焊炉的工作效率与两条生产线的效率相匹配即可。

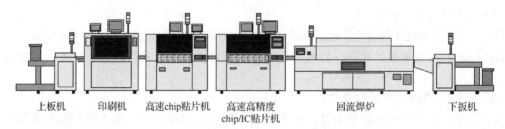

| 上板机 | 印刷机 | 高速chip贴片机 | 高速高精度
chip/IC贴片机 | 回流焊炉 | 下扳机 |

图 4.63 SMT 生产线中的回流焊炉

2）回流焊炉的品牌

回流焊炉的品牌有进口品牌与国产品牌之分，进口品牌有 REHM、BTU、HELLER、VITRONICS SOLTEC（DOVER）、ERSA、SEHO、PANASONIC、ANTOM 等；国产品牌有日东、建时达、皇迪、同志科技、海尔、和西电子、科隆威、未来科技、劲拓、科隆等。ERSA、HELLER 和日东回流焊炉如图 4.64～图 4.66 所示。

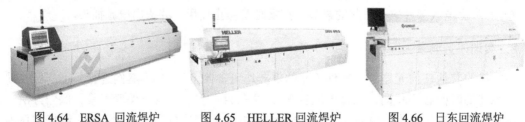

图 4.64 ERSA 回流焊炉   图 4.65 HELLER 回流焊炉   图 4.66 日东回流焊炉

3）回流焊炉的工作原理

回流焊炉的结构主体是一个热源受控的隧道式炉膛（见图 4.67），其沿传输系统的运动方向，设有若干独立控温的温区，各温区通常设定为不同的温度。全热风回流焊炉一般采用上下两层的双加热装置，PCB 随传动机构沿直线匀速地进入炉膛，按顺序通过各温区，完成焊点的焊接。PCB 由入口进入回流焊炉炉膛，到出口传出完成焊接，整个回流焊过程一般需要经过预热、保温干燥、回流焊、冷却 4 个阶段，合理设置各温区的温度，使炉膛内的焊接对象在传输过程中经历的温度按温度曲线规律变化。

图 4.67　热源受控的隧道式炉膛

红外热风回流焊炉的主要工作原理：在设备的隧道式炉膛内，通电的陶瓷发热板（或石英发热管）辐射出远红外线，热风喷射装置使热空气对流均匀，让 PCB 随传动机构沿直线匀速地进入炉膛，并按顺序通过预热、焊接和冷却 3 个温区。在预热区里，PCB 在 100～160 ℃的温度下均匀预热 2～3 min，将焊膏中的低沸点溶剂和抗氧化剂挥发排出；焊膏中的助焊剂浸润焊接对象，使焊膏软化塌落并覆盖焊盘和元器件的焊端或引脚，进而与氧气隔离；PCB 和元器件得到充分预热，以免它们在进入焊接区后因温度突然升高而损坏。在焊接区，温度迅速上升，比焊料合金熔点高 20～50 ℃，漏印在 PCB 焊盘上的膏状焊料在热空气中再次熔融，浸润焊接面，时间为 30～60 s。当焊接对象从炉膛内的冷却区通过时，焊料冷却凝固，全部焊点同时完成焊接。

2．波峰焊炉的分类与工作原理

波峰焊炉是在浸焊机的基础上发展起来的自动焊接设备，两者最主要的区别在于设备的焊料槽。波峰焊是将熔融的液态焊料借助泵的作用，在焊料槽液面形成特定形状的焊料波，所以叫作波峰焊。将插装了元器件的 PCB 置于传送带上，经过某一特定的角度及一定的浸入深度穿过焊料波峰，从而实现焊点焊接。波峰焊主要用于传统通孔插装工艺，以及表面组装与通孔插装的混装工艺。波峰焊有单波峰焊和双波峰焊之分。当单波峰焊用于焊接插装元器件时，由于焊料的遮蔽效应，因此容易出现较严重的质量问题，如漏焊、桥接和焊缝不充实等。双波峰焊则较好地克服了这些问题，因此双波峰焊工艺和设备得到了广泛使用。

1）波峰焊炉的品牌

波峰焊炉的进口品牌和国产品牌有很多，常见的品牌有 ERSA、SPEEDLINE、SOLTEC、SEHO、HELLER、日东、劲拓、科隆威、河西、诺斯达、东野吉田、迈瑞、国邦、华创、泰克等，如图 4.68 所示。

日东　　　　　　　　　ERSA　　　　　　　　　迈瑞

图 4.68　波峰焊炉

2）波峰焊炉的工作原理

PCB 通过传送带进入波峰焊炉，助焊剂涂敷装置利用波峰、发泡或喷射的方法涂敷助焊剂到 PCB 上。预热 PCB，使助焊剂完全浸润 PCB，提升 PCB 的温度使助焊剂活化，同时减小组装件进入波峰时产生的热冲击，蒸发掉所有可能吸收潮气或稀释助焊剂的载体溶剂，再进入锡锅进行波峰焊接，最后冷却。波峰焊炉的工作原理如图 4.69 所示。

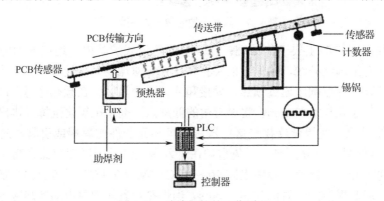

图 4.69　波峰焊炉的工作原理

3）波峰焊与回流焊的区别

（1）待焊接元器件不同：波峰焊适用于手插板和点胶板，而且要求所有元器件要耐热；回流焊适用于贴装元器件，其对温度的敏感度不如波峰焊。

（2）传热方式不同：波峰焊主要流经预热区、焊接区、冷却区，焊接时不仅提供热量，而且提供焊锡，属于半封闭焊接，特点是热锡混合；回流焊流经预热区、回流区、冷却区，焊接时只提供热量，适用于表面贴装元器件的组装，属于封闭式焊接，特点是热锡分离。

（3）工艺不同：波峰焊是通过锡槽将锡条熔成液态，再利用电机搅动形成波峰，使 PCB 的焊盘与部分元器件引脚焊接起来，一般用在手插板和 SMT 的点胶板的焊接；回流焊主要用在 SMT 行业，它通过热风或其他热辐射传导将印刷在 PCB 上的焊膏熔化，并将焊盘与引脚焊接起来。

4.3.2　回流焊炉的应用

1. 回流焊炉的结构组成

目前，市场上主流使用的回流焊炉以全热风加红外加热方式为主，下面以这款回流焊

炉为例叙述回流焊炉的结构。

回流焊炉结构图如图 4.70 所示。回流焊炉的结构主要有空气流动系统、加热系统、PCB 传输系统、冷却系统、氮气保护系统、助焊剂回收系统、废气处理与回收装置、顶盖气压升起装置、抽风系统、传感器控制系统、计算机中央处理系统及外形结构等。

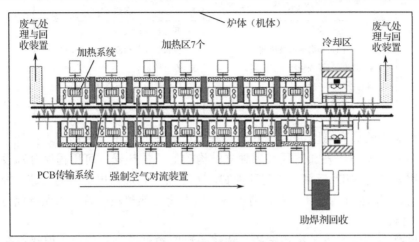

图 4.70 回流焊炉结构图

1）空气流动系统

回流焊炉的品种很多，不同厂家的回流焊炉，其气流设计也不同，有垂直气流、水平气流、大回风、小回风等。无论采用哪一种气流设计，都要气流对流效率高，包括速度、流量、流动性和渗透能力，同时气流应有好的覆盖面，气流过大、过小都不好。

空气或氮气从风机的入口进入炉体，被加热器加热后由顶部强制热风发送器将热空气的热量传递到 PCB 上，降温后的热气流经过通道从出口排出。热风回流焊是热空气按照设计的流动方向不断循环流动而与被加热的 PCB 产生热交换的过程。

2）加热系统

热风回流焊炉至少有 3 个独立控温的加热温区（预热区、焊接区、冷却区），加热温区的多少与预热区长度有直接关系。加热系统结构如图 4.71 所示。

回流焊炉加热系统主要由热风电动机、加热管（或加热板）、控温热电偶、过热保护热电偶、气体分配系统、固态继电器、温度控制装置等组成。回流焊炉炉膛被划分为若干独立控温的温区，每个温区内装有加热管，并采用强制独立循环、独立控制、上下加热方式，使炉膛温度能准确、均匀，并且热容量大、升温迅速；热风电动机带

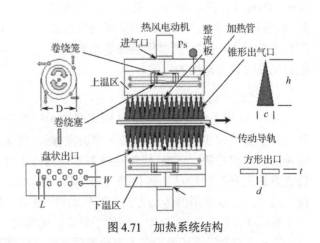

图 4.71 加热系统结构

动风轮转动，形成的热风通过特殊结构的风道，经整流板吹出，使热气均匀分布在温区内。不同发热器的加热效果如表 4.22 所示。

表 4.22 不同发热器的加热效果

发热丝	发热板
1. 变温反应快速	1. 变温反应较慢
2. 较短的准备和温度改变时间	2. 较长的准备和温度改变时间
3. 热容量小，开关较频密影响寿命	3. 寿命较长
4. 容易受噪声干扰	4. 稳定性较好，不受噪声干扰
5. 对较大负荷变化不稳定	5. 能处理较大负荷变化

现代回流焊炉的最高温度可达 350 ℃，基本可以适应无铅工艺的要求；加热方式采用热风强制冲击对流循环，各加热区采用独立结构的上下加热器，可用程序分别设定温度和静压，并采用先进的 PID 运算方法闭环控制，可连续控制加热电动机的转速，控温精度很高（±0.5 ℃）；采用边对边气体循环，避免各温区温度和热气流干扰，以保持优良的区与区之间的温差性能。

控温精度是由设备控温系统决定的。传统的温度控制器是利用热电偶线在温度变化的情况下，将产生变化的电流作为控制信号，以电器元件作为定点的开关控制器。传统的温度控制器的电热元件一般以电热棒、发热圈为主，两者内部都由发热丝制成。一般进行温度控制的电器，其温度控制多为 0～400 ℃，所以在利用传统的温度控制器进行温度控制期间，当被加热元器件温度升高至设定温度时，温度控制器会发出信号并停止加热。新技术是采用 PID 温度控制器，如图 4.72 所示。PID 温度控制器的原理是采用 PID 模糊控制技术，其运用先进的数码技术，通过 Pvar、Ivar、Dvar（比例、积分、微分）3 方面的结合调整，形成一个模糊控制来解决惯性温度误差的问题。PID 模糊控制技术能解决不能自动及时调节温度的问题。

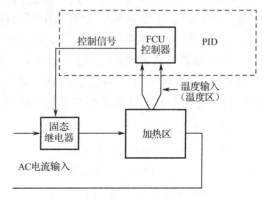

图 4.72 PID 温度控制器

3）PCB 传输系统

PCB 传输系统是将 PCB 从回流焊炉入口按照一定速度输送到回流焊炉出口的传动装置，其主要结构包括导轨、网带（中央支撑）、链条、运输电动机、轨道宽度调节结构、运输速度控制机构等。PCB 传输系统主要包括传送方式、传送方向及调速范围。回流焊炉的传送方式主要有链传动；链传动+网传动；网传动；双导轨运输系统；链传动+中央支撑系统。其中，比较常用的传动方式为链传动+网传动、链传动+中央支撑系统两种。

网传动可任意放置 PCB，适用于单面板的焊接。它克服了 PCB 受热可能引起凹陷的问题，但其在双面板焊接及设备的配线使用方面具有局限性。链传动是将 PCB 放置于不锈钢链条加长销轴上进行传输，可应用于单/双面板的焊接及配线使用，其链条宽度可调节，以适应不同 PCB 宽度的要求。链传动的缺点是，对于宽型或超薄型 PCB，其受热后可能引起凹陷，但可以通过加入 PCB 中心支撑系统来弥补。网传动与链传动的结构如图 4.73 所示。为了保证链条、网带（中央支撑）等传动部件速度一致，PCB 传输系统中装有同步链条，运输电动机通过同步链条来带动链条、网带（中央支撑）传动轴的不同齿轮结构。

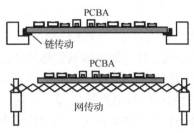

图 4.73　网传动与链传动的结构

4）冷却系统

回流焊炉通常有风冷、水冷两种方式，其冷却效率与设备的配置有关。冷却速度与时间不能随便确定，必须根据温度曲线及冷却装置选择合适的冷却速率，一般的电子产品选择风冷就可以了，无铅氮气保护焊接设备可以选择水冷。

5）氮气保护系统

在回流焊炉中，一般选择氮气保护，PCB 在预热区、焊接区及冷却区进行全制程氮气保护，可杜绝焊点及铜箔在高温下的氧化，增强融化钎料的润湿能力，减少内部空洞，提高焊点质量。目前，很多电子产品均采用免清洗工艺，这种工艺所用的焊膏必须采用供氮系统，否则必然导致出现大量氧化物。目前，先进的回流焊设备都具有空气/氮气两种工作方式，在氮气工作方式下，设备含氧量及耗氮量是两个重要指标。其中，含氧量指标应小于 100 mg/L。对于只有一两条生产线的企业，可以选择液氮；对于规模比较大的企业，可以选择氮气发生器。

6）助焊剂回收系统

在助焊剂回收系统中，一般设有蒸发器，通过蒸发器可将废气（助焊剂挥发物）加温到 450 ℃以上，使助焊剂挥发物气化；然后冷水机把水冷却后循环经过蒸发器，助焊剂通过上层风机抽出，再通过蒸发器冷却形成液体流到回收罐中。废气处理的目的主要有以下 3 点。

（1）环保要求，不能让废气直接排放到空气中。

（2）废气在炉中的凝固沉淀会影响热风流动，从而降低对流效率，因此需要回收。

（3）如果选择氮气炉，那么为了节省氮气，要循环使用氮气，所以必须配置助焊剂回收系统。

7）抽风系统

强制抽风可保证助焊剂排放良好。特殊的废气过滤系统、抽风系统可保证工作环境的空气清洁，减少废气对排风管道的污染。

2．回流焊炉的分类

回流焊的核心环节是将预敷的焊料熔融、回流、浸润。回流焊可通过不同的方法对焊料进行加热，按照热量的传导，主要有辐射和对流两种方式；按照加热区域，可分为对PCB整体加热和局部加热两大类：整体加热的方法主要有红外线加热法、气相加热法、热风加热法、热板加热法等；局部加热的方法主要有激光回流焊、聚焦红外回流焊、光束回流焊、热气流回流焊等。

1）热板回流焊炉

热板回流焊炉的发热器件为加热板，放置在传送带下，传送带由导热良好的材料制成，如图4.74所示。热板回流焊炉的工作原理是热传导，即热能从物体的高温区向低温区传递。由加热板产生的热量以传导的方式透过薄薄的聚四氟乙烯传送带传到基板上的元器件与焊料上，实现加热焊接。这种回流焊炉早期用在厚膜电路的焊接上（基板为导热性能良好的陶瓷板），随后也用在单面PCB的初级SMT产品的焊接上。热板回流焊炉的优点是结构简单、操作方便；缺点是热效率低、温度不均匀、PCB稍厚就无法适应，因此很快被其他设备取代。

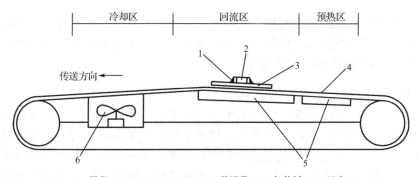

1—焊膏；2—SMD；3—PCB；4—传送带；5—加热板；6—风扇
图4.74 热板回流焊炉

2）红外回流焊炉

红外回流焊炉是20世纪80年代比较流行的回流焊焊接方式。此类回流焊炉多为传送带式，但传送带仅起支托、传送基板的作用，其加热方式主要通过红外线热源以辐射的方式进行加热，炉膛内的温度比热传导的方式均匀，网孔较大，适用于对双面组装的基板进行回流焊接加热。红外回流焊炉可以说是回流焊炉的基本型，在我国使用较多，价格也比较便宜。红外回流焊炉的设计原理是，热能中通常有80%的能量是以电磁波-红外线的形式向外发射的。红外回流焊炉通常设有4个温区，每个温区均有上下加热器，且每块加热器都是优良的红外线辐射体，能发射出波长为1～8 μm的红外线。而被焊的对象，如PCB基材、焊膏中的有机助焊剂和元器件的塑料本体，则具有吸收波长为1～8 μm红外线的能力，因此这些物质在受到加热器的热辐射后，其分子产生激烈零动，焊膏迅速升温到熔化温度之上，焊膏的活化剂清除掉焊区的氧化物，促使焊料迅速润湿焊区，从而完成焊接过程。

红外回流焊炉的优点是热效率高、温度变化梯度大、温度曲线容易控制，在双面焊接PCB时，PCB的上下温度差别明显；缺点是同一块PCB上的元器件受热不够均匀，特别是当元器件的颜色和体积不同时，受热温度会不同，因此为使深颜色的、体积大的元器件同时完成焊接，必须提高焊接温度。

3）气相回流焊炉

气相回流焊又称为气相焊（Vapor Phase Soldering，VPS），也称为凝热焊接（Condensation Soldering）。气相回流焊技术是美国西屋公司于 1974 年首创的焊接方法，其在美国的 SMT 焊接中占有很高比例，最初将其用于厚膜集成电路（IC）的焊接。气相潜热释放对 SMA 的物理结构和几何形状不敏感，可使组件均匀加热到焊接温度并保持一定，同时无须采用温控手段来满足不同温度的焊接需要。但是气相回流焊中的气相是饱和蒸汽，其含氧量低、热转化率高、溶剂成本高且是典型臭氧层损耗物质，因此应用上受到极大的限制。

气相回流焊炉的工作原理：加热碳氟化物（早期用 FC-70 氟氯烷系溶剂），熔点约为 215 ℃，使其沸腾产生饱和蒸汽，在炉子上方有冷凝管，在炉膛内把介质液体的饱和蒸汽转变成相同温度（沸点温度）下的液体，释放出潜热，再使膏状焊料熔融浸润，从而使 PCB 上的所有焊点同时完成焊接。这种焊接方法的介质液体要有较高的沸点（高于铅锡焊料的熔点）及良好的热稳定性，且不自燃。气相回流焊炉的优点是焊接温度均匀、精度高、不会氧化；缺点是介质液体及设备的价格高，工作时产生少量有毒的全氟异丁烯（PFIB）气体。气相回流焊炉的工作原理示意图如图 4.75 所示。

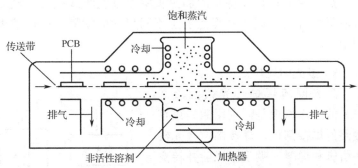

图 4.75　气相回流焊炉的工作原理示意图

4）热风回流焊炉

热风回流焊炉通过热风的层流运动传递热能，并利用加热器与风扇使炉内空气不断升温并循环，焊件在炉内受到炽热气体的加热，从而实现焊接。热风回流焊炉的工作原理示意图如图 4.76 所示。热风回流焊炉具有加热均匀、温度稳定的特点，但由于 PCB 上下温差及沿炉长方向的温度梯度不容易控制，因此一般不单独使用。20 世纪 90 年代，随着 SMT 应用的不断扩大与元器件的进一步小型化，设备开发制造商纷纷改进加热器的分布、空气的循环流向并增加温区至 8 个或 10 个，使之能进一步精确控制炉膛各部位的温度分布，以便温度曲线的理想调节。目前，全热风强制对流的回流焊炉已不断改进与完善，并成为 SMT 焊接的主流设备。

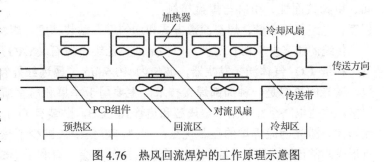

图 4.76　热风回流焊炉的工作原理示意图

5）红外热风回流焊炉

20 世纪 90 年代中期，在日本，回流焊有向红外线+热风加热方式转移的趋势，其是按 30%红外线、70%热风作热载体进行加热的。红外热风回流焊炉有效地结合了红外回流焊炉和强制对流热风回流焊炉的优点，是目前较为理想的回流焊设备。由于红外线在高低不同的零部件中会产生遮光及色差的不良效应，因此可吹入热风以调和色差及辅助其死角处的不足，所吹热风中以热氮气最为理想。对流传热的快慢取决于风速，但过大的风速会造成元器件移位并助长焊点的氧化，因此风速应控制在 1.0～1.8 m/s 为宜。热风的产生有两种形式：轴向风扇产生（易形成层流，其运动会造成各温区分界不清）和切向风扇产生（风扇安装在加热器外侧，产生的面板涡流使各温区可精确控制）。

6）热丝回流焊炉

热丝回流焊是利用加热金属或陶瓷直接接触焊件的焊接技术，通常用在柔性基板与钢性基板的电缆连接中。这种加热方法一般不采用焊膏，主要采用镀锡或各向异性导电胶，并需要特制的焊嘴。

7）热气回流焊炉

热气回流焊指在特制的加热头中通过空气或氮气，然后利用热气流进行焊接。这种方法需要针对不同尺寸焊点加工不同尺寸的喷嘴，因此速度比较慢，目前用于返修或研制中。

8）激光回流焊炉

激光回流焊炉（光束回流焊炉）的工作原理是，利用激光束直接照射焊接部位，焊接部位（元器件引脚和焊料）吸收激光能并转变成热能，温度急剧上升到焊接温度，使焊料熔化；当激光照射停止后，焊接部位迅速由空气冷却，焊料凝固，形成牢固可靠的连接，如图 4.77 所示。影响激光回流焊焊接质量的主要因素有激光器输出功率、光斑形状和大小、激光照射时间、引脚共面性、引脚与焊盘接触

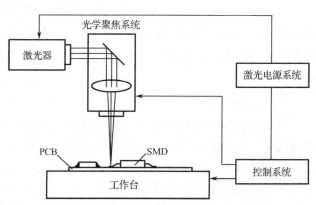

图 4.77　激光回流焊的原理

程度、电路基板质量、焊料涂敷方式和均匀度、贴装精度、焊料种类等。

传统的激光发生器有两种，一种是固体乙铝石榴石（YAG）激光器，波长为 1.06 μm；另一种是 CO_2 气体激光发生器，波长为 10.6 μm，属远红外领域，它们都适用于激光回流焊。激光回流焊是一种局部焊接技术，主要用于军事和航空航天电子设备中的电路组件的焊接。这些电路组件采用了金属芯和热管式 PCB，贴装有 QFP 和 PLCC 等多引脚表面组装元器件。激光回流焊炉的显著优点：加热高度集中，减少了热敏元器件损伤的可能性；焊点形成非常迅速，降低了金属间化合物形成的机会，有利于形成高韧性、低脆性的焊点；与整体回流焊相比，减少了焊点的应力；采用局部加热，对 PCB、元器件本身及周边的元器件影响小；在多点同时焊接时，可使 PCB 固定而激光束移动进行焊接，易于实现自动化。激光回流焊炉的缺点：初始投资大，维护成本高，而且焊点的生成速度较低。激光回流焊是一种新发展的回流焊技术，它可以作为其他焊接方法的补充，但不能取代其他焊接方法。

9）感应回流焊炉

感应回流焊炉的加热头中采用变压器，其利用电感涡流原理对焊件进行焊接。这种焊接方法没有机械接触，加热速度快，但缺点是对位置敏感，温度控制不易，有过热的危险，并且静电敏感元器件不宜使用。

回流焊炉的温区长度一般为 45～50 cm，温区数量可以有 3、4、5、6、7、8、9、10、12、15，甚至更多。从焊接的角度讲，回流焊炉至少有 3 个温区，即预热区、焊接区和冷却区，很多回流焊炉在计算温区时通常将冷却区除外，即只计算预热区和焊接区。

3. 回流焊炉的技术参数

回流焊炉的技术参数通常包括加热方式、可焊 PCB 的适用范围、传送形式、温度特性、控制系统和外形结构等，同时设备的可靠性及辅助功能的配置也是不可忽略的因素。回流焊炉的技术参数对比表如表 4.23 所示。

表 4.23　回流焊炉的技术参数对比表

回流焊炉型号	SOLTEC XPM820N	HELLER 1800EXL	ANTOM SOLSYS-460IRL（TP）
PCB 尺寸（宽度）	Max：460 mm，自动调节	Max：508 mm，自动调节	Max：460 mm，手动调节
温区	8 个温区	8 个温区	7 个温区
加热方式	全热风	全热风	红外线+热风
控温精度	±1℃	±1℃	±2℃
加热时间	35 min	25 min	15～20 min
操作方式	键盘、鼠标操作	键盘操作	触摸屏操作
温度曲线	可自测	可自测，有模拟显示	不可自测
加热区长度	259 mm	242 mm	197 mm
温度曲线转换时间	10 min	10 min	10 min
操作系统	Windows 98	Windows 2000	DOS 操作系统
报警功能	有	有	有
风速调节	可调	可调	不可调
温度范围	25～350 ℃	25～450 ℃	25～350 ℃
最大元件高度	38 mm	45 mm	25 mm
传输方式	左→右或右→左，网带或链条传输	左→右或右→左，网带或链条传输	左→右或右→左，链条传输
电源	三相 AC380 V，64 kVA	三相 AC380 V，42 kVA	三相 AC380 V，27 kVA

1）加热系统参数

加热系统参数主要有温区参数、温度特性参数、功耗参数等。

（1）温区参数：回流焊炉应具有至少 3 个独立控温的温区，温区越多，工艺参数的调节越灵活。温区的多少与预热区长度有关，预热区长度是根据所焊 PCB 的规格、设备负载因子的大小、生产效率的高低及产品工艺性的要求等确定的，一般中小批量生产选择 4～5 个温区，即预热区长度为 1.8 m 左右即能满足要求。

（2）温度特性参数：温度特性是回流焊炉热设计优劣的综合反映，其包含 4 个重要指标，即控温精度、温度不均匀性、温度曲线的重复性和最高加热温度。

① 控温精度：直接反映回流焊炉温度场的稳定性，该指标范围大多为±(1～2)℃，需要有灵敏的温度传感器。

② 温度不均匀性：又称为传输带横向温差，是表征回流焊炉性能优劣的重要指标，指炉腔内任意与 PCB 传送方向垂直的截面上的工作部位处的温度差异，一般用回流焊炉可焊最大宽度的裸 PCB 进行测试，以三个测试点焊接峰值温度的最大差值来表示。该指标反映了 PCB 上的真实温度，可直接影响产品的焊接质量，当前的先进指标小于±2 ℃。

③ 温度曲线的重复性：直接影响 PCB 焊接质量的一致性，应引起高度的重视。一般来说，该指标应不大于 2 ℃，即多次在不同检测时间段测量同一点的温度差。温度曲线内置测试功能。

④ 最高加热温度：一般为 300～350 ℃，如果考虑无铅焊料或金属基板，那么应选择 350℃以上，同时上下加热器应具有独立控温系统。

（3）功耗参数：用户在选购设备时常常忽略设备功率的大小。实际上，功率大小不仅影响用户的配电负荷，而且对设备的升温速率和产品负载变化的快速响应能力都有极大的影响。不同制造厂家对设备最大产品负载因子的定值不同，一般为 0.5～0.9。一般来说，设备的升温时间不超过 30 min，但同类机型的功率也有较大差异，因此选购时应注意。

2）PCB 传输系统参数

PCB 传输系统参数主要有可焊接 PCB 规格、传送速度、传送带平稳度。

（1）可焊接 PCB 规格：回流焊炉可焊接的 PCB 的尺寸范围。目前，绝大部分回流焊炉的最大可焊接 PCB 宽度已达到 600 mm，且不同规格的设备已成系列化，因此选择余地较大。

（2）传送速度：PCB 传输系统主要包括传送方式、传送方向及调速范围，调速范围一般为 0.1～1.2 m/min，采用无级调速方式，以及采用链传动或网传动，或者两者兼用，力求 PCB 传送平稳。

（3）传送带平稳度：要求传送带传输 PCB 时没有任何抖动，匀速前进。

3）外形结构参数与其他特性参数

对于回流焊炉的外形，主要考虑外形尺寸、厂房的设计、颜色的匹配与协调、造型等，一般用回流焊炉的长、宽、高，以及前后安装间隙等参数表示。

此外，回流焊炉还包括许多其他特性参数，这些参数虽然不是每个回流焊炉都有，但是现在很多高档回流焊炉均有相关功能，具体如下。

（1）氮气焊接环境能力：纯度、耗氮量、测量功能。

（2）排风量和允许变化的范围。

（3）助焊剂残留物的清除方法（简单、低成本）及回收利用率。

（4）内部风速控制。

（5）内置温度探测和监控。

（6）停电处理。

（7）超温警报、保护功能。

（8）冷却效率：根据产品的复杂程度和可靠性要求来确定，复杂和高可靠性要求的产品应选择高冷却效率的方法，如采用水冷。

4. 回流焊炉的选型和验收

1）回流焊炉的选型

回流焊炉的选型主要考虑的关键因素有价格、加热方式、可焊 PCB 的适用范围、PCB 传输系统（传送方式、传送方向及调速范围）、回流焊炉的温度特性、温度控制系统，以及功率的配置、外形结构、供氮系统及耗氮量、售后服务、设备可靠性、市场口碑、控制系统及辅助功能的配置等。

控制系统是回流焊炉的中枢，因此选用件的质量、操作方式和操作的灵活性，以及具有的功能都直接影响到设备的使用。当前回流焊炉几乎全部采用了计算机或 PLC 控制方式，利用计算机的软硬件资源，极大地丰富和完善了回流焊炉的功能。控制系统必须具备的功能如下。

（1）可以对所有可控温区的温度进行控制。

（2）能够对传送部分的速度进行检测与控制，以实现无级调速。

（3）能够实现 PCB 在线温度测试，并可进行存储、调用、打印。

（4）可以实时置入和修改设定参数，并可进行存储、打印。

（5）可以实时修改 PID 参数等内部控制参数。

（6）能够显示设备的工作状态，具有方便的人机对话功能。

（7）具有自诊断系统和声光报警系统。

辅助功能包括设备的维护功能及扩展功能。为避免回流焊炉因维护而停工，现在大多数回流焊炉具有完备的维护功能，且都配置了故障诊断系统、加热箱体的提升系统和停电后的应急系统，同时在传输系统中还配置了自动润滑机构。设备的扩展功能反映了设备的适应性及灵活性。为进一步提高生产效率，一些设备的生产厂家已经开始在传输系统中使用双路输送机构，同时为满足远程控制的要求，还增加了远程通信的功能。针对这些配置，在充分考虑自身产品未来发展的情况下，应有针对性地进行选购。

此外，回流焊炉生产厂家的质量保证体系是否健全、服务质量的好坏、地理位置的远近、保修期限的长短、商家信誉度及技术支撑等也是选购回流焊炉时考虑的关键因素。

2）回流焊炉的验收

当前，红外热风回流焊炉用得很多，其验收内容如下。

（1）根据选用焊膏的特性设置各温区的温度并测试温度曲线；一般使用温度记录仪在 PCB 对角线测试 3 个点，然后与理想的温度曲线进行比较，再调到理想的曲线；温度应保持稳定，误差小。

（2）对双面组装 SMD 进行回流焊试验。采用这种方法可检查设备的焊接性能及传送带的震动情况。

（3）气体排放系统的检查。

（4）所有的红外热风回流焊炉均设有排气孔，用于排放焊膏在回流焊时挥发出来的有害气体。排气设备应有排气范围指标，当排风量不够或气体超出范围时会报警。

（5）冷却系统的检查：回流焊炉输出端一般装有一组电风扇来提供冷却功能。有些系统会在回流焊炉的最高温度区的位置装设一台冷却器，以达到较快冷却的目的，但为防止SMD 组件组装时受到较大温度冲击，一般要求下降温度的变化必须小于 5 ℃/s，因此一般设备的冷却风扇可进行高、中、低三挡速度的调节。

（6）对具有惰性气体保护的回流焊炉的检查：回流焊炉用氮气进行保护，防止焊料氧化，以减少 PCB 上的残留物。使用氮气的优点如下。

① 湿润率提高 40%。

② PCB 基材不容易变色。

③ 高焊料性能，焊点光亮，基本上避免了焊接区的再氧化。

④ 由于焊料粉末直径下降，因此在焊接设备中使用氮气来防止细焊料再氧化。

5. 回流焊炉故障分析、保养与维护

回流焊炉的保养与维护分为初级维护和高级维护，初级维护主要指清扫、注油、耗材更换等项目；高级维护主要指设备故障分析、排查及维护。高级维护涉及回流焊炉的硬件故障与软件故障的分析与处理，其要求从业人员具有分析、汇总、提炼及创新的能力。

1）回流焊炉故障分析

回流焊炉的典型故障一般有温区温度失控、设备无法启动、PCB 不能导入、传输系统工作不正常、上炉体无法升起、电子系统故障等。这些故障大多是由硬件引起的，当然，也有部分故障是由软件引起的，如系统电源中断、温度低于报警值、重复报警、系统处于停机状态等。

2）评估焊接设备的要素

评估焊接设备的 5 点要素：特性参数、品质（由 3 次试机结果决定）、价格、投入市场的时间（一般要求被评估设备已投入市场半年以上，请注意，许多供货商推销的机型投入市场没有超过半年）、服务（要求最好能在报故障 2 小时内维修人员到场维修）。

3）回流焊炉的保养与维护

在生产过程中，回流焊炉对整个产品的质量影响非常大，对温度曲线工艺过程稳定控制的最终结果将使成品及半成品的加工质量出现显著变化。从全局控制因素分析，过程参数的设置、加工制成的影响、优化结果的实施最终将通过设备状态的稳定性及精度控制情况进行体现，准确、高效的维护操作可以有效地解决设备缺陷，同时以微量的资金投入，获取最大的效益产出，切实、有效地提高生产质量和效率，缩短生产停工时间。

保养的目的主要有 3 点：延长机器使用寿命；保障 SMT 生产线稳定生产，提高产量；保证产品质量。

常用的保养工具与耗材如下。

（1）清洁工具：吸尘器、无尘纸或碎布、毛刷、铁刷等。

（2）清洁耗材：清洁剂（CP-02）、炉膛清洗剂、D-TEK 高温链条油、除锈剂（WD-40）、煤油、酒精等。

（3）使用工具：英制内六角扳手、活动扳手、铲刀、十字螺丝刀、一字螺丝刀、铁皮箱、风速测量仪、万用表、游标卡尺等。

不同保养周期，保养内容也不同。回流焊炉的常规保养项目如表 4.24 所示。

（1）日保养：用无尘纸或碎布蘸取少量清洁剂擦拭回流焊炉表面的灰尘及赃物；检查自动加油器中高温链条油的存量。注意：勿将手伸入炉膛内。

（2）周保养：首先调用冷却程序，再调节炉膛升降开关，打至开始按钮的位置将炉膛升起，待炉温降至室温（20～30 ℃）后方可进行保养。用吸尘器将炉膛内的助焊剂等污物吸附掉；用碎布或无尘纸蘸取炉膛清洁剂，将吸尘器无法吸掉的助焊剂等污物擦拭干净；用布或擦拭纸对炉口进口处进行擦拭。

（3）月/季保养：

月/季保养对回流焊炉非常重要，通常短则一个月一次，称为月保养，长则一个季度一次，称为季保养。回流焊炉月/季保养项目如表 4.25 所示。

表 4.24　回流焊炉的常规保养项目

保养层别			保养项目
年	月/季	周	更换含氧分析仪过滤器
			清洁机器外观
			清洁炉膛内部
		日	清洁冷却区冷却器和金属网过滤器
			清洁入、出抽风口及过滤器
			清理助焊剂残余瓶
			清洁冷却区风扇
			检查冰水机水量
			检查传送带加油装置油量是否足够
			清洁气旋分离器内部
			清洁气旋分离器的过滤器
			清洁冷却区出风孔
			清洁含氧分析仪风扇过滤棉
			清洁炉膛内阻风帘
			检查传送带加油滚轮
			清洁传送带感应器
			检查及清洁气旋分离器的管路
			检查炉膛气密橡皮
			清洁氮气阻风门
			清洁冰水机过滤器和风扇
			清洁控制电器箱

表 4.25　回流焊炉月/季保养项目

保养项目	保养方法	判定标准	工具或材料	参考文件
搬送链条	1. 检查搬送链条 2. 更换搬送链条	搬送链条有油感 搬送链条无破损	放大镜、铲刀 扳手、螺丝刀	
搬送链条护板	1. 检查搬送链条护板 2. 更换搬送链条护板	搬送链条护板无破损	放大镜、铲刀 扳手、螺丝刀	
搬送网	1. 检查搬送网 2. 更换搬送网	搬送网无磨损	扳手、螺丝刀	
传送或宽度调整滚珠丝杠	1. 检查滚珠丝杠上是否缺乏油脂 2. 用无尘纸擦去滚珠丝杠上的油脂 3. 用手将油脂涂满滚珠丝杠的表面和导槽 4. 油量：1 mL	1. 滚珠丝杠表面和导槽中有洁净油脂、无异物 2. 油脂涂抹均匀 3. 运转时无异声	无尘纸、油脂	
传送或宽度调整柱状导轨	1. 检查柱状导轨上是否缺乏油脂 2. 用无尘纸擦去柱状导轨上的油脂 3. 用手将油脂涂满柱状导轨的表面 4. 油量：1 mL	1. 柱状导轨表面有洁净油脂、无异物 2. 油脂涂抹均匀 3. 运转时无异声	无尘纸、油脂	

续表

保养项目	保养方法	判定标准	工具或材料	参考文件
传送或宽度调整支撑	1. 检查支撑上是否缺乏油脂或油脂是否洁净 2. 用无尘纸擦去支撑上的旧油脂 3. 用手将油脂涂抹在支撑的表面 4. 油量：1 mL	1. 支撑表面有洁净油脂、无异物 2. 油脂涂抹均匀 3. 运转时无异声	酒精、无尘纸	
自动注油系统油瓶	1. 检查油量 2. 添加高温润滑油	油瓶内的油量不得少于三分之一	高温油	
自动注油系统钢刷	用蘸有酒精的牙刷清洁钢刷	钢刷内无异物	酒精、牙刷	
加热板	1. 检查加热板 2. 更换加热板	加热板能正常加热	测温器	
热电偶	1. 检查热电偶 2. 更换热电偶	热电偶能正常测量温度	扳手、螺丝刀	
强制对流风扇	1. 检查风扇 2. 更换风扇	1. 风扇正常运转 2. 远转时无异声	扳手、螺丝刀	

月/季保养主要工作如下。

首先，观察炉膛出风口是否覆有助焊剂等污物，若有，则用铁铲将其铲尽，再用炉膛清洁剂清除；观察炉膛顶面是否覆有助焊剂等污物，若有，则用铁铲将其铲尽，再用炉膛清洁剂清除；观察轨道固定边与轨道可动边的前后钢铁板是否覆有助焊剂等污物，若有，则可用铁铲将其铲尽。

其次，检查上端送风机热风电动机及上盖散热风扇是否有污垢、异物，若有，则将其拆下并用 CP-02 清洁后再用 WD-40 除锈；检查下端送风机热风电动机是有否污垢、异物，若有，则可将其拆下用 CP-02 清洁后再用 WD-40 除锈；检查抽风扇是否有污垢、异物，以及排风管是否破损，注意以酒精清洁排风管管壁；检查链条是否有变形、与齿轮是否吻合，以及在链条与链条之间的孔是否被异物堵塞；检查前中后轨道的平行度，看其是否有变形（可用 PCB 在轨道上的运行间隔是否出入过大来判断）。

最后，检查前后抽风罩是否有污垢、异物，以及炉膛排风管是否破损，可依照排风指示用风速测量仪在抽风罩口测量风量是否足够；检查 UPS 工作状况是否良好并清洁，同时用万用表测量其输入输出端电压。

（4）年保养：在月/季保养的基础上对回流焊炉内外部进行更进一步的维护。年保养细则如表 4.26 所示。

表 4.26　年保养细则

维护内容	作业标准	方法及工具
轨道平行度	1. 以固定边轨道为基准，任意取 2～3 个区的机台机座边缘与它比较，皆需平行一致（允许范围为±1 mm） 2. 进口处、中间传动组合、出板处为量测要点，进口处与出板处放置 PCB 后，间隙距离范围为 1～1.2 mm	以游标卡尺量测距离
轨道移动装置	滚动滑轮正常来回滑动	手动调整轨道宽度至极限，并来回行走，观察是否因阻力而影响轨道宽度

续表

维护内容	作业标准	方法及工具
轨道固定与移动边前后钢铁板	1. 检查是否偏移 2. 检查轨道固定螺丝是否松动	用水平仪检测平行度 用内六角扳手检查螺丝松紧
轨道传动电动机各齿轮链条	齿轮、链条正常转动轴心固定内六角螺丝须上紧,表面干净,并进行松紧度检查	用碎布或无尘纸蘸上酒精擦拭干净齿轮表面,再以润滑油润滑表面
轨道调宽传动杆	轴杆需正常传动,不可有过脏、偏移、弯曲或变形等现象发生;轴杆"C"形环、轴套须在正常位置,且不可有沟槽间隙产生	用碎布或无尘纸蘸上溶剂或酒精擦拭干净齿轮表面,再以润滑油润滑表面 各项检查倘若必要,应予以更新备品

检查传送链条与钢铁板之间的距离,应不超过 51 mm,如果链条有油脂或异物堵塞,那么可将其拆下并置于一铁盒中,用煤油燃烧使之蒸发。

4.3.3 波峰焊炉的应用

1. 波峰焊炉的结构组成

波峰焊炉一般具有传输及链条夹抓清洁系统、助焊剂涂敷系统、加热系统、冷却系统及光电控制系统等五大系统。此外,污浊空气排放系统、焊料的控温系统及充氮系统也是高端波峰焊炉的备选项。在波峰焊炉链条传输过程中,一旦 PCB 进入导轨,导轨的传感器将识别到 PCB,助焊剂供给系统立即开始工作,并对 PCB 底部喷涂助焊剂。在 PCB 进入焊料波峰之前,波峰焊炉的加热系统先对 PCB 进行预加热,之后 PCB 进入焊料波峰进行焊接。焊接完成后,冷却系统会对 PCB 进行冷却处理。波峰焊炉的内部结构实物图如图 4.78 所示。

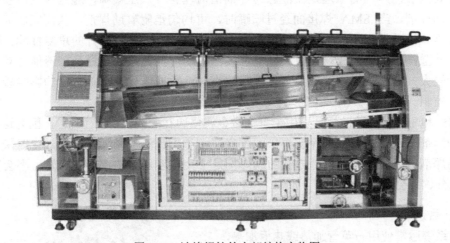

图 4.78 波峰焊炉的内部结构实物图

波峰焊炉的具体结构包括以下实物结构件:助焊剂槽、发泡箱、水箱、过滤部件、压力装置、喷嘴、摆动部件、传动导轨、传感器、清洗装置、加热板、机架等。

波峰焊炉的导轨角度是可调节的。当 PCB 进入焊料波峰进行焊接时,传送导轨必须要有一定的角度,否则 PCB 在进入焊料波峰时,焊料会冲到 PCB 的顶部,使元器件之间的引脚发生桥接现象,从而影响产品的焊接质量。在使用波峰焊炉前,首先要对焊料进行加热，等焊料完全熔化后，焊料搅拌器才可以启动，否则会使搅拌器电机轻则受到损伤，重则烧毁。

1）助焊剂涂敷系统

目前，常见的助焊剂涂敷方法有发泡式、波峰式、喷雾式，如图 4.79 所示。

发泡式涂敷助焊剂的原理是在液态助焊剂槽内埋有一根管状多孔陶瓷，并且在陶瓷管内接有低压压缩空

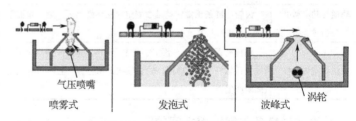

图 4.79　助焊剂涂敷方法示意图

气，迫使助焊剂流出陶瓷管并产生均匀的微小泡沫，当 SMA 焊接面经过喷嘴时，可均匀地附着助焊剂，从而完成助焊剂的涂敷。多余的助焊剂沿着喷嘴口流回助焊剂槽中，余下的气泡则逐渐消失。发泡式涂敷助焊剂的优点：发泡高度容易调整；工艺框限较大；涂敷不易过量且可以处理通孔。发泡式涂敷助焊剂的缺点：需经常添补助焊剂；助焊剂发泡能力变化大；需较长的时间进行预热；SMD 和板间间隙内的助焊剂难以挥发，容易造成焊接时喷锡。

波峰式涂敷助焊剂的原理是在液态助焊剂槽内埋有一涡轮，通过该涡轮形成一定形状的助焊剂波，当 SMA 焊接面经过时，可均匀地附着助焊剂，从而完成助焊剂的涂敷。波峰式涂敷助焊剂的优点：适用于所有助焊剂；可以处理通孔；可以处理较长的引脚；处理高密度板的能力较强。波峰式涂敷助焊剂的缺点：涂敷量过多；需经常添补助焊剂；波峰高度调整较难；容易发生助焊剂渗透元器件的底部或内部的现象。

喷雾式涂敷助焊剂的原理是在液态助焊剂槽内埋有一气压喷嘴，通过该气压喷嘴向上喷涂雾状助焊剂，当 SMA 焊接面经过喷嘴时，可均匀地附着助焊剂，从而完成助焊剂的涂敷。喷雾式涂敷助焊剂的优点：适用于绝大部分助焊剂；具有良好的重复性能；喷雾量的可控制性强；可以处理较长的引脚。喷雾式涂敷助焊剂的缺点：通孔渗透能力较差；助焊剂用量较大；设备须经常清理；工艺框限较小；涂敷厚度受助焊剂密度的影响较大，因此须严格控制。

发泡式和喷雾式涂敷助焊剂适用于有细微金属化通孔的 PCB（双面板），因为这两种方法能使助焊剂渗透到孔内，以保证焊接的可靠性。对于免清洗和无铅焊接，一般采用喷雾式涂敷助焊剂的方法，因为这种方法的助焊剂是密闭在容器内的，不会挥发、不会吸收空气中的水分、不会被污染。

2）加热系统

加热系统通常使用石英管加热或热板加热，加热方式主要有热风对流加热、红外加热器加热、辐射加热等，如图 4.80 所示。

3）波峰焊发生器

波峰焊发生器是液态焊料产生和形成波峰的部件，它是关系到波峰焊设备性能的核心部件。

图 4.80　加热系统

波峰焊发生器有两类：机械泵和电磁泵。机械泵又分为离心泵式、螺旋泵式和齿轮泵式；电磁泵又分为直流传导式、单相交流传导式、单相交流感应式和三相交流感应式。如图 4.81 所示。

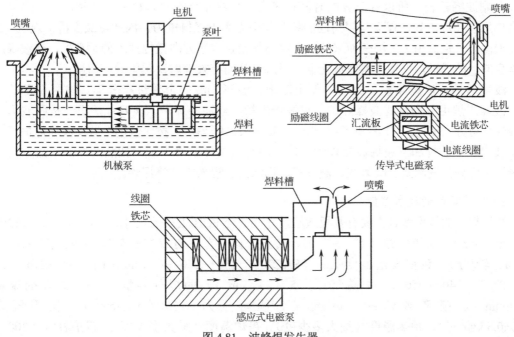

图 4.81　波峰焊发生器

4）PCB 传输系统

PCB 传输系统主要有链条式、皮带式、弹性指爪式等，包括夹具框架及框架循环回收的闭合传送链条、升降小车、移载机构等。

对 PCB 传输系统的主要技术要求：传动平稳，无震动和抖动现象；噪声低；机械特性好，热稳定性好，长期使用不变形；传送速度在一定范围内连续可调，速度波动量小；传送角度在 3°～7° 范围内可调；PCB 夹爪稳定性好，在高温下不与助焊剂起反应，不溶蚀、不沾锡、弹性好、夹持力稳定；装卸 PCB 方便，轨道宽度调节容易。

5）其他

波峰焊炉的冷却系统主要分为风冷却和循环水冷却两种。波峰焊产生的废气需要进行环保处理后定时抽出。高档波峰焊炉会配备热风刀。所谓热风刀，是在 SMA 刚离开波峰后，在 SMA 下方放置一个窄长的带开口的腔体，窄长的开口能吹出气流，犹如刀状。热风刀的高温高压气流吹向 SMA 上尚处于熔融状态的焊点，过热的风可以吹掉多余的焊锡，也可以填补金属化孔内焊锡的不足，使有桥接的焊点得到修复，同时使焊点的熔化时间延长，故原来那些带有气孔的焊点也可以得到修复，焊接缺陷大大降低。

2. 波峰焊炉的分类与技术参数

1）波峰焊炉的分类

波峰的形状对焊接质量有很大的影响。波峰的形状是由喷嘴和挡板的外形设计决定的。常见的波峰形状有 λ 波、"T"形波、Ω 波等。λ 波是由一个平坦的主波峰加一个弯曲的副波峰组成的，由于喷嘴前面形成了较大的相对速度为零的区域，因此当第二个波峰结束时，就能将多余的焊料掉回焊料槽了。"T"形波是将 λ 波的主波峰缩短、副波峰引伸而成的，其副波峰较长，所以有充分的时间将多余的焊料完全拖回焊料槽，同时，由于焊料的重力作用，在焊点处，焊盘与焊料间的相互作用力大于焊料重力，因此可减少桥接现象。Ω 波（振荡波）也是由 λ 波演变而来的，在喷嘴处设置水平方向微幅振动的垂直板，使波峰产生垂直向上的扰动，促使焊料润湿元器件引脚，从而有效地解决阴影效应问题。

波峰焊炉可以按照设备大小、使用范围、波形、波的个数进行分类。按照设备的大小，波峰焊炉可分为台式波峰焊炉、单波峰焊炉、双波峰焊炉、波峰焊炉组。按照波形，波峰焊炉可分为 Ω 波、O 波和"T"形波、宽平波波峰焊炉。按照波的个数，波峰焊炉可分为单波峰、双波峰和三波峰波峰焊炉，常用的是双波峰波峰焊炉。按照助焊剂涂敷方式，波峰焊炉可分为发泡式、喷雾式、波峰式、刷涂式、浸入式波峰焊炉。

2）波峰焊炉的技术参数

波峰焊炉的技术参数主要有基板适应尺寸（适合 PCB 大小的尺寸）、入板高度、传输速度（mm/min）、轨道仰角（4°～7°）、传送方向（左→右或右→左）、热风电动机速度（rpm：转/分）、锡锅设定温度范围（SAC305：250～260 ℃；Sn0.7Cu：260～270 ℃；Sn63Pb37：240～250 ℃）、总气压（5～7 kg/cm^2）、助焊剂容量（L）、助焊剂流量（ml/min）、喷雾排风量（m^3/min）、喷雾压力（7.0±0.5 kg/cm^2）、松香压力（3.0±0.5 kg/cm^2）、预热温度（最大多少度）、锡炉温度（最大多少度）、锡炉容量（300～500 kg）、湍流波设定值、湍流波接触宽度、平波设定值、平波接触宽度、吃锡时间、波峰高度（12 mm）、机体尺寸 [L（mm）×W（mm）×H（mm）]、机体净重（kg）、供电电源（三相 AC380 V 50 Hz）、总功率（kW）、运行功率（kW）等。某一型号波峰焊炉的技术参数如表 4.27 所示。

表 4.27　某一型号波峰焊炉的技术参数

名称	标准配置
预热器	L=1.2 m，加长预热器，预热功率为 6 kW
	高端 PLC 温度模组：稳定性、可靠性高
	热电偶检测系统
喷雾系统	无杆汽缸传动，运行稳定、耐用
	特质喷头，可调节雾化状态及喷涂面积
	PCB 喷涂智能系统：自动检测 PCB 长度及宽度，可节约大量助焊剂
	气压要求：大于 4 kg/cm^2
	面板式喷雾调节系统：简单、快捷
传输系统	变频电动机传动
	自动洗爪装置
	特制钛合金材料爪（永不变形、不沾锡）
	专用导轨，受热永不变形
	导轨调节角度：3°～7°

续表

名称	标准配置
锡炉部分	无铅锡炉，锡槽容量为 380 kg；功率为 12 kW
	外置加热系统，便于炉内清理
	特殊结构喷嘴，可调节焊点大小，降低氧化量
	专用材料铸造叶轮：均匀稳定
	锡槽采用钛合金制造，不漏锡
入板机构	自动入板，与自动导轨连接，进出平滑
冷却系统	强制风冷
主要参数	总尺寸：3300 mm×1200 mm×1600 mm（$L×W×H$）
	启动功率为 22 kW；正常功率为 11 kW
	生产率：2800 块/8 h（300 mm PCB）
	净重：1200 kg
	基板宽度：最大为 300 mm
控制系统	采用进口元器件控制（三菱触摸屏+PLC 控制）

3）双波峰焊炉

双波峰焊炉是最常用的一种波峰焊炉，它的波形组合设计有 3 种类型，如图 4.82 所示。这 3 种类型的波形组合设计的主要区别是，第一个波峰分别采用了窄幅对称湍流波、穿孔摆动湍流波和穿孔固定湍流波，而第二个波峰是相同的。另外，在第 3 种类型的波形组合设计中，第 2 个波峰后面加入了热风刀，以进一步消除桥接和焊料拉尖。当使用这 3 种类型的双波峰焊接系统焊接贴装有片式元器件和 SOP 的各种 SMA 时，都可获得较为满意的效果，但是在焊接表面组装 IC、特别是四边引线封装型 IC 时，焊接效果不是很好。

喷射式波峰焊接波形如图 4.83 所示。这种焊接系统的波形设计既不是双波峰，又不是湍流波峰，而是一种高速单向流动的熔融焊料喷射波。由于这种波的流速快，因此在熔融焊料下面形成中空区，所以其又称为喷射式空心波。这种波的

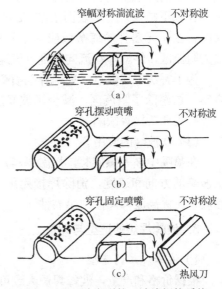

图 4.82　3 种类型的双波峰焊接系统

焊料流速快、上冲力大，对焊缝和孔的渗透性好，并具有较大的前倾力，因此不仅对焊接表面有较强的擦洗作用，而且能消除桥接和拉尖；焊接的最小间距可达 0.2 mm，而且由于波峰中空，因此不易造成热容量过度积累而损坏表面组装元器件，同时有利于焊剂气囊的排放。但是，这种波的波峰焊接效率低，而且对通孔插装元器件的焊接适应性差，因此应用范围受到限制，仅适用于片式元器件和 SOP 的各种 SMA 的焊接，而对其他有引线的表面组装元器件的焊接效果不佳。双波峰焊接系统尽管有多种类型，但仍难以满足 SMA 对焊接技术的要求。

目前，常用波形的应用如下。

（1）Ω 波峰的应用。

在双波峰焊接系统中，SMA 要两次经过熔融焊接波峰，由于热冲击大，因此 PCB 易产生变形。为了解决该问题，研究设计了一种 Ω 波峰，它属双向宽平波形，其只在喷嘴出口处设置了水平方向微幅振动的垂直板，以产生垂直向上的扰动，从而获得双波峰的效果，如图 4.84 所示。

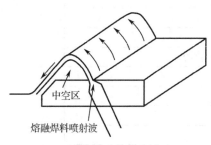

图 4.83　喷射式波峰焊接波形

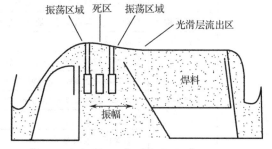

图 4.84　Ω 波峰焊接系统

（2）45° 斜置喷嘴的应用。

传统的焊剂喷嘴和熔融焊料喷嘴与 PCB 传送方向呈 90° 安装，这种安装方式在 SMT 中存在以下缺点：对于表面组装 IC，由于元器件的遮蔽效应，在阴影区焊剂不易涂敷；焊接时，由于元器件的遮蔽效应，在阴影区焊料波峰不与焊接部位接触，造成漏焊；中空区成为阻流区，熔融焊料流向混乱且流速有变化，易产生桥接。

为了解决上述缺点，采用焊剂喷嘴和熔融焊料喷嘴与 PCB 传送方向呈 45° 安装的设计方案，这消除了阻流区，减少了波峰的干扰，而且增强了焊料剥离和回流的效果，从而消除了拉尖和桥接等缺陷。

（3）O 波峰的应用。

在喷嘴中嵌入螺旋桨，熔融焊料从喷嘴喷出旋转式运动的波峰，即 O 波峰。它可以控制波峰的方向和速度，消除焊接死角，并使焊剂气体易于排放，从而改善较大元器件的焊接质量，提高波峰焊接的可靠性。

3. 波峰焊炉的选型与评估

1）波峰焊炉的选型

根据价格和产量，波峰焊炉大致可以分为三大类。

中等产量的波峰焊炉一般只适用于研究开发或制作样机的场合，该类焊炉的传送带输出速度约为 0.8～1 m/min，并采用发泡式或喷雾式助焊剂涂敷设备。尽管该类焊炉没有对流式预热装置，但是大多数供应商会提供兼有单波和双波性能的设备。

高产量的波峰焊炉的预热区长度为 1.25～1.85 m，生产速度为 1.2～1.5 m/min，除拥有双波峰焊炉的标准配置之外，其还拥有更多先进的配置，如惰性气体环境等。

超高产量的波峰焊炉每天运行 24 小时且只需要很少的人工干预，一般采用 1.85～2.5 m 的预热区长度，而且可以得到非常高的产量。它还包括很多先进的特性，如统计过程控制和远距离监测装置，以及在同一机器内既有喷雾式、发泡式助焊剂涂敷系统，又有波峰式助焊剂涂敷系统。

2）波峰焊炉的评估

波峰焊炉的评估要素：喷雾系统、预热系统、锡槽系统。

（1）喷雾系统：主要有两种方式，即压缩空气、用压力泵。

① 压缩空气的优点：价格便宜；故障后维修方便；如果加上流量控制器，那么可以满足目前所有客户的需求。压缩空气的缺点：流量不如压力泵稳定；当高压空气系统中的干燥机故障或其过滤器及设备本身过滤器同时故障时，系统中可能会有水，但可以要求相关部门在系统中加自动排水阀以解决此问题，接管道时通道开口向上。

② 用压力泵的优点：流量稳定，无水油之忧。用压力泵的缺点：价格较贵，由于是新推出的设备，因此在保养维护上存在的问题还不得而知，特别是其工作对象是助焊剂这种黏性混合物，还不知道设计缺陷会导致什么问题，故认为用普通压缩空气喷雾即可。喷雾移动动力主要有步进电机和无杆缸两种，步进电机速度快，调整方便，运行稳定精确；无杆缸由传感器控制，很容易冲过行程，若用停止按钮切换会很辛苦，故更多地选择步进电机。

（2）预热系统：有 3 种方式，即微风对流（穿孔平板）、发热管、高温玻璃。

① 微风对流：优点是发热均匀、热穿透能力强、对零部件的冲击性小，当有 SMT 制程零部件时建议选用；着火概率小；缺点是设计不好、耗电多，故要求预热区是密闭的。

② 发热管：优点是传统的加热方式、价格低；缺点是热效率差、加热不均匀且着火概率较其他机型大。

③ 高温玻璃：优点是热效率高，升温速度快；缺点是加热不均匀，高温玻璃易碎。

为了保证锡槽与预热区之间的温度下降小于 5 ℃，很多厂商通过在两者中间加上高温加热部件的方法来解决温度下降问题。

（3）锡槽：无铅制程锡槽的材质由钛合金代替不锈钢，以提高抗腐蚀性，但由于目前无铅订单量相对较少，因此锡槽必须方便更换。在设计锡槽时，要使锡渣能自动朝一个方向汇集，以便收集锡渣。

4. 波峰焊炉故障分析、保养与维护

1）波峰焊炉故障分析

（1）锡炉温度超温：调节 PID 参数，检查实际加热温度是否比设定温度高；检查固态继电器是否被击穿；检查热电偶是否开路或已接地。

（2）锡炉温度升不上温：检查保险管是否被烧断；检查固态继电器是否烧坏；检查发热管是否烧坏（锡炉发热管的更换方法是把锡炉两端的封板卸掉，再把发热管的高温线及另一端发热管的固定挡板卸掉，最后把发热管敲打出来更换即可）；调整 PID 参数，把比例 P 调大，积分 I 调小。

（3）不能传动或运转不顺畅：当不能传动时，检查是否有卡住的地方，如检查变频器是否有电压输出、变频器参数设置是否正确；当运转不顺畅时，检查传动部件是否有高温润滑脂。

（4）喷雾不能左右移动或不能喷雾：检查喷雾脉冲参数设定是否正确（加速脉冲数为 300，减速脉冲数为 200；匀速脉冲数为 70~100）；检查左右限位接近感应开关是否能感应到，如果感应不到，请调节到能感应到的位置；检查滑动导轨是否卡住，如果卡住，请给滑动导轨加润滑油；检查步进电动机的电源线是否接触良好；不喷雾时检查是否有气压；

检查喷头是否堵塞，如果堵塞，请清洗喷头；检查测速感应器是否能测速，在正常情况下，传动运转时，光电响应是闪动测速的。

（5）波峰焊导轨掉板：检查导轨是否调得过宽、入板口进板是否顺畅；检查入口、中间、出口宽度是否一致，如果不一致，请将不一致处调到一致；检查钛爪是否变形，如果变形，请更换钛爪。

（6）波峰不起波：检查锡炉温度是否达到设定温度、波峰开关是否开启；检查起波距离设置是否正确；检查变频器是否有电压输出；检查波峰电动机轴是否卡死，可用手转动电动机轴，如果转不动，请调节叶轮轴到能顺畅转动为止；用万用表检测波峰电动机是否烧坏；检查控制波峰变频器的两个继电器是否损坏。

2）波峰焊炉的保养与维护

波峰焊炉的保养与维护方法分为日保养、周保养、月或季保养。

（1）日保养的具体措施如下。

① 检查空压压力是否充足及压力表的显示值与标准规定值是否一致，若不一致，则应通过调节旋钮进行调整，直至压力值与标准规定值一致。

② 捞除锡槽中的锡渣（2 小时一次）：清除浮游锡渣，清理大小波峰槽、滤网等区域的锡渣。

③ 清洁助焊剂喷嘴头（4 小时一次）：放入酒精或稀释剂中，然后用软刷清洗。

④ 清理锡槽底部的锡渣：锡槽降至最低再移出，分别将大、小锡槽及两个滤网内的锡渣清除至锡渣盒。

⑤ 清洁感应器：采用洁净的布蘸取酒精、稀释剂或清洁剂擦拭。

⑥ 清洁窗口玻璃及内部照明灯：采用洁净的布蘸取玻璃清洁剂擦拭。

（2）周保养的具体措施如下。

① 清洁散热风扇滤网，即拆下外盖取出滤网用吹尘枪清洁；通过锡波电动机的油嘴注入高温油，使用配套加油枪加至轴承处有废油溢出为宜，再用布擦去废油，取出三段加热器检查并清洁。

② 检查发热管是否损坏，并用工具对热风箱进行除尘及其他清理工作（注意选择适当的工具及清洁方法，以免损坏零部件），如清洁抽风管。

③ 用酒精或稀释剂清洁不锈钢部分的松香残留物，软管部分采用稀释剂和布或软刷清洁，注意用力适当以免损坏软管。

④ 清洁洗爪器：取下护盖，拆下洗爪器浸泡于稀释剂中，并清洁内部及清除残留锡渣。

⑤ 锡槽升降螺杆加油：先用布条蘸取溶剂进行擦拭及除锈，然后再加专用油，注意在冷却前不可用酒精或稀释剂进行擦拭。

（3）月或季保养的具体措施如下。

① 检查锡波电动机皮带的张力：以正常指力压下 1 cm 或旋转 90°为宜，如有异常应予以更换。

② 清洁助焊剂喷雾系统的汽缸：当停止喷气时，将喷头恢复至左边位置，清洁电动机运行轨道、各快速接头、喷雾槽等。

③ 清理小锡波：取出小波峰及主波峰槽，并清理内部锡渣。

④ 波峰槽螺丝加油：拆出相关螺丝，并加入专用高温油。

（4）保养注意事项如下。

① 保养前需佩戴配套的劳保用品（如护目镜、口罩、袖套，以及高温手套、耐酸碱手套或高温手套等）。

② 在保养锡槽部分时，小心被烫伤。

③ 保养时应注意使用专用工具、润滑油及溶剂。

④ 保养时应注意按照相关规定操作，防止造成机械损坏及人员伤害。

⑤ 保养工作完成后，须将保养作业完成情况记录于"锡炉保养登记表"。

焊接设备实训主要有 4 个，涉及的焊接设备品牌有劲拓（JT）、ERSA、日立及科隆。通过学习焊接设备的 4 个实训，主要完成以下 3 项任务。

（1）掌握焊接设备的结构组成，认识焊接设备的各结构件，并对这些结构件进行测绘，同时描述各结构件的连接与运动关系。

（2）掌握焊接设备的实际操作过程及印刷程序的编制和各参数的设置，绘制焊接设备的操作过程图，并制作焊接设备操作流程卡。

（3）掌握焊接设备的保养规则，理解焊接设备的四级保养机制和保养内容，对焊接设备进行实际保养，并制作焊接设备保养说明与保养卡。

实训 13　认识焊接设备专用部件的结构

1. 焊接设备结构件拆分

首先对劲拓、ERSA、日立及科隆 4 种回流焊焊接设备与科隆波峰焊焊接设备进行结构比较，认识这 4 种焊接设备的结构组成及其不同，并理解它们的工作原理。焊接设备可拆分为以下 6 部分。

（1）回流焊炉及波峰焊炉机架。

（2）PCB 传送导轨及运动原理。

（3）回流焊炉温区分布，冷却区结构设置；加热器及热风运动原理。

（4）棘爪式传送导轨结构及工作原理。

（5）助焊剂涂敷系统与预热系统的结构及工作原理。

（6）锡槽的结构及工作机理。

由于在第 3 章我们已经对焊接设备通用部件进行了拆分、测绘与设计，因此在本实训中，我们重点完成焊接设备专用部件的拆分、测绘与设计。焊接设备专用部件应用设计任务表如图表 4.28 所示。

表 4.28　焊接设备专用部件应用设计任务表

任务	实训任务	完成目标	绘图设计	内容描述	总评
1	回流焊炉温区分布，冷却区结构设置	结构件测绘；工作过程描述；与其他部件的连接关系；分析优缺点并提出改进方案			
2	回流焊炉加热器及热风运动原理				
3	棘爪式传送导轨结构及工作机理				
4	助焊剂涂敷系统与预热系统的结构及工作机理				
5	焊锡槽的结构及工作机理				

3. 实训工具及要求

（1）常用工具或耗材：领取一盒工具，主要包括扳手、剥线钳、钢丝钳、拉马、螺丝刀、万用表、切管器、斜口钳、电烙铁、吸锡器、焊锡丝、接料器等。

（2）绘图工具：A3 绘图板、丁字尺、绘图纸、实验报告纸，以及自备必要的铅笔、圆规、直尺、三角板等。

（3）量具：领取一盒量具，主要包括水平仪、激光器、皮尺、游标卡尺、量块、塞尺、外径千分尺、直尺、万能角度尺等。

4. 实训任务要求

按照 5 个同学一组的方式进行分组，1 个同学是小组负责人、1 个同学是主讲人、1 个同学负责收集提问、1 个同学负责主要答辩工作，以及 1 个同学是记录员，主要工作如下。

（1）认识所有专用部件结构，对专用部件进行测绘。

（2）提出改进办法，分析优缺点，撰写改进方案。

（3）资料检索与归纳，整理数据，追踪最新应用，撰写调查报告。

（4）制作答辩 PPT，进行小组间答辩汇报，小组间进行自评和互评。

实训 14 劲拓回流焊炉的操作过程

使用劲拓回流焊炉焊接产品的操作步骤根据操作对象的不同而不同，如图 4.85 所示。

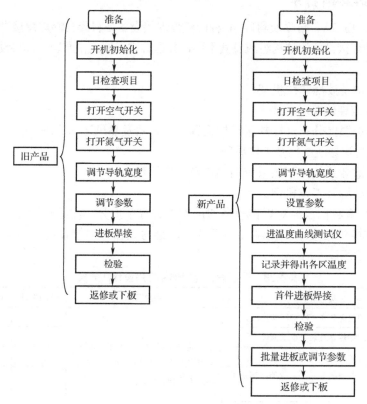

图 4.85 新旧产品回流焊操作过程

1. 安全操作规则

（1）由指定合格人员操作回流焊炉，其他人员不得擅自操作。

（2）本设备仅用于 SMT 中表面组装组件的固化及回流焊接，不得进行其他任何操作。

（3）在操作或维护保养本设备时，必须有 2 个人或 2 个人以上一同操作，一个人负责控制，另一个人负责观察系统操作。

（4）操作中应注意高压电源部件、机械转动部件、高温部件，防止人身损伤及设备事故。

2. 劲拓回流焊炉的常规操作

1）开机前的准备

（1）检查各转动轴轴承座的润滑情况。

（2）检查传输链条转动是否正常，保证其无挤压、受卡现象，以及链条与各链轮啮合良好。

（3）清理干净炉腔，不得将工件以外的物品放入设备内。

（4）每次使用设备前，进行点检，并按点检卡要求做好记录。

2）开机

（1）将电源总开关（CONTROL）旋至"ON"挡，按住 UPS 电源开关 1 s 以上，设备进入运行状态，并进入控制系统主窗口。

（2）检查工作主窗口中设定的温度、速度是否与所需 PCB 工作状态相符，如果不相符，单击"文件"按钮，在弹出的下拉菜单中，单击"打开"选项，弹出"打开"对话框，单击滚动条，选择已保存的所需加热参数文件。最后单击"取消"按钮，退回主窗口。

（3）再次检查工作主窗口中设定的温度、速度是否与所需 PCB 工作状态相符。

（4）单击"面板"按钮，弹出"操作面板"对话框，"手动/定时"开关打向"手动"；"开机/关机"开关打向"开机"；"加热开/加热关"开关打向"加热开"。此时，"风机"开关和"输送"开关会自动打开。设备开始运转，三色灯塔黄灯亮。观察设备运转情况、加热升温情况，直至温度达到设定值，三色灯塔绿灯亮。

3）生产

开始工作时，应戴防静电手套，将 PCB 平稳地放在传输链网上，进入设备加温固化，出口接板时也应戴防静电手套，将 PCB 放平，冷却后将 PCB 放在周转箱中，并用纸板隔开。工作中应随时注意 PCB 的焊接状态、固化状态、温度显示状态、链条传输状态，一旦发现卡阻等紧急状态，应迅速按下紧急制动按钮，然后停机断电，进行故障处理。

4）关机

（1）工作完毕，在设备控制面板上，关闭"加热"开关，待传输链网、风机空转 10 min 以上达到冷却后，再关闭"风机""输送""开机/关机"按钮。

（2）单击主窗口"文件"按钮，在弹出的下拉菜单中单击"退出"选项，系统弹出"立即关机"和"退出系统"选项，单击"立即关机"选项，直接进入安全关机状态。

（3）单击"退出系统"选项，炉子加热系统关闭，设备传输链网空转 20 min 后自动关闭；单击"OK"按钮，自动进入"您现在可以安全地关机了"界面进行关机操作。

（4）依次关闭显示器、UPS（OFF）、总电源开关（OFF）、总闸刀。

5）参数设定

（1）在主窗口上单击"参数设置"，在弹出的下拉菜单中单击"工作参数设置"，弹出"工作参数设置"对话框；按要求设定"温度设定""上限值""下限值""速度设定"。

（2）单击"确定"按钮，显示"请确认数据是否正确"，单击"是"，返回主窗口。

（3）核对主窗口显示的温度、速度设定值是否为输入值。

（4）保存。在"文件"栏下单击"保存"按钮，弹出"另存为"对话框；鼠标指针拖动滚动条，选择要存放文件的位置及文件类型。

6）温度、速度的设定要求

（1）五个温区回流焊膏的焊接温度、速度设定如表 4.29 所示。

表 4.29 回流焊膏的焊接温度、速度设定

设定类别	第一温区	第二温区	第三温区	第四温区	第五温区
上限值/℃	180	200	200	250	280
设定值/℃	170	180	180	240	270
下限值/℃	160	170	170	230	260
上限值/℃	180	200	200	250	280
实际值/℃	165	178	182	242	265
下限值/℃	160	170	170	230	260
速度	66 cm/min				

（2）五个温区回流贴片胶的焊接温度、速度设定如表 4.30 所示。

表 4.30 回流贴片胶的焊接温度、速度设定

设定类别	第一温区	第二温区	第三温区	第四温区	第五温区
上限值/℃	160	160	180	200	200
设定值/℃	150	160	170	180	180
下限值/℃	120	140	150	150	160
上限值/℃	160	160	180	200	200
实际值/℃	150	160	170	180	180
下限值/℃	120	140	150	150	160
速度	66 cm/min				

3. 实训任务要求

按照 5 个同学一组的方式进行分组，1 个同学是小组负责人、1 个同学是主讲人、1 个同学负责收集提问、1 个同学负责主要答辩工作，以及 1 个同学是记录员，主要工作如下。

（1）查找劲拓回流焊炉工艺参数的条目与范围，完成劲拓回流焊炉的编程和温度曲线设定。

（2）实际操作劲拓回流焊炉，并撰写操作心得。

（3）绘制劲拓回流焊炉的操作流程图。

（4）制作答辩 PPT，进行小组间答辩汇报，小组间进行自评和互评。

实训 15　ERSA 波峰焊炉的操作过程

1. 焊接前的准备

1）材料准备

准备的材料包括待焊 PCB（已贴装、插装好）、焊锡块及助焊剂。波峰焊炉在加热前，先用比重计测量助焊剂比重，若比重较大，则用稀释剂稀释。

2）开机前的检查

（1）检查 ERSA 波峰焊炉配用的通风设备是否良好；检查锡槽波峰焊炉的定时开关是否良好。

（2）检查锡槽温度指示器是否正常，具体方法：上下调节锡槽温度指示器，然后用温度计测量锡槽液面下 10～15 mm 处的温度，判断温度是否随其变化。

（3）检查预热器系统是否正常，具体方法：打开预热器开关，检查其是否升温且温度是否正常。

（4）检查切脚刀的工作情况，具体方法：根据 PCB 的厚度与所留元器件引线的长度调整刀片的高低，然后将刀片架拧紧且保持平稳，开机后目测刀片的旋转情况，最后检查保险装置是否失灵。

（5）检查助焊剂容器内压缩空气的供给是否正常，具体方法：首先倒入助焊剂，调好进气阀，开机后助焊剂发泡，使用试样 PCB 将泡沫调到 PCB 板厚的 1/2 处，再控紧调压阀，直到正式操作时不再动此阀，只开进气开关即可；待以上程序全部正常后，方可将所需的各种工艺参数预置到设备的有关位置上。

3）操作规则

（1）选派 1～2 名经过培训的专职工作人员操作管理 ERSA 波峰焊炉，并进行一般性的维修保养。

（2）开机前，操作人员应佩戴粗纱手套并拿棉纱将设备擦干净，同时向注油孔内注入适量润滑油。

（3）操作人员应佩戴橡胶防腐手套清除锡槽及焊剂槽周围的废物和污物。

（4）操作间内的设备周围不得存放汽油、酒精、棉纱等易燃物品；设备运行时，操作人员应佩戴防毒口罩，同时佩戴耐热、耐燃手套进行操作；在进行插装工作时，操作人员要穿戴工作帽、工作鞋及工作服。

（5）非工作人员不得随便进入波峰焊操作间；工作场所不允许吸烟、吃食物。

2. ERSA 波峰焊炉的常规操作

波峰焊炉的操作过程如图 4.86 所示。

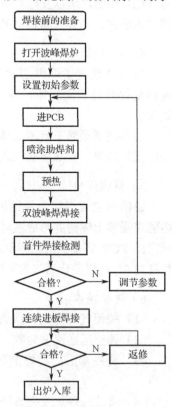

图 4.86　波峰焊炉的操作过程

1）打开波峰焊炉

打开波峰焊炉的具体操作步骤：接通电源；接通锡槽加热器；打开发泡喷涂器的进气开关；当焊料温度达到规定数值时，检查锡槽液面，若液面太低，则要及时添加焊料；开启波峰焊气泵开关，用装有 PCB 的专用夹具调整压锡深度；清除锡面残余氧化物，在锡面干净后添加防氧化剂；检查助焊剂，如果液面过低，那么应加适量助焊剂，同时检查调整助焊剂密度符合要求；检查助焊剂发泡层是否良好；打开预热器温度开关，调到所需温度位置；调节传送导轨的角度，打开传送机开关并调节其速度到需要的数值；打开冷却风扇；将焊接夹具装入导轨；将 PCB 装入夹具，PCB 四周贴紧夹具槽，且力度要适中，然后把夹具放到传送导轨的始端；在焊接运行前，由专人将倾斜的元器件扶正，并验证扶正的元器件正误；高大元器件一定要在焊前采取加固措施，并将其固定在 PCB 上。

2）设置波峰焊的参数

（1）发泡风量和助焊剂喷涂压力：6 bar。

（2）预热温度：130～150 ℃。

（3）传送带速度和角度：0.8～1.92 m/min，3°～7°；

（4）锡锅温度：245±5 ℃。

3）喷涂助焊剂到 PCB

由于助焊剂必须均匀地涂敷在 PCB 焊接面上，因此助焊剂必须形成又细又密的泡沫物与 PCB 接触，所以发泡管及喷嘴不得堵塞，且气压要足够。为达到良好的效果，助焊剂必须比重适宜，固体含量低（3%左右）且无水分，否则将影响焊接。

4）预热板预热

快速加热蘸了助焊剂的 PCB，使水分蒸发并减少其在上锡时的温差，并避免零部件因热量提升过快而损坏，同时防止 PCB 突然受热变形，其次是使松香能发挥最佳的助焊效果。

助焊剂必须烤干且不失效，同时 PCB 干燥，其焊锡面温度在焊接前为 80～120 ℃，为保证预热效果，预热板必须表面光洁，以保持其热传导性。

5）锡槽焊接

锡槽是完成焊接最关键的部分，其通过涡轮转动在密室内形成一股强劲的动力，来将熔融焊锡喷上锡槽并形成波峰状。前部波峰瀑布状的锡波通过快速移动来刷掉因遮蔽效应而滞留在 PCB 焊锡面的助焊剂，从而让熔融焊锡能够完全可靠地润湿 PCB 焊点；仰冲的最佳角度为 5°，以便让后部的平稳锡波进一步修整已被润湿但形状不规则的焊点，使之完美。

6）焊后操作

（1）关闭气源开关、预热器开关、切脚机开关、清洗机开关。

（2）调整运送速度为零，关闭传送开关、总电源开关。

（3）将冷却后的助焊剂取出，经过滤达到指标后仍可继续使用；将容器及喷涂口擦洗干净。

（4）将波峰焊炉及夹具清洗干净。

7）焊接过程中的管理

操作人员必须坚守岗位，以便随时检查设备的运转情况；操作人员要检查焊板的质量情况，如果焊点出现异常、虚焊点超过 2%等，那么应立即停机检查，并制定返工方案；及时准确地做好设备运转的原始记录及焊点质量的具体数据记录；焊完的 PCB 要分别插入专用运输箱内，相互不得碰压，更不允许堆放（如果有静电敏感元器件，那么一定要使用防静电运输箱）。

3. 实训任务要求

按照 5 个同学一组的方式进行分组，1 个同学是小组负责人、1 个同学是主讲人、1 个同学负责收集提问、1 个同学负责主要答辩工作，以及 1 个同学是记录员，主要工作如下。

（1）查找 ERSA 波峰焊炉工艺参数的条目与范围，完成 ERSA 波峰焊炉的编程和温度曲线设定。

（2）实际操作 ERSA 波峰焊炉，撰写操作心得。

（3）绘制 ERSA 波峰焊炉的操作流程图。

（4）制作答辩PPT，进行小组间答辩汇报，小组间进行自评和互评。

实训 16　焊接设备保养及保养卡制作

不同的保养周期需要耗费的时间各不相同。保养卡包含 5 个条目：保养项目、保养工具、保养方法、检查方法和检查判定基准。

1. 焊接设备保养与维护

1）日常保养举例

（1）保养项目：清洁炉膛内部。

（2）保养工具：清洁剂、擦拭纸或布、铲刀。

（3）保养方法：关闭回流焊炉并降温至 70 ℃以下，打开炉膛并将炉膛内部残留的助焊剂用蘸有清洁剂的擦拭纸或布擦拭干净，若有助焊剂已经硬化，则可用铲刀将其铲下再进行擦拭。

保养时的注意事项：为避免炉膛清理不当造成燃烧或爆炸，严禁使用高挥发性溶剂清理炉膛内外的助焊剂（专用非挥发性炉膛清洁剂除外），如果无法避免使用高挥发性溶剂，那么请于清理完毕后，检视炉膛内有无其他异物，若无，则隔 15 min 再启动工作程序。

2）回流焊炉的维护

（1）由于传送导链要传送 PCB 于整个焊接过程的始终，因此其容易被炉内的助焊剂气体或水汽等物质影响，从而产生锈蚀，所以应按时对传送导链进行清除污垢及上油等保养措施，并且使用的润滑油应是专用的、耐高温的高温润滑剂。

（2）操作人员不可以在设备工作时调节导轨宽度，因为炉内各温区温度不同，所以对传送导链造成的热膨胀也不同，此时调节导轨宽度极易导致导轨变形，造成宽度不均。

（3）炉内风扇要定期清洗，以免造成短路或烧坏风扇。

3）波峰焊炉的维护

（1）助焊剂涂敷装置：调整装置使其操作灵活，检查接头完好、无漏气。涂敷装置的发泡形式有发泡效果 80%均匀，形成的气泡为 0.5～1.5 mm 大小（目测）。滚筒喷溅式：滚筒转动均匀且平稳无噪声，网壁无堵塞、无集中破损，气喷口无堵塞。喷雾式：喷口无堵塞，移动扫描运转正常；附带的助焊剂液面显示清晰，无堵塞。

（2）加热器：无损伤，温度调节控制器工作正常。

（3）锡槽：温度调整符合设备说明书；焊锡波峰高度调节灵敏且保持稳定；泵体运转平稳，且无噪声。

（4）传送导轨：调节自如且保持平行；调节宽度符合设备说明书；传输导链平稳正常，其速度调节符合设备说明书，并且精度控制为±0.1 m/min。

（5）电器装置齐全，管线排列有序，性能灵敏可靠；仪器、仪表外观完好，指示准确，读数醒目，且在合格使用期限内；面板操作及显示正常，操作手柄及按钮灵活可靠，计算机控制系统工作正常；设备内外定期保养，外观无黄袍、油垢。

2. 实训任务要求

两种焊接设备的专用部件和通用部件的保养均可参照上述案例进行，保养方法要求做到图文并茂，直观形象。不同保养周期需要耗费的时间不同。保养卡包含 5 个条目：保养项目、保养工具、保养方法、检查方法和检查判定基准。任意选择劲拓回流焊炉和 ERSA 波峰焊炉保养中的 3 个项目完成故障诊断、维修与保养工艺卡的制作。

内容回顾

本章重点介绍了电子制造 SMT 所属的 3 种主体设备：涂敷设备、贴装设备和焊接设备。在涂敷设备部分，主要叙述了表面涂敷技术中使用的印刷机和点胶机，介绍了它们的分类、品牌、涂敷方法、工作原理、基本结构组成、常规功能、技术参数等。从印刷设备性能、产量与效率等角度介绍了印刷设备的选配原则与方法；重点叙述了印刷机的操作过程、焊膏的印刷过程、印刷机的故障分析与维修、印刷机的保养与维护等。此外，还介绍了点胶机的基本结构、工作原理、技术参数、保养与维护。在贴装设备部分，主要叙述了贴片机的品牌、分类和发展、贴片过程、基本结构组成、技术参数、采购技术参数及贴片机过程能力指数的计算过程；详细叙述了贴片机选型和验收中应注意的问题，以及如何选择贴片机、贴片机设备验收及试样板验收方法；重点叙述了贴片机的操作过程、故障分析与维修及提高贴装效率的办法。在焊接设备部分，主要介绍了电子产品焊接技术中常用的回流焊炉和波峰焊炉，分别从分类、品牌、结构组成、技术参数、设备选型与验收、操作步骤及故障分析、保养和维护等角度进行了叙述。希望通过本章，可以对电子制造 SMT 主体设备的学习有所帮助。

习题 4

1. 印刷机的品牌有哪些？这些品牌设备有何特点？
2. 焊膏涂敷的方法有哪些？
3. 简述焊膏印刷的受力分析及印刷机涂敷原理。

4．简述印刷机的结构组成。

5．印刷机 PCB 有哪些定位方式？

6．印刷机光学对中的方式有哪些？请简述其过程。

7．印刷机常用刮刀有哪些？印刷头装置有哪些？简述印刷机安装刮刀的要求。

8．钢网清洗的方式有哪些？8 种组合清洗方式是什么？

9．印刷机的主要技术参数有哪些？如何进行印刷机的选配？

10．简述印刷机的操作过程和焊膏的印刷过程。

11．如何对印刷机进行保养与维护？日保养、周保养及月/季保养的方法分别是什么？

12．什么是点胶机？有哪些品牌？其结构与工作原理是什么？

13．点胶机的主要技术参数有哪些？

14．贴片机的品牌有哪些？

15．简述贴片机的工作原理。

16．贴片机的编程方法有哪些？如何进行在线编程？

17．贴片机编程工艺的注意事项有哪些？

18．贴片机如何进行分类？简述高速贴片机和多功能贴片机的特点。

19．贴片机的基本结构是什么？简述转塔式和动臂式结构贴片机的结构区别。

20．各供料器的特点是什么？适用对象有哪些？

21．贴片机的主要技术参数有哪些？选择贴片机时的注意事项有哪些？

22．简述如何进行贴片机选择。简述贴片机的验收方法及注意事项。

23．简述贴片机的操作过程。

24．如何优化贴片机程序？如何平衡优化贴片机生产线？

25．影响电子制造 SMT 设备贴装率的因素有哪些？

26．简述如何对贴片机进行维护。

27．什么是焊接技术？什么是回流焊炉？什么是波峰焊炉？

28．回流焊炉的品牌有哪些？简述主流回流焊炉的特点（查找资料）。

29．简述回流焊炉的工作原理。

30．简述波峰焊炉的工作原理。简述主流波峰焊炉的特点（查找资料）。

31．回流焊炉如何分类？简述回流焊主要加热方法的优缺点。

32．回流焊炉的技术参数有哪些？回流焊炉如何选型？回流焊炉如何验收？

33．简述回流焊炉的基本操作步骤。

34．简述回流焊炉的故障分析方法，以及焊接设备评估的基本原则。

35．简述回流焊炉保养与维护方法，以及如何进行日保养、周保养、月/季保养等。

36．简述波峰焊炉与回流焊炉的区别。

37．简述波峰焊炉的基本结构。

38．简述波峰焊炉的分类及双波峰焊接系统的特点。

39．简述波峰焊炉的技术参数、选型、评估原则。

40．简述波峰焊炉的保养与维护方法。

第5章

检修与生产辅助设备

学习目标：

● 理解各种检测方法的概念、分类与选择依据。

● 理解焊膏印刷检测仪的工作原理、基本结构及用途与检测过程。

● 理解自动光学检测仪、自动 X 射线检测仪、在线测试仪的基本结构、工作原理与检测过程、技术参数与应用及实际应用与发展等。

● 掌握返工与返修的区别、返修设备的概念、常规元器件的返修设备的操作方法。

● 理解 BGA 返修台的基本原理与应用范围，以及 BGA、CSP 元器件返修设备的特点与技术优势。

● 理解上下板机、接驳台与生产线工作台的工作原理、工作过程、技术参数、主流品牌及维护与保养。

● 理解人体静电防护系统和防静电操作系统的组成和工作过程。

参考学时：

● 讲授（6 学时），实践（4 学时）。

任务 5.1　认识检测方法与检测设备

检测工序是电子产品制造过程中必不可少的一道工序，几乎每一道工序之后都需要检测。检测对象不同，所用的检测设备也不一样。常见的检测设备有放大镜、自动光学检测仪、自动 X 射线检测仪、在线测试仪等。将不同的检测设备配备到生产线的不同工位上，既能起到监测作用，又能提高电子产品制造的整体直通率。

5.1.1　检测方法分类

电子产品制造的常用检测方法有接触式检测与非接触式检测两种。

非接触式检测包括目测、三维焊膏检测、自动光学检测、自动 X 射线检测、超声波检测等，主要用于检查 PCB 上的焊点组装结构，不需要在 PCB 上加电，也不需要针床、治具等。该方法可进行检查的典型缺陷有元器件丢失、短路、开路、焊膏不足、元器件排列失误、焊点漏焊与连焊等。

接触式检测指将检测设备与待测 SMA 进行接触，通过接触并通电来测试出 SMA 隐藏的故障，主要用来检查元器件的电气特征、各类相关的焊点缺陷等。这些缺陷包括元器件丢失、短路、开路、元器件放错和元器件失效等。接触式检测包括在线测试、飞针测试、功能测试。各种检测方法的能力对比如表 5.1 所示。

表 5.1　各种检测方法的能力对比

检测方法	要求 PCB 的可访问性	夹具	成本		维护成本	输出能力
			程序成本	夹具成本		
制造缺陷分析	全部	针床	低	高	中	高
在线测试	全部	针床	中	高	中	高
手工视觉	视线	无	低	无	低	低
自动光学检测	无	无	低	无	低	中
飞针测试	全部	无	中	无	中	低
自动 X 射线检测	无	无	高	无	高	低
最终产品测试	只有产品使用	无	低	无	低	低
实体模型	只有产品使用	最小或针床	低/中	中	中/高	低
集成方案	只有产品使用	最小或针床	高	高	高	中/高
堆砌式	只有产品使用	最小或针床	高	高	极高	低

1）非接触式检测

（1）目测（Manual Visual Inspection，MVI）。目测是用肉眼或借助放大镜、显微镜等工具检验组装质量的方法，其只能用作外观检验。该方法投资少，由人工按序进行，速度慢且主观性强，被检区域必须是目测所能达到的。由于人的眼力所限，细间距微型元器件、隐藏焊点、快速检测焊点往往很难检测，甚至检测不出。

（2）自动光学检测（Automatic Optical Inspection，AOI）。AOI 用于替代目测进行外观检验。例如，在焊膏或贴片胶印刷涂敷后，对贴装元器件进行焊前检测和焊后检测。通过

AOI 可减少缺陷，并用于装配工艺过程的早期查找和消除错误，以实现良好的过程控制。早期发现缺陷将避免将坏板送到随后的装配阶段，从而减少修理成本，避免报废不需要修理的 PCB。AOI 可以检测大部分元器件，包括片式元器件、MELF 组件、钽电解电容、晶体管、排阻、QFP、SOIC 等，而且能检测元器件漏贴、极性错误、焊脚定位错误等。AOI 不能检测电路通断，也不能检测不可见焊点。

（3）自动 X 射线检测（Automatic X-ray Inspection，AXI）。AXI 是近几年才兴起的一种新型检测技术，其是利用 X 射线对不同材料的穿透能力来检测隐蔽焊点的。由于焊点中含有可以大量吸收 X 射线的铅，与能够穿过 X 射线的玻璃纤维、铜、硅等其他材料相比，照射在焊点上的 X 射线被大量吸收，从而呈现出清晰的黑点，产生良好的图像，因此通过单独的图像分析算法可自动且可靠地检测隐蔽焊点缺陷。AXI 主要用于通孔（PHT）焊点、BGA、CSP 及倒装焊的焊点检测。

（4）三维焊膏检测（3 Dimensionality Solder Paste Inspection，3D-SPI）。3D-SPI 一般用于焊膏涂敷后的焊膏厚度检测，其可快速测量出每一焊点的厚度、开/短路，从而解决长期以来 2D 检测无法解决的问题。3D-SPI 适用于轻薄短小产品的焊膏印刷。

2）接触式检测

（1）在线测试（In Circuit Test，ICT）。自动在线测试仪是现代电子企业必备的印制电路板组件（Printed-Circuit Board Assembly，PCBA）生产的测试设备，其使用范围广、测量准确性高、对检测出的问题指示明确，即使电子技术水准一般的工人处理有问题的 PCBA 也非常容易。使用 ICT 能极大地提高生产效率，并降低生产成本。ICT 主要检测 PCBA 的线路开路、短路、所有零部件的焊接情况，可分为开路测试、短路测试、电阻测试、电容测试、二极管测试、三极管测试、场效应管测试、IC 管脚测试，以及其他通用和特殊元器件的漏装、错装、参数值偏差、焊点连焊、PCB 开短路等故障检测，其还能将故障是哪个组件或开/短路位于哪个点准确告诉用户。

（2）飞针测试（Flying Probe Test，FPT）。飞针测试用探针取代针床，然后使用多个由电动机驱动的、能够快速移动的电气探针与元器件的引脚进行接触并进行电气测量。这种仪器最初是为裸板设计的，它需要复杂的软件和程序来支持，但现在其已经能够有效地进行模拟在线测试了。飞针测试的出现改变了低产量与快速转换装配产品的测试方法，以前需要几周时间开发的测试，现在几小时就可以了，大大缩短了产品的设计周期和投入市场的时间。

（3）功能测试（Functionality Test，FT）。功能测试是为测试目标板（Unit Under Testing，UUT）提供模拟的运行环境（激励和负载），使其工作于各种设计状态，从而获取各状态的参数来验证 UUT 的功能好坏的测试方法。简单地说，功能测试就是对 UUT 加载合适的激励，然后测量输出端响应是否合乎要求，一般专指 PCBA 的功能测试。

5.1.2　检测设备选配

可测试性设计（Design For Testing，DFT）是为测试着想的设计，这种设计是由设计工程部、测试工程部、制造部和采购部的代表组成的一个工作小组完成的。检测设计工程部必须规定功能产品及其误差要求，随着电子产品制造技术的快速发展，检测设备也将步入

新的发展通道，因此选配一台合适的检测设备至关重要，具体要求如下。

（1）最大测试幅面：最好要超过 500 mm×500 mm，特别是经常做超大板的工厂和在线测试的代工中心，更应考虑这种拥有较大测试幅面的机种。

（2）检测设备的精度：要注意对不同标注法的理解，通用标注法为精准度标称（分辨率、重复精度）、最小测试 PAD 尺寸、最小焊盘间距。对于其他方式的标注，一定要厂商解释清楚，防止误解。中高层次的飞针测试机的精准度一般为 50 μm，最小测试 PAD 尺寸为 150～200 μm，最小焊盘间距为 250～300 μm。

（3）检测设备的主要部件及耗材：电机、导轨、丝杠、皮带、轴承等，这些部件对机器精度及稳定性起决定作用，同时对其质量品牌要留意，应选择比较知名的品牌。自动光学检测仪、自动 X 射线检测仪、焊膏印刷检测设备所需耗材很少；飞针测试机所需耗材主要为针，一般 3～6 个月更换一次测试针；浪费最大的应该是在线测试仪，每一种不同产品均需特制的针床夹具，而且不能重复使用，既浪费材料也增加成本。

（4）检测设备的可靠性与稳固性：若检测设备存在漏测或其他致命缺陷，则一切会变得毫无意义，这与设备的软件、自检能力、实时故障侦测能力密切相关，因此在选购时不能盲目追求测试速度及操作简单。另外，设备的稳定性对精度和测试速度都有很大影响，一般靠牢固的机架和足够质量的底盘来保证。

（5）检测设备配套软件：一定要成熟稳定，否则会经常性报错、间歇性中止、死机，甚至造成漏测，同时要从兼容性、网络分析能力、操作的简便性等方面进行综合评估。

（6）检测设备的环境要求：供电要求一般为 AC 220 V 50 Hz 市电，如果所购设备不能提供，那么需要变压；功率一般选择 0.5～5 kW，太大会浪费能源；温度要求一般为 0～30 ℃，可正常工作即可；因为湿度对设备的影响要大一些，所以湿度一般选择 75%RH 以下，同时注意设备的放置环境不能太潮湿，否则需要增加抽湿机；由于极少数的飞针测试机需要供气，因此需要配备空气压缩机，气压一般选择 5～7 kg/cm^2。

目前，绝大部分的自动光学检测系统已经具备了三维检测的功能，AOI 也成功地应用到电子制造生产线的各主体设备后面。AOI 不仅可以进行反复而精确的检测，而且其检测结果可以进行存储和发布，以及实现电子化。随着焊膏印刷机和 SMT 贴片机的性能得到改善，电子产品组装的速度、精确度和可靠性也得到了大幅提高。制程工程师对焊膏印刷机和组装进程的检测和调节可以保证生产线的焊膏黏污率（溅锡率）只有百万分之几（mg/L），由于只有对所有的 PCB 进行 100%的检测才能保证更大的检测覆盖率，同时实现统计过程控制（SPC），因此选择一组合适的检测设备就成了保证电子产品制造质量的关键。

任务 5.2　认识非接触式检测设备

5.2.1　焊膏检测仪的应用

焊膏印刷质量是判断焊点质量及其可靠性的一个重要指标，采用焊膏检测（Solder Paste Inspection，SPI）的方法对印刷完焊膏的 PCB 进行 100%检测，这有助于减少印刷过程中产生的焊点缺陷，并通过最低的返工（如清洗 PCB、检测 PCB、重新印刷）成本来减少废品带来的损失，从而最大限度地降低返修率，提高产品的质量。3D-SPI 是通过观测印刷后焊膏的厚度来直观地判断焊盘上焊膏印刷质量的，这种检测的速度很快，准确度很高。当前，焊膏检测仪逐渐得到了各大电子产品生产厂家的青睐，3D-SPI 检测仪示例产品如图 5.1 所示，其可测量电路板翘曲及在工作周期内不受阴影影响的实际焊膏量，并运用飞行三维图像采集法（取代了"一停一移"的图像采集法），带来更迅速便捷的三维焊膏检测技术，并且分辨率很高，图像很清晰直观。此外，很多企业还使用离线式 3D-SPI 检测设备，这种检测设备是台式的，价格比较便宜，示例产品如图 5.2 所示。

图 5.1　3D-SPI 检测仪示例产品　　　　　　　图 5.2　离线式 3D-SPI 检测设备

1. 主流 SPI 检测仪的工作原理与品牌

3D-SPI 检测仪是运用激光发射的原理，由专用激光器产生线形光束，再以一定的倾角投射到待测目标（焊膏）上的，因为待测目标与周围基板存在高度差，所以此时观测到的目标和基板上的激光束相应出现断续落差，物体表面不同高度被反射到镜头，经过图像处理转化为数据。根据三角函数关系可以通过该落差间距计算出待测目标截面与周围基板的高度差，从而实现非接触式的快速测量。在线式 3D-SPI 的检测方法是白光干涉相位移法，它利用的仪器是白光干涉仪，这是一种对光在两个不同表面反射后形成的干涉条纹进行分析的仪器，如图 5.3 所示。

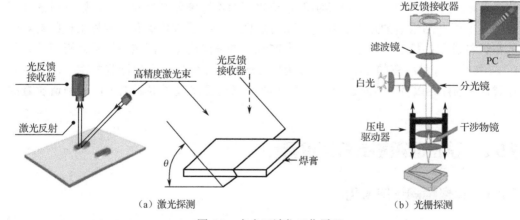

（a）激光探测　　　　　　　　　　　　　　　（b）光栅探测

图 5.3　白光干涉仪工作原理

SPI 可以检查的项目有体积、面积、高度、位置、形状等；不良缺陷主要有锡多、锡少、漏印、粘连、偏移等。目前，市场上主流的 SPI 检测仪品牌主要有 KOH YOUNG

8030、Anristu MK5400、CYBER OPTICS SE300、AGILENT SP50 等。

2. 3D-SPI 检测仪的结构组成与特点

3D-SPI 检测仪主要由发射光发生模组、光反馈接收器、高精密线性模组、标准模块、显示器、主机等组成，如图 5.4 所示。

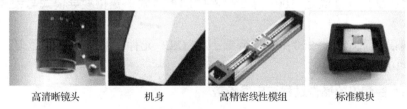

| 高清晰镜头 | 机身 | 高精密线性模组 | 标准模块 |

图 5.4　3D-SPI 检测仪的结构组成

主流的 SPI 检测仪的发射光主要有激光和光栅两种，采用激光的 SPI 检测仪的特点：速度快、3D 的效果更好，同时测试的体积更准确，但重复性与再现性（Gauge Repeatability and Reproducibility，Gauge R&R）分析不佳；采用光栅的 SPI 检测仪的特点：Gauge R&R 更好，但测试的体积比实际的焊膏体积小。

光反馈接收器有两种：位置控制测量器（Position Sensitivity Detector，PSD）和电荷耦合器件（Charge-Coupled Device，CCD）。PSD 是一种连续的模拟式光斑位置检查器件，其工作原理是利用光照情况下光电二极管表面的阻抗变化来检测光斑的位置，与 CCD 等非连续探测器相比，PSD 的位置分辨率更高、无盲区、响应速度更快。CCD 可以同时实现 3D 和 2D 的效果，如果 PSD 加 CCD，那么效果更佳。

3. SPI 检测仪的技术参数与功能

SPI 检测仪的技术参数主要包括检测应用范围（焊膏、红胶、晶片标定、不锈钢模板、零部件共平面度、空 PCB、BGA/CSP/FC）、量测项目（高度、体积、面积、3D 形状、2D 距离及角度并可自动判断的功能）、测量光源（波长、功率）、测试速度、最高分辨率、重复精度、SPC 软件、使用电源、气源、规格与质量（外形尺寸 $W×L×H$，设备总质量）、操作软件与系统。

通常这种检测设备可以很直观地观测焊膏高度、体积、面积、形状并自动保存测量结果，以及进行全板扫描和缩略图导航，同时具有以下功能：IC 封装、空 PCB 变形测量；钢网的通孔尺寸和形状测量；PCB 焊盘、丝印图案的厚度和形状测量；刮刀压力预测功能、印刷制程优化功能；芯片的微焊点绑定、零部件共平面度、BGA/CSP 尺寸和形状测量。

在线式 3D-SPI 检测仪还具备以下功能。

（1）快速编程的软件界面；PCB 全板扫描；缩略图导航。

（2）完全自动测量、自动走位、自动对焦，以及自动测量焊膏厚度、体积、面积；自动补偿板弯功能，使 PCB 的变形不再影响测量结果。

（3）Mark 点位置补偿功能，可以在 5 mm 的范围内通过 Mark 匹配自动校正补偿。

（4）百万级像素，具有超大的视场，可以测量大焊盘，获取更多 PCB 的特征；以彩色灰阶显示焊膏网印状况，及时反馈焊膏印刷机的调整情况。

（5）高精密的扫描装置，可保证高精度测量；扫描间距及放大倍数可调，可任意选择合适的测量参数。

（6）具有统计过程控制 SPC 功能，可实现测量数据与产品线、模板及印刷参数的关联，并自动判断、自动产生报表。

（7）检测速度快，能满足 100%焊膏检测的制程需求；定位教导模式与程式制作简易快速。

（8）可精确测量 125～200 μm 甚至更小的 CSP 元件，具有良好的重复性与再现性（Gauge R&R<10%）。

4．3D-SPI 检测仪的操作过程与应用趋势

1）操作过程

（1）确定电源开关在"ON"的位置，如图 5.5 所示；打开主开关，电路断路器的灯会打开，显示黄色；打开主机，如图 5.5（a）所示。

（2）计算机启动后，运行 3D 检测程序。

（3）加载工作文件并输入检测的数量；修改相应的信息，单击"OK"按钮。

（4）屏幕显示。

（5）打开电源控制开关，灯塔显示绿色。

（6）一旦归零过程结束，设备的状态会变为空转待机状态。

（7）如果工作文件已经被下载，那么单击"开始"按钮，进行检测，并将结果保存。

（8）关闭所有程序，在 Windows 系统中单击"开始"按钮，选择"Turn Off Computer"。

（9）在弹出的对话框中选择"关闭"按钮，再单击"OK"按钮；当计算机关闭时，顺时针旋转电路断路按钮，关闭灯塔，顺时针旋转主开关，关闭电路断路器。

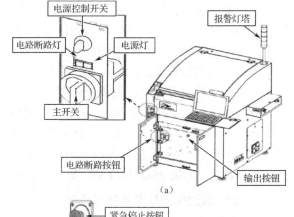

（a）

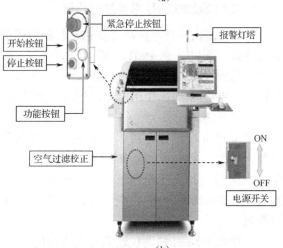

（b）

图 5.5　3D-SPI 检测仪的操作过程

注意：在出现意外的情况下，应立即按下紧急停止按钮"Emergency power off switch"。

2）在线式 3D-SPI 检测仪的应用趋势

（1）在线式 3D-SPI 检测仪通过 3D 检测手段有效弥补了传统检测方法的不足。

（2）PCB 上部分元器件如 BGA、CSP、PLCC 芯片等，由于自身特性带来的光线遮

挡，贴片回流后自动光学检测仪无法对其进行检测，因此在线式 3D-SPI 检测仪可以通过过程控制来最大限度地减少炉后这些元器件的不良情况。

（3）随着电子产品日益精密化、焊锡无铅化及元器件微型化，焊膏印刷质量变得越来越重要，在线式 3D-SPI 检测仪能有效确保良好的焊膏印刷质量，大幅降低可能存在的成品不良率。

（4）作为控制质量过程的手段，在线式 3D-SPI 检测仪能在回流焊接前及时发现质量隐患，并将返修成本与报废成本降至最低，从而有效地节约成本。

5.2.2　自动光学检测仪的应用

自动光学检测仪是基于光学原理对焊接生产中遇到的常见缺陷进行检测的设备。

1. 自动光学检测仪的工作原理与品牌

1）自动光学检测仪的工作原理

自动光学检测仪的工作原理是通过摄像头自动扫描 PCB 并采集图像，然后将测试的焊点与数据库中合格的参数进行比较，经过图像处理，检查出 PCB 上的缺陷，再通过显示器或自动标志把缺陷显示/标示出来，供维修人员修整。

自动光学检测仪通过光学检测部分来获得需要检测的图像；通过图像处理部分来分析、处理和判断。图像处理部分需要很强的软件支持，因为各种缺陷需要不同的计算方法，所以要用计算机进行计算和判断。

计算方法：黑/白（求黑占白的比例）、彩色、合成、求平均、求和、求差、求平面、求边角。

（1）自动光学检测仪对光源变化的智能控制：自动光学检测仪用 LED 灯光代替自然光，用光学透镜和 CCD 代替人眼，把从光源反射回来的量与已经编程好的标准量进行比较、分析和判断，与人识别事物类似，当反射量多时，自动光学检测仪判为亮，当反射量少时，自动光学检测仪判为暗。对自动光学检测仪来说，灯光是认识影像的关键因素，但是光源受环境温度、自动光学检测仪设备内部温度上升等因素影响，不能维持不变的光源，因此需要通过自动跟踪灯光透过率对灯光变化进行智能控制。

（2）焊点检测：自动光学检测仪可以进行 2D 检测和 3D 检测，2D 检测只能检测平面，若要检测高度，则需要辅助；3D 检测是采用顶部和底部光配合检测，用顶部灯光可以得到元器件部分的影像，用底部灯光可以得到焊点部分的影像。

（3）文字识别过程：首先，人工检测一块合格的 PCB 作为标准板；然后，将标准板放在自动光学检测仪中进行扫描；最后，对标准板进行编程。编程时可利用元器件库或自定义，自定义时用视框框住元器件，然后输入元器件的种类，设置门槛值、上限值、下限值等信息。在连续检测时，设备自动与标准板进行比较，并把不合格的部分记录下来。

2）自动光学检测仪的品牌

自动光学检测仪的品牌主要有 OMRON（欧姆龙）、SAKI、SONY、HANEOL、AGILENT、ORBOTECH（奥宝）、TERADYNE（泰瑞达）、MVP（安维普）、SAMSUNG、O-TEK、HI-VISION、ALEADER、TRI（德律）等，如图 5.6 所示。

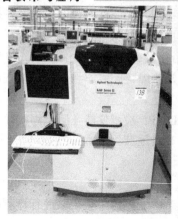

图 5.6　AGILENT 5DX 和 CYBER OPTICS SE 500

2．自动光学检测仪的基本结构与特点

自动光学检测仪分为两部分：光学检测部分和图像处理部分。此外，自动光学检测仪还有辅助机架、*X-Y* 轴滚珠丝杠、PCB 传输系统等组成机构。光学检测部分包括检测摄像头（CCD Camera）、光源、复检确认镜头（Review Camera）；系统主机部分（由计算机及其周边组成），包括 CIM 系统主机、系统主机屏幕、瑕疵检查主机、瑕疵检查主机屏幕、网络连接、集线器（Hub）、以太网路；动力控制部分；机器结构部分，包括机架、PCB 传送导轨、摄像头运动传输控制系统等，如图 5.7 所示。

自动光学检测仪具有以下特点。

（1）高速检测系统：与 PCB 贴装密度无关。

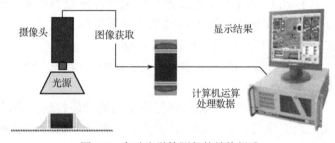

图 5.7　自动光学检测仪的结构组成

（2）快速便捷的编程系统：在图形界面下运用贴装数据自动进行数据检测、运用元器件数据库进行检测数据的快速编辑。

（3）运用丰富的专用多功能检测算法和二元或灰度水平光学成像处理技术进行检测。

（4）根据被测元器件位置的瞬间变化进行检测窗口的自动化校正，达到高精度检测的目的。

（5）通过用墨水直接标记于 PCB 上或在操作显示器上用图形错误表示来进行检测点的核对。

（6）与人工检查相比，自动光学检测仪具有更高的检测速度、更高的准确率，可避免人为失误等优点。

3．自动光学检测仪的技术参数与应用

1）自动光学检测仪的技术参数

自动光学检测仪的技术参数主要包括检测项目参数、光学系统参数、机械系统参数、

整机参数及软件功能参数 5 部分。某品牌自动光学检测仪的技术参数表如表 5.2 所示。

表 5.2　某品牌自动光学检测仪的技术参数表

检测系统	检测项目	缺件、错位、错件、极性错误、破损、污染、少锡、多锡、短路、虚焊等
	检测元器件	01005 片式元器件、IC 引脚（0.3 mm 引脚间距）、波峰焊点
	检测方法	彩色图像统计分析、字符识别（OCR）、IC 桥接分析、颜色分析、相似性分析、黑白比重分析、亮度分析、非线性颜色分析
光学系统	摄像机	彩色高清快速 CCD 摄像机，分辨率为 10 μm，FOV：20 mm×20 mm 图像处理速度≤120 ms/FOV
	光源	RGB 阶梯多角度 LED 组合光源，高亮度，使用寿命为 3 万～5 万小时
	光幕	自动保护装置，响应时间≤5 ms
软件功能	扩展功能	操作级别管理、CAD 数据功能、双面自动识别检测、跳跃测试、公共数据库、离线编程系统、手持式条码自动识别、SPC 统计功能
	检测速度与编程时间	检测速度为 120 点/s；编程时间为 1～1.5 h/1000 点，建立标准数据库后可低于 30 min/1000 点，NG 检出率>99%，误报率<5000 mg/L（重复精度<3 个），漏报率<10 mg/L
	Mark 点	可设定 2 个 Mark 点，支持拼板多 Mark 点；识别速度为 0.5 s/个
机械系统	PCB 厚度	0.3～5.0 mm（PCB 弯曲度≤5 mm）
	元器件高度	上 60 mm，下 60 mm（特殊高度可定制）
	驱动设备	交流伺服电机
	运动速度	最大为 700 mm/s
	定位精度	≤8 μm
	PCB 夹具	运输高度为 900 mm±2 mm，PCB 尺寸为 25 mm×25 mm～380 mm×400 mm，导轨自动调宽
整机	电源	AC 220 V/50 Hz/10 000 W，UPS/1000 W 不间断供电
	整机尺寸	955 mm×1220 mm×1400 mm（若含警示灯，则警示灯高度为 550 mm）
	质量	1000 kg

2）自动光学检测仪的应用

自动光学检测仪可放置在印刷后、焊前、焊后的不同位置。

（1）自动光学检测仪放置在印刷后：可对焊膏的印刷质量进行工序检测；可检测焊膏量过多或过少，以及焊膏图形的位置有无偏移、焊膏图形之间有无粘连。

（2）自动光学检测仪放置在贴片机后、焊接前：可对贴片质量进行工序检测，可检测元器件贴错、移位、贴反（如电阻翻面）、元器件侧立、丢失、极性错误，以及由贴片压力过大造成的焊膏图形之间粘连等。这是一个典型的放置检查设备的位置，因为这里可发现来自焊膏印刷及设备贴放的大多数缺陷。在这个位置产生的定量的过程控制信息为高速贴片机和高精度贴片机提供设备校准的信息。这些信息可用来修改元器件贴放位置或表明贴片机需要校准。这个位置的检查可满足过程跟踪的目标。

（3）自动光学检测仪放置在回流焊炉后：可进行焊接质量检测；可检测元器件贴错、移位、贴反（如电阻翻面）、丢失、极性错误、焊点润湿度、焊膏过多、焊膏过少、漏焊、虚焊、桥接、焊锡球（引脚之间的焊球）、元器件翘起（竖碑）等焊接缺陷。

在 SMT 工艺过程的最后步骤进行检查是目前放置自动光学检测仪最流行的选择，因为这个位置可发现全部的装配错误。将自动光学检测仪放置在回流焊炉后进行检查，可提供高度的安全性，因为它能够识别由焊膏印刷、元器件贴装和回流过程引起的错误。

自动光学检测仪的主要目标如下。

（1）最终品质：对产品走下生产线时的最终状态进行监控，当生产问题非常清楚、产品混合度高、数量和速度为关键因素时，优先采用这个目标。自动光学检测仪通常放置在生产线最末端，在这个位置，其可以产生范围广泛的过程控制信息。

（2）过程跟踪：使用检测设备监视生产过程，包括详细的缺陷分类和元器件贴放偏移信息，当产品可靠性很重要、产品混合度低的大批量制造和元器件供应稳定时，制造商优先采用这个目标。这经常要求把自动光学检测仪放置到生产线上的几个位置，以便在线地监控具体生产状况，并为生产工艺的调整提供必要的依据。

4. 自动光学检测仪的操作与保养处理

1）检测前准备

首件准备：在制作自动光学检测程序时，生产线要经质量部门确认，并将首件交给检测员。

2）程序制作与调试

（1）了解正在生产的产品是否有自动光学检测程序。

（2）对于已有程序的产品，首先检查设备上是否有该产品的程序，若没有，则应提前将程序复制到设备上。

（3）如果没有新产品的程序，那么在第一块 PCB 出了回流焊炉后，立即编制程序。

（4）仔细检查程序中的每个坐标点的位置，避免有多做或漏做到程序里的位号。

（5）随时检查自动光学检测仪的报点数，看其报点数是否正常，如果报点数过高，那么要及时调校，以免影响生产测试的速度。

（6）在确认程序最优化后，将程序归档保存好；按规范操作设备及做好设备的日常清洁工作。

（7）按保养计划和保养规范对设备进行检查、维护和保养，并做好自动光学检测仪保养记录表。

3）异常处理

（1）自动光学检测仪报点数过高。解决方法是首先检查 PCB 放置位置是否正确，若正确，则要看物料是否有变更，若物料有变更，则要及时更改过来，调好点数，以免误判。

（2）虚焊测不出。解决方法是检查自动光学检测程序中的标准图像是否有虚焊现象或与虚焊颜色相似，再检查自动光学检测仪的误判率是否过高，若有此现象发生，则应重新找标准图作为标准，降低误判值，避免流出不良品。

（3）在测试过程中，测试颜色不正确。解决方法是检查自动光学检测仪镜头与 PCB 之间的距离是否有误，具体操作是拿一块验光板重新调校镜头与 PCB 的距离，直到测试颜色正确为止。

4）交接班工作

制定工作交接本，详细记录各线自动光学检测仪工作情况；未能当班完成的工作要做好

交接工作，保证对班能明白接下来的工作并继续完成；交接本记录应在当班下班前记录好。

5.2.3　自动 X 射线检测仪的应用

自动 X 射线检测（Automated X-Ray Inspection，AXI）是近几年才兴起的一种新型检测技术。在电子产品制造过程中，自动 X 射线检测仪主要用于检测隐蔽焊点和很难观测到的焊点的焊接质量。

1.　自动 X 射线检测仪的工作原理与品牌

当组装好的 PCBA 沿导轨进入自动 X 射线检测仪内部后，PCBA 上方有一微焦点 X-Ray 发射管，其穿过管壳内的一个铍窗产生 X 射线，并投射到试验样品上，样品对 X 射线的吸收率或透射率取决于样品包含材料的成分与比率。穿过样品的 X 射线轰击到 X 射线敏感板上的磷涂层，并激发出光子，这些光子随后被摄像机探测到，然后对该信号进行放大，最后由计算机进行进一步的分析或观察。

X 射线穿过 PCBA 后被置于下方的探测器（一般为摄像机）接收，由于焊点中含有可以大量吸收 X 射线的铅，因此与穿过 X 射线的玻璃纤维、铜、硅等其他材料相比，照射在焊点上的 X 射线被大量吸收后呈黑点产生良好的图像，使得对焊点的分析变得相当直观，故简单的图像分析算法便可自动且可靠地检验焊点缺陷。自动 X 射线检测仪的品牌主要有 GLENBROOK、TRI、岛津、YESTE、PHOENIX、DAGE、AGILENT 等，DAGE、PHOENIX 自动 X 射线检测仪的分辨率较高，品牌知名度也较高；AGILENT 5DX 应用 X 射线分层摄影技术进行分层扫描，适合双面 PCBA 贴装检测，而且是自动测试，适合 EMS、OEM 大厂；AGILENT 和岛津自动 X 射线检测仪如图 5.8 所示。

2.　自动 X 射线检测仪的基本结构与技术参数

自动 X 射线检测仪的基本结构有机架、X-Ray 发射管、X 射线探测器、图像处理系统、显示器等。自动 X 射线检测仪的基本结构如图 5.9 所示。

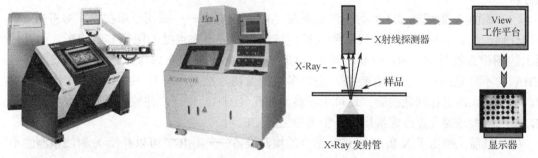

图 5.8　AGILENT 和岛津自动 X 射线检测仪　　图 5.9　自动 X 射线检测仪的基本结构

自动 X 射线检测仪的技术参数主要包括光管参数、载物台参数、增强屏参数、X-Ray 发射管外壳尺寸、电源、辐射安全标准（<1 μSv/hr）、计算机参数等。光管参数包括光管类型（封闭管）、光管电压（kV）、光管电流（mA）、光管聚焦尺寸（μm）、冷却方式、几何放大倍率等；载物台参数包括最大载物台、X/Y 最大行程、Z 轴及倾斜角度；增强屏参数包括视场尺寸（$inch^2$）、解析度（lp/cm）；X-Ray 发射管外壳尺寸参数包括外形尺寸、总质量。以 DAGE 公司旗下的 XiDat XD7500、XiDat XD 7500 VR、XiDat XD7600NT 为例，自

动 X 射线检测仪技术参数对比表如表 5.3 所示。

表 5.3　自动 X 射线检测仪技术参数对比表

规　格	XiDat XD7500	XiDat XD7500VR	XiDat XD7600NT
尺寸（*L*×*W*×*H*）（mm×mm×mm）	1450×1700×1970	1450×1700×1970	1450×1700×1970
质量（kg）	1900	1900	1900
最小聚集光点（μm）	0.95	0.85	0.25
X-Ray 发射管	开放管	开放管	新一代技术发射管
X-Ray 电压范围（kV）	30～160	30～160	30～160
最大检测面积（mm×mm）	458×407	458×407	458×407
最大板尺寸（mm×mm）	508×444	508×444	508×444
最大样本质量（kg）	5	5	5
最小分辨率（nm）	950	750	250
显示器	20.1 英寸 LCD	20.1 英寸 LCD	20.1 英寸 LCD
电源	单相 200 V/16 A～230 V/16 A		
斜角视图	0°～70°（360°全方位检测）		
系统（几何）放大倍率	1065	1200	1600
辐射安全标准	1 μSv/Hr		

3. 自动 X 射线检测仪的分类与适用范围

1）自动 X 射线检测仪的分类

（1）传统 X 射线测试系统（2D 检验法）——透射 X 射线检验法，对单面 PCB 上的元器件焊点可产生清晰的视像，但不适用于双面贴装 PCBA，因为会使两面焊点的视像重叠且极难分辨。

（2）断面 X 射线或 3D X 射线测试系统（3D 检验法）——采用分层技术，即将光束聚焦到任何一层，并将相应图像投射到高速旋转层，使位于焦点处的图像非常清晰，而其他层上的图像则被消除。3D 检验法可对 PCBA 两面的焊点独立成像，适用于对双面贴装 PCBA 的不可见焊点（如 BGA 等）进行多层图像切片检测，可对 BGA 焊接连接处的顶部、中部和底部进行彻底检验，还可用于检测通孔（PTH）焊点，并检查通孔中焊料是否充实，从而极大地提高焊点连接质量，相当于工业 CT。

（3）目前又推出了 X 射线与 ICT 结合的检测设备——用 ICT 可以补偿 X 射线检测的不足，适用于高密度、双面贴装 BGA 的 PCBA。

2）自动 X 射线检测仪的适用范围

自动 X 射线检测仪主要用于检测普通自然光无法检测到的部位，利用 X 射线的投射能力实现阴影区的检测。自动 X 射线检测仪主要可检测以下项目：BGA、CSP、倒装焊元器件检测；PCB 焊接情况检测；短路、开路、空洞、冷焊的检测；IC 封装检测；电容、电阻等元器件的检测；一些金属元器件的内部探伤。自动 X 射线检测仪检测缺陷图如图 5.10 所示。

图 5.10　自动 X 射线检测仪检测缺陷图

任务 5.3　认识接触式检测设备

5.3.1　在线测试仪的应用

在线测试仪是通过探测分布于 PCBA 表面的测试点来确认一个电路装配的电气完整性的，对于自动测试，探针是安装于一块厚的苯酚板上的弹簧针，其分别连线到一个开关矩阵，开关矩阵是按照继电器阵列排列的，将适当的针按照程序的要求连上电流源和电压源。带有成百上千弹簧针的苯酚板构成一个针床，测试工程师称为针床夹具。每个弹簧针都有定位，当 PCBA 放在夹具上，由真空装置压下时，每个弹簧针都接触其目标测试点，而不短路到相邻的电流结构，通电即可进行测试。

1. 在线测试仪的基本工作原理

在线测试仪的基本工作原理主要包括开路及短路测试的原理、电路隔离测试的原理、零部件测试的原理 3 种。在线测试仪的测试过程图如图 5.11 所示，

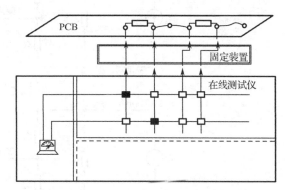

图 5.11　在线测试仪的测试过程图

1）开路及短路测试的原理

在线测试仪通过提供一个 0.1 mA 的直流电流源来测量两测试针点之间的阻抗。系统把两测试针点之间的阻抗分为 4 组，如表 5.4 所示。

表 5.4　不同阻抗测试值

阻抗	$X{\leqslant}5\ \Omega$	$5\ \Omega{<}X{\leqslant}25\ \Omega$	$25\ \Omega{<}X{\leqslant}55\ \Omega$	$X{>}55\ \Omega$
机器辨识值	0	1	2	3
屏幕显示值	1	2	3	4

阻抗区间会随测试参数中开/短路范围的设定而改变。在学习开路和短路故障时，将测试针点之间阻抗小于 25 Ω 的针点自动聚集成不同的短路群。需要学习的时间随着测量点数的增加而增加，自我学习时必须确定 PCB 是良好的，并且要使测试针接触良好，否则学习

到的数据可能是错误的。开路测试时，在任一短路群中，任何两针点的阻抗不得大于 55 Ω，否则判为开路测试不良。

短路测试分为 3 种情况，若有以下其中之一的情况发生，则判为短路测试不良。

（1）短路群中任一点与非短路群中的一点的阻抗小于 5 Ω。

（2）不同短路群中任意两点的阻抗小于 5 Ω。

（3）非短路群中任意两点的阻抗小于 5 Ω。

2）电路隔离测试的原理

在线测试仪运用一个高输入电阻的集成运放（OA）在被测电路中合适的电路支点上施加等电势电压，从而消除由电势不等造成的流过被测对象的电流值变化，以实现精确测试。当以电流源作为信号源输入时，在相接元件 Z_1 的另一脚施加与高电位 A 等电势的电压，以防止电流流入与被测元件相接的旁路元件，从而确保测量的精准性。此时，隔离点的选择必须以与被测元件高电位脚（高点）相接的旁路元件为选择范围 [见图 5.12（a）]。当以电压源作为信号源输入时，在相接元件 Z_2 的另一脚施加与低电位 B 等电势的电压，以防止与被测元件相接的元件产生的电流流入，从而增加测量的电流，影响测量的精准性。此时，隔离点的选择必须以与被测元件低电位脚（低点）相接的旁路元件为选择范围 [见图 5.12（b）]。

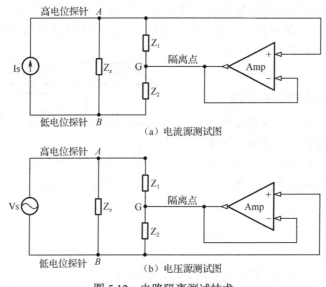

图 5.12　电路隔离测试技术

3）零部件测试的原理

在线测试仪采用固定直流电流源（电流已知）、交流电压源（频率已知，电压有效值已知）及可编程控制电压源对电子零部件进行测试，大致可以分为两种情况："送电流，量电压"与"送电压，量电流"。

（1）使用欧姆定律可计算阻抗 Z。

由欧姆定律可知，电阻越大，采用的电流源应越小，反之亦然，以确保电压值在合适的范围内。ICT 系统会依据标准值的大小（非实际值的大小）自动选择相应挡位的固定电流

源，以确保在电阻上测量的电压范围为 0.15～1.5 V。

（2）通过测量电容的充电曲线的斜率来得到电容值。

由电容的充电曲线的斜率乘以修正系数，可得到电容值。由 $Q=CU$（分别于两个时间点测量电压值）可知，对于同一电容，充电电流越大，充电曲线的斜率越大；若电流不变，电容越大，则充电曲线的斜率越小。一般而言，在特定电路上的大电容，应用大电流测试才较准确。

（3）用可编程控制电压源测试二极管

在线测试仪在工作时，其内部已进行限电流和限电压处理，以防止电流、电压过大损伤待测零部件。按照电流分压原理，当二极管空焊、反装或缺件时，其阻抗将变至无限大，而电流近乎没有。此时，在 A、B 测量到的电压接近 V_s，当二极管正常时，测量到的电压为 0.7 V（硅）或 0.2 V（锗）；当二极管短路时，测量到的电压接近 0；当二极管因并联较大电容而延时不足时，测量到的电压小于 0.7 V。IC 内部的保护二极管因为在 IC 内部串联有小的限电流电阻，所以测量到的电压会略大于 0.7 V，在 IC 内部，保护二极管的正负方向是从 IC 其他引脚到 GND 引脚，或者是从 VCC 引脚到 IC 其他引脚（这里指除电源与接地脚以外的 IC 引脚）。

2. 在线测试仪的品牌、分类与基本结构

1）在线测试仪的品牌

在线测试仪的品牌有很多，主要包括冈野（OKANO）、捷智（JET）、TESCON、安捷伦、泰瑞达、POSSEHL、SAMSUNG、雅达、固纬（GW）、SEICA、TAKAYA、AGILENT、GENRAD 等，如图 5.13 所示。

2）在线测试仪的基本结构

在线测试仪主要包括机械部分、电气控制部分、治具部分等。机械部分组装包括将防静电桌垫平摊在测试桌面上；将压床置于测试桌上；打开测试桌旁边的门，将计算机主机放置于此；将旋转臂装在测试桌的右上角；将彩色监视器及键盘置于旋转臂上；将打印机置于测试桌右前方。

图 5.13　在线测试仪

3）在线测试仪的分类

（1）有夹具的在线测试仪。

① 通用针床测试：采用网格矩阵针床结构，每个网格节点设有镀金弹簧针和弹簧针座，弹簧针座的一端为圆形凹槽，以便测试夹具中的硬针顶入接触，另一端与开关电路卡连接，要求针尖与 PCBA 板面测试点的接触压力大于 2.5 kN，以保证接触良好。当前网格节点尺寸已由 2.54 mm 趋向 1.27 mm、0.635 mm、0.50 mm，甚至小到 0.30 mm，但是这种尺寸的故障率高，已到了极限。

② 专用针床测试：按 PCB 所需测试点与开关电路卡连接，从而省去了网格排列的测试针床，但必须制作专用的测试夹具；同样存在高密度化带来的测试极限和损伤测试点问题。

（2）无夹具的在线测试仪。

① 飞针测试：通过两面移动探针（多对）分别测试每个网格的通断情况。由于飞针测

试是通过串联形式进行的，因此其比针床并联测试的速度来得慢，但能对高密度 PCB 进行测试，如 BGA 和 μ-BGA，甚至节距小到 0.30 mm 也能胜任，但存在碰伤测试点问题。飞针测试是对针床式在线测试仪的一种改进，它用探针代替针床，在 X-Y 轴机构上装有可分别高速移动的 4 个头，共 8 根测试探针，最小测试间隙为 0.2 mm；工作时根据预先编排的坐标位置程序移动测试探针到测试点处，并与之接触，各测试探针根据测试程序对装配的元器件进行开/短路或元器件测试。与针床式在线测试仪相比，飞针测试在测试精度、最小测试间隙等方面均有较大幅度提高，并且无须制作专门的夹具。

② 万能无夹具测试（UFT）：测试头交错地以阵列形式排布，形成双密度测试基底，如此高密度测试头分布，能保证 PCB 无论按任何方向放置在测试平台上，测试点都能被 2 个以上测试头测试到。这种测试头密度可达每平方厘米 180 个测试头。目前这种方法并没有得到推广应用。

3. 在线测试仪的检测项目与误判

在线测试仪属于接触式测量设备，利用接通电信号看最终阻值大小来检测焊接缺陷，主要可检测开路、短路、立碑、极性贴错、掉件、缺锡、虚焊等缺陷，如图 5.14 所示。

在线测试仪无法检测部分：内存 IC（EPROM、SRAM、DRAM……）；并联大于 10 倍以上大电容的小电容；并联小于 20 倍以上小电阻的大电阻；单端点的线路断线；IC 的功能测试。

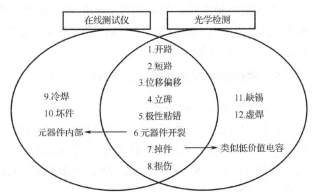

图 5.14　在线测试仪检测项目图

在线测试仪容易出现以下问题。

（1）PCB 的测点或过孔绿油未打开，或者 PCB 吃锡不好。

（2）经过免洗制程的 PCB 上的松香致探针接触不良。

（3）PCB 上的定位柱松动，造成探针触位偏离焊盘。

（4）治具探针不良损坏。

（5）治具未调试好。

（6）在线测试仪本身故障。

4. 在线测试仪的操作过程

在线测试仪是由治具测试针与被测 PCBA 焊点的接触，透过输入的微量电流，快速测试和检测 PCB 及其上面组件的短路、断路、错件、漏件、组件值变值等异常状况的。

在线测试仪的操作过程如下。

（1）开机：首先清理设备周围的杂物，然后接上电源和气源，打开设备的总电源开关，再打开设备主机电源，打开显示器，开启计算机。

（2）打开打印机电源，运行计算机桌面上的在线测试仪软件，输入用户名和密码。此时，设备会进行自检，自检没问题后离开页面，选择需要的 PCB 程序。

（3）安装治具：在安装治具时，软件的画面要在主画面上，仔细检查看到的 3 个图标的画面，确保安装治具的时候压床不会自动上升；将治具放到压床上，治具内一定要放PCB，防止上下移动时压歪针，然后慢慢按下"TEST"和"REJECT""ABORT"按钮让压床下压，但不要压到底，要让治具能移动，同时尽量离设备的蜂巢板近些，然后将治具的上下孔位和设备对准，并将治具下模的 4 颗螺丝锁上；按下"ACCEPT""DOWN"按钮让压床上升，按下"TEST"和"REJECT""ABORT"按钮让压床压到底，然后锁上治具上模的 4 颗螺丝，最后升上压床。

（4）连接排线：设备上的排线号码从右向左依次为 1、2、3……直到最大连接数，治具上有标好的编号，将排线连接到治具对应的对角。

（5）开始测试：单击测试图标，进入测试状态；将板放入治具内，放板时要注意，不能放歪，一定要将板放到相应的定位柱内，一些电容较高和容易歪的零部件要先扶正；按下"TEST"和"REJECT""ABORT"按钮进行测试，测试完成后压床会自动上升；最后通过显示器观看检测结果，并评估成品合格率。

5. 在线测试仪的保养与维护

在线测试仪每次开机时都会进行系统自检，需留意是否全部正常。初检合格后将待测板从测试针盘取出，开始进行测试，在正常情况下应全部正常，确保在线测试仪在最佳测试状态。定期检查压床的按键"TEST""ABORT""DOWN""RETEST"，以及紧急制动开关是否正常；压床过滤器中的水需定期排放；压床压力表的气压范围为 0.4～0.6 MPa；检查蜂巢板是否松脱。

在使用在线测试仪前，先检查探针是否正常，并用空气枪清洁针盘；在使用在线测试仪时，若发现接触不良或治具长时间未使用，则应将保护板往下压，露出探针头部，然后使用软铜刷轻轻刷，再用空气枪清洁。治具使用完毕，请放置于清洁、干燥的置物架上，最好有套子覆盖。在线测试仪日保养记录表如表 5.5 所示。

表 5.5　在线测试仪日保养记录表

设备名称	在线测试仪		厂牌：		型号：			日期：						
保养（检查）项目	日　　期													
	1	2	3	4	5	6	7	8	9	10	11	12	13	14	15
系统接地正常														
机器与治具清洁														
气压调至 0.4～0.6 MPa														
测试主机打开														
计算机正常开机														
系统自检正常														
开关电路自检正常														
打印机正常														
气压正常														
排线顺序正常														
版本型号一致														

设备名称	在线测试仪			厂牌：			型号：			日期：			
保养（检查）项目	日 期												
	1	2	3	4	5	6	7	8	9	10	11	12	13	14	15
压床按钮正常															
治具压入量正常															
导轴垫片正常															
依照关机程序关机															
其他															
保养人签名：															

5.3.2 功能测试设备

依据控制模式的不同，功能测试可分为手动控制功能测试、半自动控制功能测试、全自动控制功能测试。最早的功能测试主要以手动和半自动方式为主，即使现在，对于一些简单的被测板的功能测试，基于简化设计和减少制作成本的考虑，有时还是采用手动或半自动的测试方案。随着科技的发展，为了节约生产成本，现在的功能测试绝大多数都是使用全自动的方案。还有一种更普遍的分类方式是，依据功能测试的控制器类型来分。在功能测试中，我们通常用的控制方式有 MCU 控制方式、嵌入式 CPU 控制方式、PC 控制方式、PLC 控制方式等。

功能测试就是测试整个系统是否能够实现设计目标。功能测试仪通常包括 2 个基本单元：加激励、收集响应并根据标准组件的响应评价被测组件的响应。大多数功能测试仪都有诊断程序，用来鉴别和确定故障。通常采用的功能测试主要有特征分析（SA）测试与复合测试。尽管有各种新的测试方法，如 AOI、AXI 及 ICT 的配合测试，但功能测试依然是保证产品到最终应用环境能立刻使用的关键手段。

1. 功能测试系统

功能测试涉及模拟、数字、存储器、射频电路和电源电路，通常要使用不同的测试策略。功能测试包括大量实际功能通路及结构验证（确定没有硬件错误），以弥补之前测试过程遗漏的部分。这需要将大量模拟/数字激励不断地加到被测单元上，同时监测同样多数量的模拟/数字响应，并完全控制其执行过程。

功能测试可在产品制造生命周期的不同阶段实施，首先是工程开发阶段，在系统生产验证前确认新产品功能；然后在生产中也是必需的，作为整个流程的一部分，通过昂贵的系统测试来降低缺陷；最后，在发货付运阶段也是不可缺少的，它可以减少在应用现场维修的费用，保证产品功能正常而不会被退回来。

功能测试有多种形式，这些形式在成本、时间、效果和维护性方面各有优缺点，我们将其分为以下 4 种基本类型，即模型测试系统、测试台、专用测试设备、自动测试设备。

（1）模型测试系统：理论上讲，检验设备功能最简单的方法就是把它放在一个和真的环境一样的模型系统或子系统中，然后看它工作是否正常。如果正常，那么可以有很大把握认为它是合格的；如果不正常，那么进行检测，找出失效的原因以指导维修。在实际生产中，这种测试系统有很多缺点，而且很少有效，因此只能作为其他测试方案的补充保留。

（2）测试台：一个常规测试环境，包括与被测设备之间的激励/响应接口、专门测试规程规定的测试序列与控制。激励/响应接口通常由标准电源及实验仪器、专用开关、负载及终端自定义电子设备（如数字激励）提供。在测试台上，夹具是一个非常重要的部分，其可以在被测元器件与测试台之间建立正确的信号路径和信号连通。在很多情况下，夹具基本上是针对每个应用而定制的，需要结合手工操作进行设置。测试台在连接到具体的产品时，优点是成本相对较低，设备比较简单，缺点是在应对多种产品时灵活性较差，即使针对某一个产品，当需要多个激励/响应时，它也不够使用。测试台常见于工程部门，因为那里有很多仪器可以很快组合起来，并且手头也有相关资料，用于进行个别测试，不需要特别完整的测试步骤。一般来讲，高性能产品测试台并不足以应对生产测试或发货阶段的大批量测试。

（3）专用测试设备（Special Test Equipment，STE）：理论上讲，专用测试设备就是使测试台实现操作自动化的系统，系统的心脏通常是一台计算机，通过专用总线（采用 IEEE、VXI、PXI 或 PCI 标准）和一些可编程仪器进行控制。速度、性能、适用情况、成本及其他因素影响着仪器总线和结构的选择。各种仪器和通用设备堆叠在一个或多个垂直机箱里（基本型 STE 通常称为机架系统），然后连接到被测设备上。连线与接通一般完全自动进行并由软件控制，不过这会使接收器的内部连接非常复杂，数字资源（信道）通常在一个专用机架上，然后由另一个单独机架包含开关阵列并对模拟仪器进行连接及分配。如果需要模拟信道或数字信道，那么夹具可以提供跳线，为使成本、空间和灵活性达到最优，通常还要专门针对具体的项目或程序进行设置，因此新的项目要设计新的 STE。如果使用自动化测试台，设置时间、测试时间及整体操作都比手工测试台更加快速且容易，STE 可以扩展为满足多种性能的需要，通常用于生产或维修中心。

（4）自动测试设备（Automatic Test Equipment，ATE）：一种通过计算机控制进行元器件、PCB 和子系统等测试的设备。ATE 通过计算机编程代替人工劳动，可自动完成测试序列，其从最初出现至今已有三十多年。当微型计算机控制的仪器出现后，ATE 的结构设计变成直接针对测试需要，重点关注系统集成、信号连通灵活性、增值软硬件、面向测试的语言、图形用户界面等。ATE 和普通设备（如 ICT 或 MDA）不一样，其更为复杂，主要由测试部分与计算机控制部分构成。

2．其他检测设备

（1）特征分析测试仪：特征分析测试技术是一种动态数字测试技术，该测试必须采用针床夹具，在进行功能测试时，特征分析测试仪通常通过边界连接器与被测组件来实现电气连接，然后从输入端口输入信号，并检测输出信号的幅值、频率、波形和时序。特征分析测试仪通常有一个探针，当某个输出端口上信号不正常时，可通过这个探针与组件上特定区域的电路进行电气接触，来进一步找出缺陷。

（2）复合测试仪：把在线测试和功能测试集成到一个系统的仪器是近年来广泛采用的测试设备。它包括或部分包括边界扫描功能软件和非矢量测试相关软件，特别适用于高密度封装及含各种复杂 IC 芯片的组件板的测试。对于引脚级的故障检测，复合测试仪可达100%的覆盖率，有的复合测试仪还包括实时的数据收集和分析软件，可以监视整个组件的生产过程，还可以在出现问题时及时反馈并改进装配工艺，使生产的质量和效率能保持在

可控范围内。

总之，电子产品的质量是在生产过程中进行质量控制的，因为电子产品的生产要经过很多道工序，所以电子产品的最终质量是各生产工序生产质量的综合结果，如最终产品合格率是各生产工序半成品合格率之积的结果。根据木桶效应原理，电子产品质量的好坏主要由最差的生产工序、设备和操作人员等决定，因此，在生产过程的每一道工序都要增加必要的检测，这是保证电子产品质量的不二法门。

任务 5.4　返修设备的应用

返修设备是一种局部回流焊设备，用于对 PCB 上需要返工的 SMC 进行回流焊接，因此返修设备又称为局部性回流焊接设备。

所谓返修，是指为使不合格产品满足预期用途而对其采取的措施。在 GB/T19000—2000《基础和术语》标准中，将返工定义为"为使不合格产品符合要求而对其采取的措施"；将返修定义为"为使不合格产品满足预期用途而对其采取的措施"。返工和返修是有明显区别的，其主要区别是返工后的产品可以消除不合格，使原来不合格的产品经采取措施后成为合格产品；而返修的产品经采取措施后，仍属不合格产品，但采取措施后，产品可以满足预期的使用要求。

返修设备应能重复 PCB、焊膏和元器件原先在 SMT 生产环境中的制造，同时要求返工系统的温度曲线和回流焊炉相似，适用于相同规格的 PCB 和元器件。返修设备如图 5.15 所示。

图 5.15　返修设备

5.4.1　常规元器件返修设备

手工焊接与返修往往对手工操作技术要求较高，SMC/SMD 的手工焊接有时比通孔插装元器件的焊接更具挑战性，因为它有更小的引脚间距和更高的引脚数。在返修工艺中，必须小心，不要将 PCB 加热到过热状态，否则电镀通孔和焊盘都容易损伤。手工返修工具如图 5.16 所示。

图 5.16　手工返修工具

1. 手工焊接方式分类

手工焊接方式主要分为直接接触式焊接与热风（热气）焊接两种。

1）直接接触式焊接

直接接触式焊接是用加热的焊接嘴或环直接接触焊点进行焊接，焊接嘴或环安装在焊接工具上。焊接嘴用来加热单个的焊点，而焊接环用来同时加热多个焊点。焊接嘴有多种设计结构。焊接环也有多种设计结构，有两面或四面的离散环，主要用于元器件的拆除，环的设计主要用于多脚元器件，如集成电路（IC）；当然，它们也可用来拆卸矩形和圆柱形的元器件。焊接环对取下的已经用胶黏结的元器件非常有用。在焊膏熔化后，焊接环可拧动元器件，打破胶的连接。

对焊接嘴与焊接环要经常进行预防性维护，不仅需要清洁，有时要上锡，甚至要求经常更换，特别是在使用小焊接嘴时。直接接触式焊接系统的价格有高有低，分为限温、恒温和控温 3 种。

（1）恒温系统：提供连续、恒定的输出，可持续地传送热量；对于表面贴装应用，该系统应该在 335～365 ℃温度范围内运行。

（2）限温系统：具有帮助保持该系统温度在一个最佳范围的温度限制能力。该系统不连续地传送热量，可防止过热，但加热恢复较慢，这可能会引起操作人员设定比希望温度更高的温度，以加快焊接。对于表面贴装应用，该系统的操作温度范围为 285～315 ℃。

（3）控温系统：提供高输出能力。该系统与限温系统一样，不连续地传送热量，其响应时间和温度控制比限温系统更优越。对于表面贴装应用，该系统的操作温度范围为 285～315 ℃，同时能提供更好的偏差能力，通常是 5～10 ℃。

在多数情况下，直接接触式焊接是补焊及元器件取下与更换最容易和成本最低的方法，用胶附着的元器件也可容易地用焊接环取下；由于焊接嘴或焊接环必须直接接触焊点和引脚，因此没有限制的焊接嘴或焊接环容易受到温度冲击，若将焊接嘴或焊接环的温度提升到希望的范围之外，则最终可能损伤陶瓷元器件，特别是多层电容。

2）热风焊接

热风焊接是通过喷嘴把加热的空气或惰性气体（如氮气）指向焊点和引脚来完成的。热风焊接机如图 5.17 所示。热风焊接设备包括从简单的手持式系统加热单个位置到复杂的自动系统加热多个位置。手持式系统用于取下和更换矩形、圆柱形和其他小型元器件；自动系统用于取下和更换复杂元器件，如密脚和面积排列元器件。

图 5.17　热风焊接机

热风焊接避免了直接接触式焊接可能发生的局部热应力过高的现象，使它在均匀加热应用中成为首选。热风焊接的温度范围一般为 300～400 ℃，熔化焊膏要求的时间取决于热风量。较大的元器件在取下或更换之前，可能要求超过 60 s 的加热时间。喷嘴的设计很重要，其必须将热风指向焊点，但有时要避开元器件。喷嘴可能复杂且昂贵，因此充分的预防维护是必要的，而且必须定期清洁和适当储存，防止损坏。

热风焊接的有关特性：热风作为传热媒介的低效率，降低了由缓慢加热产生的热冲击，这对某些元器件是一个优点，如陶瓷电容；使用热风作为传热媒介，消除了直接与焊接嘴接触的必要，温度和加热率是可控制、可重复和可预测的。

2. 常用的手工焊接工具

常用的手工焊接工具主要有烙铁、烙铁架、热风枪、吸水棉、吸锡器或吸锡带、助焊笔、剪钳、镊子、拆焊工具等。

1）电烙铁

手工焊接最常用的工具是电烙铁，它的作用是加热焊接部位、熔化焊料、使焊料和被焊金属连接起来。

（1）电烙铁的分类：按加热方式分为直热式、感应式、储能式及调温式。其中，直热式又分为内热式和外热式两种。当焊接集成电路及易损元器件时，可采用储能式电烙铁；当焊接大焊件时，可用 150～300 W 大功率外热式电烙铁。大功率电烙铁的烙铁头温度一般为 300～400 ℃。按电烙铁的消耗功率分为 20 W、30 W……500 W，一般电子元器件的焊接以 20～35W 内热式电烙铁为宜。按电烙铁的功能分为单用式、两用式。

（2）电烙铁的基本结构：由发热部分（烙铁芯）、储能部分（烙铁头）和手柄部分组成，如图 5.18 所示。

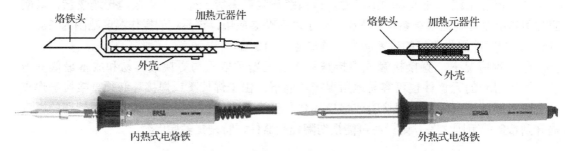

图 5.18　内热式与外热式电烙铁

内热式电烙铁是最常用的单一电烙铁，由手柄、连接杆、弹簧夹、烙铁芯、烙铁头组成。由于烙铁芯安装在烙铁头里面，发热快、热利用率高，因此称为内热式电烙铁。烙铁芯是用电阻丝缠绕在密闭的陶瓷管上制成的，可对烙铁头直接加热。这种电烙铁的优点是发热快、体积小、质量轻、耗电低、能量利用率高（85%～90%），20 W 的内热式电烙铁的实际发热功率与 25～40 W 的外热式电烙铁相当；缺点是加热器制造复杂，烧断后无法修复，主要用于 PCB 上元器件的焊接。

外热式电烙铁由烙铁头、烙铁芯、外壳、木柄、电源引线、插头等组成。由于烙铁头安装在烙铁芯里面，因此称为外热式电烙铁。烙铁芯是外热式电烙铁的关键部件，它是将电热丝平行地绕制在一根空心瓷管上构成的，中间的云母片绝缘，并引出两根导线与 220 V 交流电源连接。这种电烙铁的优点是结构简单，价格便宜；缺点是热效率低、升温慢、体积大。外热式电烙铁主要用于导线、接地线和较大元器件的焊接，功率有 30 W、45 W、75 W、100 W、200 W、300 W 等。

感应式电烙铁也称为热烙铁，俗称焊枪，其基本结构是内部有一个变压器，当初级线圈通电时，次级线圈感应出大电流，通过加热器，使与它相连的烙铁头迅速达到焊接所需的温度，如图 5.19 所示。感应式电烙铁的优点是加热速度快，手柄上有开关，工作时只要按下几秒就能进行焊接，无须持续通电；缺点是由于感应式电烙铁的内部特点，因此对一些电荷敏感元器件，如绝缘栅 MOS 电路，常会因感应电路而使电荷敏感元器件（如绝缘栅）电路损坏。

吸锡电烙铁是将活塞式吸锡器与电烙铁融为一体的拆焊工具，如图 5.20 所示。它具有使用方便、灵活及适用范围宽等特点。吸锡电烙铁的缺点是每次只能对一个焊点进行拆焊。吸锡电烙铁具有吸锡、加热两种功能，先用吸锡电烙铁加热焊点，待焊膏熔化后按动吸锡装置，即可将锡吸走。

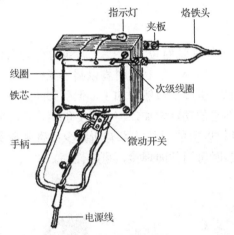

图 5.19 感应式电烙铁

图 5.20 吸锡电烙铁

恒温电烙铁是通过电烙铁内部的磁性开关来保持恒温的，当烙铁头达到预定的温度时，开关断开，停止加热；当温度降低时，开关又自动闭合。恒温电烙铁的优点是节电50%左右；焊料不易氧化，可减少虚焊，并提高焊接质量；电烙铁的使用寿命长；可防止被焊元器件因温度过高而损坏；升温时间短，如图 5.21 所示。

2）吸锡器

吸锡器是一种修理电器的工具，用于收集拆卸焊盘电子元器件时融化的焊膏，有手动、电动两种。维修、拆卸零部件时需要使用吸锡器，尤其是大规模集成电路，以及更为难拆、拆不好容易破坏的 PCB，否则容易造成不必要的损失。简单的吸锡器是手动式的，且大部分是塑料制品，由于其头部常常接触高温，因此通常采用耐高温塑料制成。

常见的吸锡器主要有吸锡球、手动吸锡器、电热吸锡器、防静电吸锡器、电动吸锡枪及双用吸锡电烙铁等，如图 5.22 所示。大部分吸锡器为活塞式，按照吸筒壁材料，吸锡器可分为塑料吸锡器和铝合金吸锡器，塑料吸锡器轻巧，价格便宜，但做工一般，长型塑料吸锡器吸力较强；铝合金吸锡器外观漂亮，吸筒密闭性好，一般可以单手操作，更加方便。按照是否可电加热，吸锡器可分为普通吸锡器和电热吸锡器，普通吸锡器在使用时需配合电烙铁一起使用；电热吸锡器可直接拆焊，部分电热吸锡器还附带烙铁头，换上后可作为电烙铁焊接使用。

图 5.21　恒温电烙铁

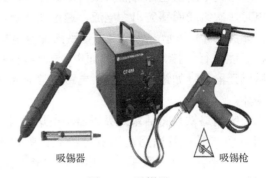

吸锡器　　　　　　　　　吸锡枪

图 5.22　吸锡器

5.4.2　返修工作站的应用

BGA 返修台是针对不同大小的 BGA 原件进行视觉对位、焊接、拆卸的智能操作设备，其可有效提高返修率和生产率，大大降低成本。BGA 的 I/O 引脚以圆形或柱状焊点按阵列形式分布在封装下面。BGA 技术的优点是 I/O 引脚数虽然增加了，但引脚间距并没有减小，反而增加了，从而提高了组装成品率；虽然它的功耗增加，但 BGA 能用可控塌陷芯片法焊接，从而改善它的电热性能；厚度和质量较以前的封装技术有所减少；寄生参数减小，信号传输延迟减小，使用频率大大提高；组装时可用共面焊接，可靠性高。

1. 返修工作站

返修工作站是一种常用的返修台，深圳效时 SP380 返修工作站如图 5.23 所示。

深圳效时 SP380 返修工作站的产品特点如下。

（1）优良的发热材料，可精确控制 BGA 的拆焊和焊接过程。

（2）可大幅度调节热风流量和温度，产生高温微风；配备强力横流风扇，可快速制冷加热区；配有多种尺寸热风喷嘴，易于更换，也可根据实际要求专门定制。

（3）配移动式加热头，可前后左右任意移动，方便操作；上下部热风可分别根据温度设定精确控温，底部红外恒温加热温区，合理的控温配置使返修更加安全可靠；上下加热区均设有超温报警和保护功能。

图 5.23　深圳效时 SP380 返修工作站

（4）多段恒温控制，可存储上百组温度设定参数，在触摸屏上可进行曲线分析。

（5）触摸屏人机界面、PLC 控制、实时温度曲线显示，可同时显示设定温度曲线和实测温度曲线。

（6）可调式 PCB 定位支架，定位方便快捷，可安装异型板专用夹具；BGA 焊接区支撑框架，可微调高度以限制焊接区局部下沉。

（7）拆焊或焊接完毕具有报警和保护功能；手持式真空吸笔便于吸走 BGA。

（8）机体和机箱一体化设计，占用空间小，整机可根据需要更改为仪表控制。

返修工作站的技术指标主要包括 PCB 适用尺寸、温度控制方法（K 型热电偶、闭环控制）、PCB 定位方法、上下部加热温度与功率、设备尺寸及使用电源。

2. 返修工作站的工作原理

普通热风 SMD 返修工作站的工作原理：采用非常细的热气流聚集到 SMD 的引脚和焊盘上，使焊点融化或使焊膏回流，以完成拆卸或焊接功能。

拆卸的同时，使用一个装有弹簧和橡皮吸嘴的真空机械装置，当全部焊点熔化时，将 SMD 轻轻吸起来。热风 SMD 返修工作站的热气流是通过可更换的各种不同规格尺寸的热风喷嘴来实现的。由于热气流是从加热头四周出来的，因此不会损坏 SMD 及基板或周围的元器件，可以比较容易地拆卸或焊接 SMD。

不同厂家的返修工作站的相异之处主要在于加热源不同或热气流方式不同。有的喷嘴使热风在 SMD 四周和底部流动，有的喷嘴只将热风喷在 SMD 的上方。从保护元器件的角度考虑，应选择气流在 SMD 四周和底部流动的气流方式，为防止 PCB 翘曲，还要选择具有对 PCB 底部进行预热功能的返修工作站。由于 BGA 的焊点在元器件底部，是看不见的，因此当重新焊接 BGA 时，要求返修工作站配有分光视觉系统（或称为底部反射光学系统），以保证在贴装 BGA 时能精确对中。

3. 返修工作站的选择

返修工作站的选择主要考虑加热通道的数量、加热温度、功率及热管理能力几个因素。SMD 返修工作站的评价主要采用一套加权的评价办法，即给用户最终认可的比较重要的问题进行打分。本书从设备技术参数与价格、温度、返修设备加热方式、喷嘴设计、重复性 5 个方面进行评估。

1）设备技术参数与价格

设备技术参数对预先确定的工作内容的影响最大，只有认真对待设备技术参数的评价，才能保证选择不带有主观性。因此，在选择返修工作站时，必须充分了解与认识 SMD 返修工作站的技术参数。

价格可能成为选择设备的障碍。目前，一台普通国产 SMD 返修工作站的价格可以归类为 20 万元以下、20 万～40 万元、40 万元以上等几类。当然，备件配备越丰富、辅助功能越多、技术指标参数越高的高档 SMD 返修工作站，其价格越贵，相较于返修设备的价格，选择一台合适的 SMD 返修工作站才是最关键的。

2）温度

加热温度必须高于焊膏或焊球熔点的温度。针对选择的 SMD 返修工作站所能达到的温度，必须把它控制在能顺利拆掉或换掉元器件的温度之上，且不宜过高，把时间、流动速度和系统能力结合起来，用返修工作站来传递热量，并把热量限制在需要它的地方，通过操作界面可以看到整个热量达到 PCB 两侧的元器件。返修工作站的温度曲线要与回流焊炉的温度曲线相似，但是返修工作站的温度比较集中。

3）返修设备加热方式

底部加热：对返修工作站来说，在 PCB 下面加热属大范围加热，这通常会提高 PCB 周围的温度（保温），而且这个温度相当高，但是上面的局部热量不可过于集中，温度要适度，不能损坏在 PCB 上面和下面对温度敏感的元器件。返修设备加热要均匀，可以在 PCB 上测量从一端到另一端的温度，这最能说明加热器能否提供均匀的基准温度；也可以在上面通过局部加热来补充基准温度的不足，放上热电偶，运行设定温度曲线，然后测量并比较结果。对 SMT 返修工作站而言，加热器的功率规格是系统给 PCB 加热的保障，但是不能根据这个参数进行判断，下面的加热器的效率仅提高功率，但不能解决任何其他问题，通过热量的扩散，保证 PCB 及时、充分地加热才是关键。

顶部加热：顶部加热是比较重要的，或者说是在有源元器件周围产生一个小范围加热环境，这样可以很好地把热量控制在局部范围内；这时不仅要向需要加热的地方及时输送热量，而且要防止热量传到不需要的地方，保证邻近组件不受影响，这点是同样重要的。由于红外加热无法把热量完全集中在需要的地方，因此会影响邻近组件。

4）喷嘴设计

在返修工艺中，使用的喷嘴是操控加热器产生热气流的装置。绝大部分的返修工作站的喷嘴都是经过精心设计的，能够让热量流到需要的地方，只有当加热元器件和流量控制电子电路产生的温度和流动速度是均匀的时候，才能达到很好的焊接效果。返修工作站通过加热形成温度可调的热气流（空气或氮气），让热气流流到元器件及焊球和 PCB 之间的界面，同时控制热气流的数量。大型元器件需要的热量比小型元器件需要的更多，如果气流的流动速度过大，那么可能会造成小型元器件错位。现在很多返修工作站都采用 PID 模糊控制加热，这种控制装置可以对预定斜升信号的能力、达到设定温度的超调量和失调量实行控制，运用热气旁通的办法将短时间出现的周围的热气送进混合室，然后经喷嘴流出。如果不能保证喷嘴内的空气的温度保持均匀，那么不可能均匀地加热 PCB 组件。

5）重复性

返修工艺的重复性是在同一台返修工作站上进行试验，操作人员能够独立地得到可重复的结果。例如，在一个系统上多次运行同一条温度曲线，得到的结果是否一样；在不同的设备上运行标准温度曲线，得到的结果是否相同，这对返修设备很重要。在评估返修工作站时，必须明确这台返修工作站能够修复的最大和最小 PCB 的尺寸、返修设备的精度能否满足最小元器件的尺寸要求、光学系统能否分辨出最小元器件和最大元器件的尺寸是多少、返修设备的热管理能力如何，以及对返修设备市场的了解。

任务 5.5　其他辅助设备

5.5.1　SMT 生产线辅助设备

SMT 生产线辅助设备主要有炉温测试仪、自动温度曲线测试系统、PCB 全自动分板机、焊膏测厚仪、BGA 返修工作站、供料器校正仪、全/半自动点胶机、焊膏搅拌机、零部件计数器、振动供料器及其他辅助设备等。下面介绍部分常用的 SMT 生产线辅助设备。

1. SMD 零部件计数器

SMD 零部件计数器用来准确测定卷带包装中 SMD 物料的数量，俗称点料机或盘点机，是 SMT 工厂物料管理的高效辅助设备，如图 5.24 所示，其特点如下。

（1）精准度高，无技术误差。

（2）SMD 通用卷带包装零部件皆适用。

（3）正反向皆可计数，具有重复检查功能。

（4）操作简单，独具匠心的防料带脱落设计对料带的伤害很小。

2. 焊膏搅拌机

焊膏搅拌机可以有效地将锡粉和助焊剂搅拌均匀，实现完美的印刷和回流焊效果；在节省人力的同时，令这一作业标准化；无须打开罐子，减少了吸收水汽的机会。焊膏搅拌机如图 5.25 所示，其特点如下。

（1）焊膏 45° 放置，沿轴心线方向自转，焊膏不再黏附到罐盖。

（2）双重安全装置，确保人身安全；搅拌的同时有清除气泡的功效。

（3）专用的控制电路，充分考虑了焊膏搅拌的过程控制。

（4）经实践验证过的转速比可避免因冲击锡粉和温升过大而影响焊膏的品质。

图 5.24 SMD 零部件计数器

图 5.25 焊膏搅拌机

3. 胶水脱泡机

胶水脱泡机是利用离心力将胶水中的空气分离出来，以防止点胶工艺中的不良。胶水脱泡机如图 5.26 所示，其特点如下。

（1）三重安全设计：门锁、接近开关和电磁铁可确保人身安全。

（2）适用性强，可接纳绝大部分通用胶管；仅需保持清洁，无须其他养护；运行平稳低噪声，并且操作简单。

4. 钢网清洗机

钢网清洗机整机以压缩空气为能源，不使用任何电源，适用于清洗 SMT 钢网上的焊膏和红胶，如图 5.27 所示。钢网清洗机的特点是安全稳定、具有超强洁净能力、节省溶剂、占地小、服务全面，而且利用超声波进行清洗，从清洗到干燥一键式操作，清洗时间缩短 30%，大幅度减少清洗液的消耗量，只需 18 升水即可进行清洗。钢网清洗机下部为抽屉式设计，使清洗液的更换及设备的维护更为简便。

| 图 5.26 胶水脱泡机 | 图 5.27 钢网清洗机 |

5. 全自动上/下料机

全自动上料机的主要功能是将上板架中的 PCB 空白板按照设定的间隔，由印刷机所给信号逐一送给印刷机进行印刷，如图 5.28 所示；全自动下料机的主要功能是将回流焊炉送出的 PCB 按照设定的间隔，逐一收回到上板架中，如图 5.29 所示。全自动上/下料机的特点如下。

（1）使用 PLC 控制、工作稳定可靠；触摸屏显示操作，人机对话方便，操作简单。

（2）多项声光报警功能；使用标准料架，通用性强，可根据 PCB 厚度设定料架升降步距；具有自动计数功能，方便生产统计。

（3）备有信号通信接口，方便与其他机器在线接驳；周转箱采用汽缸多角度夹持。

（4）周转箱采用塑料链条，传动平稳。

全自动上/下料机的主要技术参数包括可装载 PCB 的尺寸范围、PCB 运输高度、PCB 运输方向、料架升降可调步距、适用料架规格、设备外形尺寸、设备总质量，以及适用的电源、气源与功耗。

| 图 5.28 全自动上料机 | 图 5.29 全自动下料机 |

6. 波峰焊入板机

通过波峰焊入板机可将插好元器件的 PCB 送入波峰焊炉。波峰焊入板机的技术特点：用于波峰焊炉前端与插件线接驳；轨道宽度和角度均可手动调节；工作稳定，安全可靠。波峰焊入板机的主要技术参数包括 PCB 宽度、PCB 运输方向、PCB 运输速度、运输电机的功率、运输带长度与质量，以及外形尺寸。

5.5.2 静电防护设备

静电防护设备的重点是静电敏感元器件（Electro-Static Sensitive Device，ESSD）。在电

子产品生产过程中，使用的防静电器材可归纳为人体静电防护系统、防静电地坪、防静电操作系统三大类。静电防护警示标志如图 5.30 所示。

1. 人体静电防护系统

人体静电防护系统主要由防静电的腕带、工作服、鞋袜等组成，必要时需辅以防静电的帽子、手套或指套、围裙、脚套等。这种整体的防护系统，兼具防静电泄漏与屏蔽的功能。

1）防静电腕带

防静电腕带与皮肤直接接触，是一种通过接地把人体静电导走的装置，如图 5.31 所示。

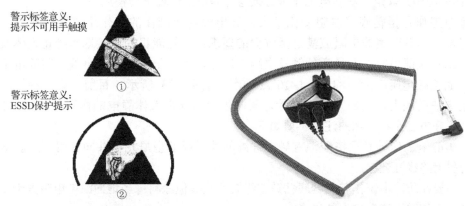

警示标签意义：
提示不可用手触摸
①

警示标签意义：
ESSD保护提示
②

图 5.30 静电防护警示标志　　　　　　图 5.31 防静电腕带

由于防静电腕带是利用它与人体皮肤接触而把人体静电迅速导走的装置，因此操作人员的皮肤与防静电腕带接触良好是发挥防静电腕带导走静电作用的关键。所以，在使用防静电腕带的过程中必须切实注意这一问题。

防静电腕带串接 1 MΩ 保护电阻，注意在使用中不能脱落，以免失去保护作用；戴上防静电腕带后，应用防静电腕带测试仪检查上述两项要求。防静电腕带使用时的连接方法一般是将防静电腕带接地线通过一公共端子与工作台的导电台垫相连。

2）防静电工作服

防静电工作服（见图 5.32）指以防静电织物为面料缝制的工作服。防静电织物的导电性能与纯棉织物的导电性能比较如表 5.6 所示。

表 5.6 防静电织物的导电性能与纯棉织物的导电性能比较

项目	表面电阻/Ω	摩擦静电压/V	半衰期/s
纯棉织物	$10^4 \sim 10^{12}$	<500	<30
防静电织物	$10^2 \sim 10^5$	<200	<5

使用防静电工作服时的注意事项如下。

（1）根据接触 ESSD 的静电敏感度的不同，选用相应的防静电工作服。

（2）禁止在防静电工作服上附加或佩戴任何金属物件；不许在操作 ESSD 的场所穿或脱

图 5.32 防静电工作服

防静电工作服。

（3）洗涤时应避免防静电工作服受到较强的机械和化学损伤。

（4）批量购回的防静电工作服应随机抽测其性能。

（5）防静电工作服经多次洗涤后，可以用抗静电处理液处理，以恢复其抗静电性能。

3）防静电工作鞋、袜、帽、手套

从人体接地和防止人体、鞋子本身带电的角度考虑，在将地坪做成防静电地面的同时，必须要求操作人员穿戴具有一定导电性能的防静电工作鞋。防静电工作服的国标（GB12014—2019）规定，防静电工作服必须与防静电工作鞋配套使用。

防静电工作鞋指鞋底用电阻变化不大的导电性物质制作的工作用皮鞋、布鞋、胶鞋等。防静电工作鞋鞋底的电阻应满足两方面的要求：一是能将人体接地和防止人体及鞋本身带电；二是保证当操作人员意外触及电网电压时，不至于发生电击事故。防静电工作鞋的鞋底表面绝缘电阻率为 $5\times10^4\sim1\times10^8\ \Omega\cdot cm^2$，如图 5.33 所示。目前，有一种导电接地条，将它卡在鞋底上，端部紧贴脚踝骨，同样可起到导走人体静电的作用，如图 5.34 所示。穿戴防静电工作鞋、袜的注意事项如下。

（1）防静电工作鞋必须搭配混有导电纤维的袜子或薄型尼龙袜共同使用；防静电工作鞋里不得另附绝缘性鞋垫。

（2）不要在防静电工作鞋的鞋底粘贴绝缘胶片或其他涂料；当地面漏电电阻大于 $10^{10}\ \Omega$ 时，防静电工作鞋不能消除人体静电。

（3）新的防静电工作鞋在使用前应该测量其性能并做好记录，而且使用效果要定期复测。

在生产半导体和集成电路的洁净室及高精密电子产品的装联操作中，要求操作人员戴防静电工作帽和手套或指套，如图 5.35 所示。

图 5.33　防静电工作鞋　　图 5.34　导电接地条的佩戴　　图 5.35　防静电工作帽、手套

2. 防静电地坪

为有效地使人体静电通过地面尽快导走，操作人员除穿防静电工作服、防静电工作鞋之外，其先决条件是地面必须具有一定的导电性能，即地面是防静电的。这种防静电地坪能导走设备、工装上的静电，以及移动操作时不宜使用防静电腕带的人体静电。防静电地坪性能参数的确定依据两个原则，既要保证在较短时间内放电至 ESSD 的安全电压（100 V）以下，又要保证操作人员的安全。通常系统电阻控制在 $10^5\sim10^8\ \Omega$。从静电性能来看，防静电地坪的材料并不是一个纯电阻，而是一个包含大地作用（电容）的 RC 电路元件。几种常用的防静电地坪如下。

（1）防静电橡胶板：地面用防静电胶板铺装而成。防静电橡胶板的外观除黑色以外，还有浅色和绚丽的彩色胶板，如图 5.36 所示。

（2）防静电 PVC 地板：又称为防静电 PVC 塑胶地板。防静电 PVC 地板能够防止静电的发生、避免灰尘附着，适用于计算机室、办公室、医院、无菌室、电子工厂等要求防静电的场所。

（3）防静电地毯：在地毯用纱中混入一定量的导电纤维制作而成。为提高防静电地毯的防静电性能，要求在地毯纤维中嵌入导电纤维的同时，其底布也应是防静

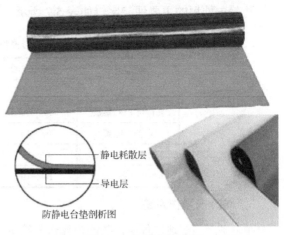

图 5.36 防静电橡胶板

电的。防静电地毯即使在较低的相对湿度下（RH40%以下），也具有良好的防静电性能。防静电地毯可满足精密电子产品装调工作间的要求，铺设时应直接与静电接地线相连。防静电地毯的防静电效果明显、受环境温湿度影响小，但易受污染、成本高。

（4）防静电活动地板：分为钢制、铝制、木质、水泥和树脂基地板，其所用地板贴面有三聚氰胺、PVC 和树脂类。地板块靠支架支撑，支架能调节上下高度以保证各地板块在同一水平面，如图 5.37 所示。防静电活动地板的系统电阻分为两级，A 级为 $1.0×10^5$～$1.0×10^8$ Ω，B 级为 $1.0×10^5$～$1.0×10^{10}$ Ω，其支架承载力应大于 10^3 kg。防静电活动地板的优点是防静电效果好、美观、地板与支架底面形成的空间可用来自由铺设、可连接各种管线；缺点是成本高，使用时间长了易发生变形、扭曲，地板面的耐磨性和清洗问题也有待解决。

（5）防静电水磨石地面：一种现场整体浇筑成型的地坪。施工时，在找平层中铺设钢丝网并添加导电性填料，使其成为静电导泄层和水磨石面层合成的防静电水磨石地面。该地面属于静电导体，摩擦起电电压极低，泄放静电能力强，寿命与建筑共存，为相对永久型材料，如图 5.38 所示。为确保防静电水磨石地面达到快速泄放（泄放时间<1 s）静电和人身安全的要求，地面系统电阻应控制在 10^5～10^8 Ω。防静电水磨石地面的特点是性能稳定、寿命长、成本低、美观，以及可随意选择花色、便于维护清扫、不怕物流重车碾轧等，特别适用于有静电防护要求的新建厂房。

图 5.37 防静电活动地板

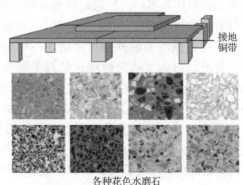

图 5.38 防静电水磨石地面

防静电地坪的主要性能比较如表 5.7 所示。

表 5.7　防静电地坪的主要性能比较

地面材料	系统电阻/Ω	使用寿命/年	成本
防静电橡胶板	$10^5 \sim 10^9$	5～10	较贵
防静电 PVC 地板	$10^5 \sim 10^9$	5～10	较贵
防静电地毯	$10^5 \sim 10^9$	3～5	贵
防静电活动地板	$10^5 \sim 10^{10}$	5～10	贵
防静电水磨石地面	$10^5 \sim 10^8$	30～50	贵

3．防静电操作系统

在电子产品制造过程中，防静电操作系统主要包括在各工序中经常与元器件、组件、成品发生接触或分离摩擦作用的工作台面、生产线、工装、工具、包装袋、存运车（箱、盒）及清洗液等。它们大都是由高度绝缘的橡胶、塑料、织物、木材、玻璃等制作而成，极易在生产过程中积聚大量的静电且难以通过接地泄放，是造成 ESSD 损坏的重要原因，故必须对其进行静电处理或用相应的防静电制品替代，这就是防静电操作系统，如图 5.39 所示。

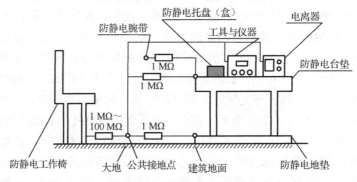

图 5.39　防静电操作系统

（1）防静电台垫：为保证工作中的工件与桌面摩擦不产生静电及工件上的静电能通过桌面迅速泄放，应在普通工作台上铺设防静电台垫。防静电台垫的表面电阻率为 $10^5 \sim 10^9 \ \Omega \cdot cm^2$，装有接地扣，通过 $10^8 \ \Omega$ 的电阻和静电接地干线相连。防静电台垫的结构可以做成单层、双层和多层，还可以做成多种色彩。

（2）防静电包装袋（盒、条、管）：防静电包装袋由静电传导塑料膜或透明防静电塑料制成，其可根据产品的外形尺寸做成各种规模，用来包装和储存 ESSD 和装有 ESSD 的 PCB。目前，市场上的防静电包装袋主要有 3 种：第一种是透明的，由抗静电塑料膜和 10 nm 左右的金属化外层复合而成，其不需要打开就可以清楚地看到袋内的产品；第二种是由 3 层材料制成，这种包装袋既可以泄放电荷，又可以起静电屏蔽作用；第三种是国内生产的黑色不透明的防静电包装袋，其效果和国外的基本一样。为保证产品安全，在往防静电包装袋装入工件或从中取出工件时，应佩戴防静电腕带并接地。

（3）防静电元器件盒和周转箱：在电子产品生产线上，存放 ESSD 的盒子不得使用一般的硬塑料制品，必须采用防静电元器件盒，同时装有 ESSD 的 PCB 的存放和转运必须采用防静电周转箱。防静电元器件盒和周转箱是用导静电且阻燃的塑料注塑成型的，具有耐化学腐蚀、阻燃等特点，其表面电阻率为 $10^3 \sim 10^8\ \Omega \cdot cm^2$，如图 5.40 所示。

（4）防静电物流车：用于周转 ESSD 或装有 ESSD 组件的小车。防静电物流车的车体和隔挡由防静电材料制成，并装有导电橡胶轮，对地电阻 $<10^9\ \Omega$。从结构上看，防静电物流车有箱式车和多层货架车等。如果防静电物流车的车轮为一般绝缘类橡胶，那么应在导静电的车体上装置一条金属链子挂到地面上，这样可以随时将静电泄放。

（5）导电泡沫板：插上 ESSD 的导电泡沫板如图 5.41 所示。导电泡沫板有高密度和低密度两种，高密度导电泡沫板适用于插放元器件、零散的 ESSD，特别是维修件，插放在导电泡沫板上可以使元器件固定，既可保护元器件不受静电伤害，又使元器件不易丢失，且便于携带。低密度导电泡沫板适用于防静电防震材料。

图 5.40　防静电元器件盒和周转箱　　　　图 5.41　插上 ESSD 的导电泡沫板

（6）防静电工作椅：为全面控制人体静电，操作人员所坐的工作椅必须是防静电的。防静电工作椅的椅面材料可选用防静电织物、防静电海绵或防静电软塑料等，其表面电阻率为 $10^5 \sim 10^9\ \Omega \cdot cm^2$；也可选用防静电材料制作成防静电的靠背椅套和坐垫，如图 5.42 所示。

（7）离子风机：由高压直流电源、电晕放电器和送风系统组成。离子风机的离子发生器应用直流脉冲电源通过尖端放电的方法产生正、负离子，然后送到周围区域，确保空气中导电离子可达 6×10^3 个 $/m^3$。离子风机用来中和非导电材料如 PCB、陶瓷元器件、人造织物、普通塑料器材及形状复杂成品上所带的静电。有些离子风机的有效范围可达几米，可对传送带上的成品所带静电进行中和，也可制作成离子风幕安装在操作间门口，用来消除进出人员和货物上所带的静电。离子风机如图 5.43 所示。离子风机配上空气压缩装置可组成离子化喷枪、离子化空气喷嘴等，从而吹出高压离子化空气，用于电子工厂除尘及中和电子产品机箱内静电。

图 5.42　防静电工作椅　　　　　　　　图 5.43　离子风机

（8）其他防静电用品：为满足不同需要，防静电用品的门类品种很多，除上述的产品以外，还有防静电贴墙布或贴墙纸、防静电窗帘、防静电清洗液、防静电毛刷、防静电胶带纸、防静电胶液、增湿器、带自感应式消电器的防静电清洗机等。在使用这些产品时，一定要检测其防静电性能。

抗静电剂一般都是表面活性剂，其中亲水基排列在塑料或橡胶表面，通过吸收空气中的水分形成一层极薄的导电层。非离子型抗静电剂虽然与离子的导电性没有直接关系，但它们是同一类吸湿性化合物，能够使聚合物中的少量电介质产生离子化倾向，从而达到降低表面电阻的目的。抗静电剂应用的重要效果是减少由摩擦产生的静电，可用刷、喷涂、浸渍或其他方法加在工作服、地板、地毯、工作台台面、椅子、元器件盒、周转箱、转运车、墙、天花板、工具、纸、塑料上，使其成为具有一定期限的 ESSD 防护物体。

实训 17　SMT 生产车间布局完整设计

1. 学习内容

本实训的任务是分析现有 SMT 教学工厂的现状，结合第 1 章实训 3 的工作任务，对 SMT 生产车间进行完整的布局设计。通过完整的生产车间布局设计，可以有效地做好功能区域分布，安排好设备的站位，避免造成人力、财力和宝贵的生产时间的浪费。在 SMT 生产车间现有生产线规模、车间现状、使用需求及区域细节等现有布置的前提条件下，首先我们必须对现有生产线规模进行充分的了解。例如，上几条生产线，上什么样的生产线，是 SMT 生产线，还是插装线、调试线、总装线等，做到心中有数后，方可进行布局设计。

确定作业分工与任务：结合现有 SMT 教学工厂和生产车间现有的电子制造 SMT 设备及辅助设备，仔细观察 SMT 教学工厂的生产车间布局，并分组讨论该布局的优缺点。结合课堂讲授和资料搜集，重新设计 SMT 生产车间完整布局设计和建设方案，并详细描述选择本方案的理由，绘制 SMT 生产车间布局图。

2. 生产车间布局前导设计

1）生产车间流水线布局的原则

生产车间流水线布局的原则是遵守逆时针排布、出入口一致规则，尽量避免孤岛型布局和鸟笼型布局。逆时针排布的主要目的是希望员工能够尽量采用一人完结作业方式、能够实现一人多机控制方式。一人完结与一人多机要求一个员工从头做到尾，因此员工是动态的，又称为巡回作业。所谓出入口一致，是指原材料入口和成品出口在一起。首先，这种方式有利于减少空手浪费。假设出入口不一致，员工采用巡回作业方式，那么当一件产品生产完了，需要重新取一件原材料进行加工时，员工就会空手从成品出口走到原材料入口，这段时间是浪费的。如果出入口一致的话，那么员工可以立刻取到新的原材料进行加工，从而避免了空手浪费。其次，由于出入口一致，布局必然呈现类似"U"的形状，使得各工序非常接近，从而为一个人同时操作多道工序提供了可能，提高了工序分配的灵活性，可取得更高的生产线平衡率。

孤岛型布局是把生产线分割成一个个单独的工作单元，其缺陷在于单元与单元之间互相隔离，无法互相协助。鸟笼型布局往往没有考虑到物流、人流顺畅的问题，这种布局错误地用机器设备或工作台把员工围在中间，使得物流不顺畅、在制品增加、单元与单元之间的相互支援也变得几乎不可能。

2）生产车间现状及要求分析

首先熟悉 SMT 生产车间的现状，以及针对第 1 章实训 3 电子制造工厂的车间布局设计的结果，充分分析 SMT 生产车间的现有设施与布局，留下预留的产能空间，确定设备产线区、板测区、返修区、品管区、后勤与仓库区、办公区、动力区等。

因为 SMT 生产设备是高精度的机电一体化设备，设备和工艺材料对环境的清洁度、湿度、温度都有一定的要求。为了保证设备正常运行及最终的组装质量，对现有工作环境的现状，从厂房布局、电源电压及功率、气源、排风、照明、清洁度、防静电等角度完成 SMT 生产车间现状分析。绘制生产线模拟图，分析生产线产能，并查阅资料，对选购设备进行比较，完成生产线配置方案设备预算和车间布局设计总预算。

3. 实训任务要求

在第 1 章实训 3 的基础上进行 SMT 生产车间布局完整设计，主要完成任务如下。

（1）绘制 SMT 生产车间布局图，详细划分功能区，设计整体布局图。

（2）确定 SMT 生产车间的细节要求，详细罗列 SMT 生产线需要的辅助工具、确定各区域的具体布局位置和功能要求，并写出设计方案。

（3）确定 SMT 生产车间的工作条件，说明电源、气源、供电线缆、供气管道、电气控制箱、动力房、电路配置、气路配置、隔断与门的设计要求，以及车间的安装条件和地面条件设计要求。

（4）根据选好的设备绘制 SMT 生产线模拟图，并说明生产线配置方案的优缺点与未来发展。

（5）完成设备预算和车间布局设计总预算。

内容回顾

本章详细叙述了电子产品制造过程中常用的检测方法及其对应的设备，重点介绍了焊膏印刷检测仪、自动光学检测仪与自动 X 射线检测仪的工作原理、基本结构、工作特点、检测过程、技术参数及保养与维护，同时从设备品牌、基本结构、检测项目、技术参数、应用、分类、保养与维护等角度介绍了在线测试仪，还介绍了功能测试设备及其他测试等。针对返修系统，主要介绍了如何选择与评估 SMT 返修工作站、手工焊接的不同方式及其对应工具，以及 BGA 返修工作站的技术特点、工作原理、操作技巧、保养与维护等。

此外，本章还介绍了 SMD 零部件计数器、焊膏搅拌机、胶水脱泡机、钢网清洗机、全自动上/下料机、波峰焊入板机等自动化生产线辅助设备；从人体静电防护系统、防静电地坪、防静电操作系统 3 个方面介绍了电子制造企业的静电防护设备。希望通过本章可以对 SMT 测试与辅助设备的学习有所帮助。

习题 5

1. 简述什么是机器视觉技术，以及机器视觉技术的优缺点。

2．检测方法如何分类？各有哪些检测方法？

3．什么是焊膏印刷检测仪？如何分类？各有何特点？有哪些品牌？

4．什么是自动光学检测仪？有哪些品牌？有什么功能？

5．简述自动光学检测仪的基本结构、工作原理及检测过程。

6．什么是自动 X 射线检测仪？有哪些品牌？有什么功能？

7．简述自动 X 射线检测仪的基本结构、工作原理及检测过程。

8．什么是在线测试仪？有哪些品牌？有什么功能？

9．简述在线测试仪的基本结构、工作原理及检测过程。

10．简述自动光学检测仪、自动 X 射线检测仪、在线测试仪等的维护与保养措施。

11．什么是返修？与返工有何区别？

12．如何选择 SMT 返修系统？

13．手工返修设备有哪些？手工焊接方式如何分类？

14．简述 BGA 的返修步骤。

15．简述返修工作站的特点与技术优势。

16．自动化生产线辅助设备都有哪些？

17．简述上板机及下板机的工作过程。

18．简述 SMT 接驳检查台的用途、产品特点及产品规格。

19．人体静电防护系统有哪些？作用分别是什么？

20．防静电地坪有哪些？作用是什么？

21．防静电操作系统有哪些？作用是什么？

22．离子风机的作用是什么？

第6章

电子制造 SMT 设备管理

学习目标：

- 了解设备管理的发展方向；理解设备管理的工作任务、目的与意义；理解设备管理的范围与内容。
- 理解设备可靠性的概念与可靠性试验；理解设备可靠性的3个规定及引起电子制造SMT设备失效的因素。
- 了解电子制造 SMT 设备的可靠性设计；理解影响电子制造 SMT 设备可靠性的主要因素；掌握电子元器件的选用原则；理解电子制造 SMT 设备的可靠性防护措施、气候防护及电磁防护。
- 理解设备检修、更新与改造的概念及检修与配件管理；了解设备的更新与改造技术。
- 理解全员生产维修管理的概念；了解全员生产维修管理技术。

参考学时：

- 讲授（6 学时）。

任务 6.1　认识电子制造 SMT 设备管理

6.1.1　电子制造 SMT 设备管理内容与制度

设备管理科学的发展大致经历了 3 个历史时期，即事后维修时期、预防维修时期及综合管理时期。事后维修是在企业的设备发生损坏或故障后才进行检查、修理。预防维修是在电子制造 SMT 设备发生故障前，对易损坏的零部件事先有计划地安排维修或换件，以预防设备事故发生。预防维修制度简称 PM，诞生于第二次世界大战期间。在 20 世纪 50 年代，其在多个经济发达国家得到发展。预防维修以日常检查和定期检查为基础。在 1971 年，丹尼克·帕克斯提出了设备综合工程学，其基本观点是以设备寿命周期费用作为评价设备管理的重要经济指标，以追求设备寿命周期费用最佳为目标（设备寿命周期费用包括设备研究、设计、制造、安装、使用、维修直到报废为止全过程发生的费用的总和），要求对设备进行工程技术、财务经济和组织管理 3 方面的综合管理和研究。在 20 世纪 70 年代，日本在学习了美国预防维修的基础上，又接受了英国设备综合工程学的观点，并结合本国的传统经验，形成了全员参加的生产维修（简称 TPM），并以此作为日本式的设备管理维修制度。由于现代科学技术的发展，尤其是应用科学突飞猛进，因此生产装备现代化水平得到了大大提高，设备逐渐向大型化、高速化、智能化、电子化方面发展，使设备管理进入综合管理时期。

1. 电子制造 SMT 设备的管理内容

设备是有形固定资产的总称，根据国家财政规定，一般同时具备以下两个条件的劳动资料才能列为固定资产，即使用期限在一年以上；单位价值在一定限额以上。在限额以下的劳动资料，如工具、器具等，由于品种复杂、消耗较快，因此只能作为低值易耗品，不能算作固定资产。

设备的管理内容主要有设备物质运动形态的管理和设备价值运动形态的管理。设备物质运动形态的管理指设备的选型、购置、安装、调试、验收、使用、维护、修理、更新、改造，直到报废；对于企业的自制设备，还包括设备的调研、设计、制造等全过程的管理。不管设备是自制的还是外购的，企业有责任把设备管理的信息反馈给设计制造部门。同时，设计制造部门也应及时向使用部门提供各种改进资料，对设备实现从无到有再到用于生产的终生管理。设备价值运动形态的管理指从设备的投资决策、自制费、维护费、修理费、折旧费、占用税、更新改造资金的筹措到支出，实行企业设备的经济管理，使设备一生总费用最经济。设备物质运动形态的管理一般叫作设备的技术管理，由设备主管部门承担；设备价值运动形态的管理叫作设备的经济管理，由财务部门承担。将这两种形态的管理结合起来，贯穿设备管理的全过程，即设备综合管理。设备综合管理包括以下 4 个方面。

1）电子制造 SMT 设备的前期管理与购置

电子制造 SMT 设备的前期管理又称为设备规划工程，是指从制定设备规划方案起到设备投产为止这一阶段的全部活动的管理工作。电子制造 SMT 设备的前期管理的主要研究内容包括：设备规划方案的调研、制定、论证和决策；设备货源调查及市场信息的搜集、整理与分析；设备投资计划及费用预算的编制与实施程序的确定；自制设备设计方案的选择和制造；外购设备的选型、订货及合同管理；设备的开箱检查、安装、调试运转、验收与生产使用；设备初期使用的分析、评价和信息反馈等。

购置设备主要依据技术上先进、经济上合理、生产上可行的原则。合理购置设备主要有以下考虑：设备的效率，如功效、行程、速度等；设备的精度、性能的保持性，零部件的耐用性、安全可靠性；设备的可维修性、耐用性、节能性、环保性、成套性、灵活性。

2）电子制造 SMT 设备的中期管理与监测

使用设备时应严格执行有关规章制度，防止超负荷、拼设备现象发生，使全员参加设备管理工作。设备在使用过程中，如果发生松动、干摩擦、异常响声、疲劳等现象，应及时检查处理，防止设备过早磨损，确保在使用时设备完好，并处在良好的技术状态之中。润滑设备能防止和延缓零部件磨损和其他形式的失效，因此润滑管理是电子制造 SMT 设备管理工程的重要内容之一。加强电子制造 SMT 设备的润滑管理工作，对保证设备完好并充分发挥设备效能、减少设备事故和故障有着极其重要的意义。

设备检查是对设备的运行情况、工作精度、磨损程度进行检查和校验。通过修理和更换磨损、腐蚀的零部件，可使设备的效能得到恢复，同时做到有计划、有重点地对现有设备进行技术改造和更新，包括设备更新规划与方案的编制、筹措更新改造资金、选购和评价新设备、合理处理老设备等。

设备状态监测是设备诊断技术的具体实施，是一种掌握设备动态特性的检查技术，也是实施设备状态维修的基础。状态维修是根据设备检查与状态监测结果，进而确定设备的维修方式。实行设备状态监测与状态维修，可减少机械故障引起的灾害，增加设备的运转时间，减少维修时间，提高生产效率和产品服务质量。

3）电子制造 SMT 设备的备件与资产管理

备件的技术管理主要包括备件的计划管理、备件的库房管理及备件的经济管理 3 方面。备件的计划管理指备件从提出自行制造或外部协作制造计划、外购计划到备件入库这一阶段的工作；备件的库房管理指从备件入库到发出这一阶段的库存控制和管理工作，包括备件入库时的质量检查、清洗、涂油防锈、包装、登记上卡、上架存放，备件收发及库房的清洁与安全，订货点与库存量的控制，备件的消耗量、资金占用额、资金周转率的统计分析和控制，备件质量信息的搜集等；备件的经济管理包括备件的经济核算与统计分析，具体为备件库存资金的核定、出入库账目管理、备件成本的审定、备件消耗统计和备件各项经济指标的统计分析等。

设备资产管理是一项重要的基础管理工作，是对设备运行过程中的实物形态和价值形态的某些规律进行分析、控制及实施管理。设备资产管理工作应由多部门合作完成，保证设备固定资产的实物形态完整和完好，并正常维护、正确使用和有效利用；保证固定资产的价值形态清楚、完整和正确无误，并及时做好固定资产清理、核算和评估等工作；重视提高设备利用率与设备资产经营效益，确保资产的保值增值；强化设备资产动态管理的理念，使企业设备资产保持高效运行状态；完善企业资产产权管理机制。

4）电子制造 SMT 设备的安全及环保管理

为防止设备的跑、冒、滴、漏现象，做好节能工作，在设备使用过程中，应及时做好废水、废液（如油、污浊物、重金属类废液）与工业废弃物的处理与排除，降低噪声，减缓与控制震动。采取相应的处理措施，配备相应的处理设备，确保电子制造 SMT 设备使用的安全与环保。

2. 电子制造 SMT 设备的管理制度

1）使用电子制造 SMT 设备的基本功和操作纪律

（1）电子制造 SMT 设备操作人员的"四会"基本功如下。

① 会使用。学习电子制造 SMT 设备操作规程，熟悉设备结构性能、传动装置，懂得加工工艺和工装夹具在电子制造 SMT 设备上的正确使用方法。

② 会维护。正确执行电子制造 SMT 设备维护和润滑规定，并按时清扫，保持设备清洁完好。

③ 会检查。了解设备易损部位，熟悉检查项目的标准和检查方法，并按规定进行日常检查。

④ 会排除故障。熟悉设备特点，能鉴别设备正常与异常现象，懂得设备零部件拆装注意事项，会做一般故障调整或协同维修人员进行故障排除。

（2）维护电子制造 SMT 设备的"四项要求"如下。

① 整齐。工具、工件、附件及耗材摆放整齐，设备零部件、安全防护装置齐全，文件归档整齐。

② 清洁。设备内外清洁；无油污，无损伤；各部位不漏油、不漏水、不漏气；废物清扫干净。

③ 润滑。按时加润滑油，且油质符合要求。

④ 安全。实行定人定机制度，遵守操作维护规程，合理使用，注意观察设备运行情况，防止安全事故。

（3）电子制造 SMT 设备操作人员的"五项纪律"如下。

① 凭操作证与工作证使用设备，遵守安全操作维护规程。

② 保持电子制造 SMT 设备整洁，按规定加润滑油，保证合理润滑。

③ 遵守交接班制度。

④ 管理好工具、附件，不得遗失。

⑤ 一旦发现异常，立即停止设备并通知有关人员进行检查与处理。

2）电子制造 SMT 设备安全生产规程

（1）电子制造 SMT 设备的使用环境要求为避免光的直接照射和其他热辐射，以及避免太潮湿或粉尘过多的场所，特别要避免有腐蚀气体的场所。

（2）电子制造 SMT 设备应采取专线供电或增设稳压装置。

（3）按照电子制造 SMT 设备说明书的规定操作顺序进行开机、关机操作。

（4）当电子制造 SMT 设备正常运行时，不允许打开电气柜的门，禁止按动"急停""复位"按钮。

（5）当电子制造 SMT 设备发生事故时，操作人员要注意保护现场，并向维修人员如实

说明事故发生前后的情况，以利于分析问题，查找事故原因。

（6）电子制造 SMT 设备的使用一定要由专人负责，严禁其他人员随意动用设备。

（7）要认真填写电子制造 SMT 设备的工作日志，做好交接工作，消除事故隐患。

（8）不得随意更改电子制造 SMT 设备控制系统内制造厂商设定的参数。

3）电子制造 SMT 设备的使用规定

（1）技术培训与实行定人定机持证操作：电子制造 SMT 设备必须由经过专业培训或获得相关证书的操作人员进行操作，严格实行定人定机和岗位责任制，以确保正确使用电子制造 SMT 设备和落实日常维护工作；多人操作的电子制造 SMT 设备应实行机长负责制，由机长对使用和维护工作负责。

（2）建立使用电子制造 SMT 设备的岗位责任制，具体如下。

① 电子制造 SMT 设备操作人员必须严格按照 "电子制造 SMT 设备安全生产规程" "四项要求" "五项纪律" 的规定，正确使用与精心维护设备。

② 实行日常点检，并认真记录；做到班前正确润滑设备；班中注意设备运转情况；班后清扫擦拭设备，保持清洁，涂油防锈。

③ 搞好日常维护和定期维护工作；配合维修工人检查、修理自己操作的设备；保管好设备附件和工具，并参加电子制造 SMT 设备修后验收工作。

④ 认真执行交接班制度，填好交接班及运行记录；双方当面检查，并在交接班记录表上签字；若接班人发现异常、情况不明或记录不清，则可拒绝接班；若交接不清，设备在接班后发生问题，则由接班人负责。

⑤ 当发生设备事故时，应立即切断电源，保护现场，并及时向生产工长和车间机械员（师）报告，听候处理；在分析事故时，应如实说明，并对违反操作规程等造成的事故负责任。

6.1.2　电子制造 SMT 设备管理方法

1. 设备管理基础工作

设备管理基础工作是企业的 "三基"（基本功、基本工作、基层工作）工作之一。设备的基础资料对设备综合管理工作非常重要，其主要任务是数据收集、数据管理、数据归纳与运用、数据分析。

数据收集，首先要建立健全的原始记录与统计，原始记录是生产经济活动的第一次记录，统计是对经济活动中的人力、物力、财力及有关技术经济指标取得的成果进行统计和分析，原始记录和统计要求准确、全面、及时、清楚；其次是做好定额工作，定额指在一定的生产条件下，规定企业在人力、物力及财力的消耗上应达到的标准。定额要求先进、合理，再次做好计量工作，计量是原始记录与各项核算的基础，也是制定定额的依据。对计量的要求是一准、二灵，计量不准、不灵，不仅影响生产过程与经营过程，而且影响企业内部的考核。此外，技术情报工作和各种反馈资料也是数据来源之一，对于技术情报工作，要求全面及时，对于各种反馈资料，要求准确。在处理、传递、存储、处理数据时，要去伪存真；传递数据要准确正确；存储数据要完整无遗。因此，企业要建立数据中心，建立数据网，还要建立数据管理制度。

凡是使用年限在一年以上、单位价值在规定范围内的劳动资料称为固定资产。工业生产固定资产指用于工业生产方面（包括管理部门）的各种固定资产，其可具体划分为建筑物、构筑物、动力设备、传导设备、生产设备、工具、仪器，以及生产治具、运输工具、管理工具、其他工业生产用固定资产等。按照固定资产分类的概念，在设备管理中可将设备分为生产设备与非生产设备、未安装设备与在用设备、使用设备与闲置设备等。企业设备管理中的分类、编号、编卡、建账等均按照工艺属性进行分类。

2. 固定资产编号

1）编号的基本形式

编号的基本形式为方框+方框—数字+数字+数字，方框中填写一个或几个英文字母或拼音，代表不同类型的设备，第一个数字代表车间，第二个数字代表工号（工段），第三个数字代表设备位号。主要设备一般按照工艺顺序进行编排。

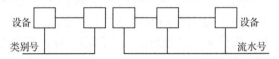

2）编号的原则

（1）每一个编号只代表一台设备，在一个企业中，不允许两台设备共用一个编号。

（2）编号要明确反映设备类型，如印刷机、贴片机、焊接设备、接驳台、自动检测机等。

（3）编号要明确反映设备所属装置及所在位置。

（4）编号的起始点应是原料进口处，编号的结尾点应是半成品或成品出口处。

（5）同型号设备的编号同样按工艺顺序编排，即同型号设备编号的数字部分是不一样的，与习惯做法不同，其顺序应明确规定：由东向西（设备东西排列时）或由南向北（设备南北排列时）。编号应尽量精简，数字位数与符号应尽量简单。

3. 设备管理卡片

设备管理需要填写设备（固定资产）卡片两份，由设备管理部门（或后勤管理部门）和车间各存一份，常规表格如表 6.1～表 6.5 所示。

设备技术档案是设备从进厂到报废为止，各种事件记录和有关维护与检修技术的记载，其应齐全、准确，以反映设备的真实情况，用来指导实际工作。

表 6.1 固定资产表

规格型号：		主机原值：		数量：	
生产能力：		主机折旧：		材质：	
使用及耐用年限：		主机单重：		制造商：	
辅机位号	名称	规格型号	数量	速比	辅机原值	折旧额
总卡号：		设备位号：	设备名称：		原总值：	

表 6.2　设备故障记录表

机器编号：

机器名称：　　　　　　　　　　　　　　　　　　　　使用部门：

日期	故障时间	修复时间	故障原因或故障说明	更换零部件	修理者

表 6.3　设备状况检查记录表

检查级数：　　　　级

机器名称：　　　　　　　　　　　　　　检查频率：　　　次

编号：　　　　　　　　　　　　　　　　检查日期：　月　　日

项目	内容	执行结果		执行者	异常处理	
		正常	异常		处理者	内容

部长：　　　　　　　　组长：　　　　　　　　领班：

表 6.4　设备修理保养情况记录卡

编号：

设备名称			机器编号	
车间牌		电动机规格	购置日期	
保养记录				
日期	保养记录	日期	保养记录	日期	保养记录	日期	保养记录	日期	保养记录
修理记录				
故障日期	请修单号	故障说明	更换零部件	修理人

表 6.5　设备故障修护工作申请表

故障设备工作项目		故障日期		期望修护或完工时间	
故障或工作状况说明					
估计	工务单位		主管	申请单位		主管申请人
成本记录	开始日期	完工日期	总工时	折算工资	材料费用	分摊费用	总成本
估计							
实际							

任务 6.2 电子制造 SMT 设备的可靠性设计

6.2.1 可靠性的概念

从人类开始使用工具起，可靠性就已经存在了，然而可靠性理论作为一门独立的学科出现，却是近几十年的事。第二次世界大战后，美国开始广为应用可靠性，由于美国国防部对可靠性作业极为重视，因此各种可靠性作业标准、规范或指导书相继大量出现并投入应用。1957 年，美国《军用电子设备可靠性报告》（AGREE）最早给出了可靠性的定义；1966 年，美国的 MIL-STD-721B 又较正规地给出了传统的可靠性定义："产品在规定的条件下和规定的时间内完成规定功能的能力"。它为世界多国的标准引证，我国的《电子元器件可靠性数据表示法》（GB/T6991—1986）给出的可靠性定义也与此相似。可靠性定义中的"产品"是泛指的，它可以是一个复杂的系统，也可以是一个零部件。例如，贴片机吸嘴、印刷机刮刀浮动机构、回流焊传动链条等。对电子制造 SMT 设备而言，可靠性越高越好，而且可靠性越高的设备，越可以长时间正常工作，用专业术语表述，即电子制造 SMT 设备的可靠性越高，设备可以无故障工作的时间越长。

可以用可靠度函数来表示可靠性：

$$R(t)= Pr(T{\geq}t \mid C1, C2, \cdots) \tag{6-1}$$

式中，t 是指定的工作时间（期望时间）；T 是实际出现故障的时间（寿命）；$Pr(T)$ 是到 t 时刻时不出现故障的概率；C1,C2,$\cdots$ 是固定的条件。

例题 1：若某电磁炉在老化状态下工作 100 天，产品不出现故障的概率为 90%，则其可靠度表达为

$$R(100)= Pr(T{\geq}100)=90\%$$

出厂检验合格的产品，在使用寿命期内保持其产品质量指标的数值而不致失效，这就是可靠性问题。因此，可靠性是产品的一个质量指标，也是与时间有关的参量。简单地说，狭义的可靠性是产品在使用期间没有发生故障的性质；广义的可靠性是使用者对电子制造 SMT 设备的满意程度或对企业的信赖程度，而这种满意程度或信赖程度是从主观上判定的。为了对电子制造 SMT 设备的可靠性做出定量的判断，可从可靠性定义的角度将电子制造 SMT 设备的可靠性定义为，在规定的条件下和规定的时间内，元器件（产品）、设备或系统稳定完成功能的程度或性质。例如，贴片机在使用过程中，当某个零部件发生故障时，经过修理仍然能够继续贴装元器件。

产品实际使用时的可靠性叫作工作可靠性。工作可靠性又分为固有可靠性和使用可靠性。固有可靠性是产品设计制造者必须确立的可靠性，即按照可靠性规划，从原材料和零部件的选用，经过设计、制造、试验，直到产品出厂的各个阶段所确立的可靠性。使用可靠性指已生产的产品经过包装、运输、储存、安装、使用、维修等因素影响的可靠性。

可靠性试验包括性能试验、环境试验、寿命试验（狭义的可靠性试验），如图 6.1 所示。

图 6.1 可靠性试验

性能试验：又称为符合性试验，用于检验产品的性能、功能的实现（在固定时间和环

境的条件下，寻求性能的能力范围与变化情形）。

环境试验：检验产品对各种环境应力（机械、气候、电应力等）的适应性，快速暴露产品缺陷是可靠性试验的主要技术方法（在固定时间与性能的条件下，寻求环境条件对产品的影响）。

寿命试验：也就是常说的平均故障间隔时间（Mean Time Between Failures，MTBF）、故障前平均工作时间（Mean Time To Failure，MTTF）、平均变更等待时间（Mean Time To Change，MTTC）（在固定性能与环境的条件下，寻求时间对产品的影响）。

可靠性评价可以使用概率指标或时间指标，这些指标有可靠度 $R(t)$、失效率 $\lambda(t)$、MTBF、MTTF、有效度等。

1. 可靠性的定义要素

在实际工作中，产品往往会因各种偶然因素而发生故障，如零部件的突然失效、应力突然改变、维护或使用不当等。由于这些原因都具有偶然性，因此对一个电子制造 SMT 设备来说，在规定的条件下和规定的时间内，能否完成规定的功能是无法事先知道的。也就是说，这是一个随机事件。因此，应用概率论与数理统计方法对设备的可靠性进行定量计算是可靠性理论的基础。设备可靠性的定义要素包括 3 个规定，具体如下。

（1）规定条件：一般指使用条件、环境条件，包括应力温度、湿度、尘砂、腐蚀等，也包括操作技术、维修方法等。对印刷机、贴片机来说，规定条件主要包括车间环境温度、湿度、空气流转速度、供电条件和静电防护等。

（2）规定时间：可靠性区别于产品其他质量属性的重要特征，一般认为可靠性是产品功能在时间上的稳定程度。因此，以数学形式表示的可靠性的各特征量都是时间的函数。这里的时间概念不限于一般的年、月、日、时、分、秒，也可以是与时间成比例的次数、距离，如应力循环次数、不锈钢模板印刷次数、汽车行驶公里数等。

（3）规定功能：明确具体产品的功能是什么，以及怎样才算是完成了规定功能。产品丧失规定功能称为失效，对于可修复产品通常称为故障。怎样才算是失效或故障呢？有时很容易判定，但更多情况很难判定。当产品是某个螺栓时，显然螺栓断裂就是失效；当产品是某个设备时，虽然某个零部件损坏，但该设备仍能完成规定功能就不能算失效或故障；有时虽然某些零部件损坏或松脱，但在规定的短时间内可容易地修复，这样也不算失效或故障。若产品指某个具有性能指标要求的机器，当性能下降到规定的指标后，虽然还能继续运转，但仍然算失效或故障。究竟怎样才算失效或故障呢？有时要根据厂商与用户的不同看法进行协商，有时要根据当时的技术水平和经济政策等做出合理的规定。

2. 可靠性的组成要素

可靠性包含了耐久性、可维修性、设计可靠性三大要素。

耐久性：产品使用无故障或使用寿命长就是耐久性。例如，当空间探测卫星发射后，人们希望它能无故障的长时间工作，否则它的存在就没有太多的意义。但从某一个角度来说，任何产品不可能 100%的不发生故障。

可维修性：当产品发生故障后，能够很快且容易地通过维护或维修排除故障，这就是可维修性。例如，自行车、计算机等都是很容易维修的，而且维修成本也不高，很快就能排除故障，这些都属于事后维护或维修。而像飞机、汽车等都是价格很高且非常注重安全

电子制造 SMT 设备技术与应用

可靠性要求的，一般要通过日常的维护和保养来延长它的使用寿命，这属于预防维修。产品的可维修性与产品的结构有很大的关系，即与设计可靠性有关。

设计可靠性是决定产品质量的关键。由于人机系统的复杂性，以及人在操作中可能存在的差错和操作环境复杂带来的影响，发生错误的可能性依然存在，因此设计的时候必须充分考虑产品的易使用性和易操作性，这就是设计可靠性。

3. 设备可靠性失效的原因

造成电子制造 SMT 设备故障的主要原因有设计不当、使用不当、制造故障和失效管理等因素，其他原因很少。产品故障产生的原因如图 6.2 所示。

美国国防部可靠性分析中心（RAC）的可靠性数据库对由可靠性引发的电子设备故障进行了分布，如图 6.3 所示。由此可知，元器件故障不再是造成产品故障的主要原因，提高电子制造 SMT 设备可靠性的措施有对元器件进行筛选、对元器件降额使用、使用容错法设计一定的容错量（使用冗余技术）、使用故障诊断技术等。可靠性主要包括电路可靠性及元器件的选型，必要时一定要用仪器检测。

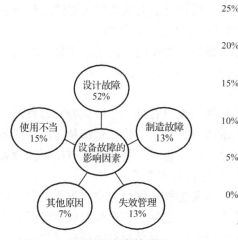

图 6.2 产品故障产生的原因

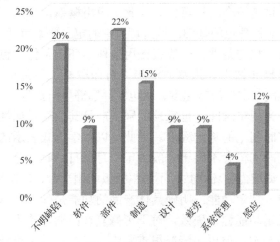

图 6.3 可靠性故障分布图

6.2.2 可靠性的判断指标

1. 可靠度

根据可靠性的定义，电子元器件在规定的条件下和规定的时间内，可能具有完成规定功能的能力，也可能丧失了完成规定功能的能力（称为失效），这属于一种随机事件。这种随机事件的概率可作为表征电子元器件可靠性的特征量和特征函数，即用概率来表征电子元器件完成规定功能能力的大小。这样，可靠性定义即可定量化：电子元器件在规定的条件下和规定的时间内完成规定功能的概率。这种概率称为电子元器件的可靠度，通常用字母 R 表示。R 是时间的函数，故也记作 $R(t)$，称为可靠度函数。

$$R(t) = P(T > t) = \int_t^\infty f(t)\mathrm{d}t \tag{6-2}$$

对于不可修复的产品，可靠度的观测值指直到规定的时间区间终了为止，能完成规定功能的产品数与在该区间开始时投入工作的产品数之比，即

$$R(t) = \frac{N_0 - r(t)}{N_0} \tag{6-3}$$

式中，N_0 为 $t=0$ 时，在规定条件下进行工作的产品数；$r(t)$ 为在 0 到 t 时刻的工作时间内，产品的累计故障数。

例题 2：某型号的手机 10 000 部，在一年内共有 10 部发生了功能性故障（不能正常使用），该型号手机在一年内的可靠度为

$$R(1)=(10\ 000-10)/10\ 000 =0.999$$

伴随可靠度的还有可用度。可用度的概念是在规定时间内的随机时刻，产品处于可用状态的概率，记作 $A(t)$，表示为

$$A(t) = \frac{可工作时间}{可工作时间 + 不可工作时间} \tag{6-4}$$

2. 失效率

一般来讲，失效率是工作到某时刻尚未失效的产品，在该时刻后的单位时间内发生失效的概率。失效率为系统运行到 t 时刻后在单位时间内发生故障的系统数与系统运行到时刻 t 时完好的系统数之比。失效率有时也称为瞬时失效率，或者简单地称为故障率，一般记作 λ，它是时间 t 的函数，故也记作 $\lambda(t)$，称为失效率函数，有时也称为故障率函数或风险函数。

按上述定义，失效率是在时刻 t 尚未失效的产品在 $t+\Delta t$ 的单位时间内发生失效的条件概率，即

$$\lambda(t) = \lim_{\Delta t \to 0} \frac{1}{\Delta t} P(t < T \leqslant t + \Delta t \mid T > t) \tag{6-5}$$

$\lambda(t)$ 反映了 t 时刻失效的速率，也称为瞬时失效率。

失效率的观测值是在某时刻后的单位时间内失效的产品数与工作到该时刻尚未失效的产品数之比，即

$$\hat{\lambda}(t) = \frac{\Delta N_{\mathrm{f}}(t)}{N_{\mathrm{s}}(t)\Delta t} \tag{6-6}$$

式中，Δt 为所取时间间隔；N_{f} 为试验到 t_2 时刻失效的样品总数；N_{s} 为试验到 t_2 时刻还能工作的样品总数。通常失效率为故障次数除以总工作时间，单位一般为 10^{-6}/h 或 10^{-9}/h，简称菲特。

3. 失效率曲线

失效率曲线反映了产品总体在寿命期的失效率情况。典型失效率曲线如图 6.4 所示。大多数产品的失效率随时间的变化，其曲线形似浴盆，故形象地称为浴盆曲线。失效率随时间的变化可分为 3 个时期：早期失效期、偶然失效期（也称为随机失效期）及耗损失效期。失效率曲线是递增型曲线。

4. 平均寿命

平均寿命是寿命的平均值，对于不可修复产品，常用故障前平均时间，也称为平均首次故障时间，一般记作 MTTF；对于可修复产品，常用平均无故障工作时间，也称为平均故障间隔时间，一般记作 MTBF，指相邻两次故障之间的平均工作时间，仅适用于可修复产品。同时规定产品在总的使用阶段的累计工作时间与故障次数的比值为 MTBF。平均修复时间（Mean Time To Repair，MTTR）是可维修性的度量指标。

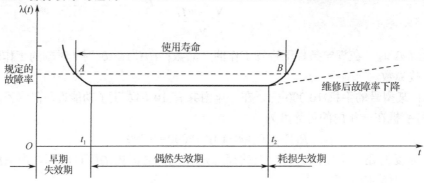

图 6.4　典型失效率曲线

MTBF=总的工作时间/故障数=$1/\lambda$。MTTF 和 MTBF 都表示无故障工作时间 T 的期望 $E(T)$或简写为 t。MTBF 越大，说明产品的可靠性越高。

$$t = \int_0^\infty R(t)\mathrm{d}t \qquad (6\text{-}7)$$

$$\text{MTBF} = \frac{1}{n}\sum_{i=1}^n t_i \qquad (6\text{-}8)$$

式中，n 为各单元发生故障的总次数，t_i 为第 $i-1$ 次到第 i 次的故障时间。

例题 3：有一批电子产品累计工作 10 万小时，共发生故障 50 次，问该产品的 MTBF 的观测值为多少？如果该批产品服从指数分布，问其故障率是多少？在 MTBF 内的可靠度是多少？

参考答案：MTBF=2000 h；$\lambda(t)$=0.0005/h；$R(t)$=e^{-1}。

例题 4：对 5 个不可修复产品进行寿命试验，它们发生失效的时间分别是 1000、1500、2000、2200、2300 小时，问该产品的 MTTF 的观测值为多少？若已知该产品服从指数分布，则其故障率是多少？在平均寿命内的可靠度是多少？

参考答案：MTTF=1800 h；$\lambda(t)$=0.00 056/h；$R(t)$=e^{-1}。

6.2.3　影响电子制造 SMT 设备可靠性的因素

1．工作环境

电子制造 SMT 设备所处的工作环境多种多样。气候条件、机械条件和电磁干扰是影响电子制造 SMT 设备的主要因素，必须采取适当的防护措施，保证电子制造 SMT 设备稳定、可靠地工作。

1）气候条件

温度、湿度、气压、盐雾、大气污染、灰沙及日照等，对设备的影响主要表现为使电气性能下降、温升过高、运动部位不灵活、结构损坏，甚至不能正常工作。为了减少这些不良影响，对电子制造 SMT 设备提出以下要求。

（1）采取散热措施，限制设备工作时的温升，保证在最高工作温度条件下，设备内的元器件承受的温度不超过其最高极限温度，并要求电子制造 SMT 设备能够耐受高低温循环时的冷热冲击。

（2）采取防护措施，防止潮湿、盐雾、大气污染等气候因素对电子制造 SMT 设备内的

元器件及零部件的侵蚀和危害，以延长其工作期。

2）机械条件

电子制造 SMT 设备在不同的运载工具中使用时，受到的震动、冲击、离心加速度等机械作用。它对设备的影响主要是元器件损坏、失效或电参数改变；结构件断裂或变形过大；金属件的疲劳破坏等。为了防止机械条件对设备产生的不良影响，对设备提出以下要求。

（1）采取减震缓冲措施，确保设备内的电子元器件和机械零部件在受到外界强烈震动和冲击的条件下，不发生严重变形或直接损坏。

（2）提高电子制造 SMT 设备的耐冲击、耐震动能力，保证电子制造 SMT 设备的可靠性。

3）电磁干扰

电子制造 SMT 设备的周围空间充满了各种原因产生的电磁波，造成了外部及内部干扰。电磁干扰的存在使设备输出噪声增大，工作不稳定，甚至不能安全工作。

2. 使用方面

电子制造 SMT 设备的操作性能如何、是否便于维护修理，这直接影响到设备的可靠性，因此在结构设计时，必须全面考虑。对电子制造 SMT 设备的操作要求，原则上可归纳为以下几点。

（1）为操作者创造良好的工作条件。例如，设备不会产生令人厌恶的噪声，并且色彩调和给人以舒适感等。

（2）设备操作简单，不需要很熟练的操作技术，操作者能很快地进入工作状态。

（3）设备安全可靠，有保险装置。当操作者误操作时，不会损坏设备，更不会危及人身安全。

（4）控制机构轻便，尽可能减少操作者的体力消耗；指示清晰，便于观察，且长时间观察不易疲劳。

从设备维护方便的角度出发，对结构设计提出以下要求。

（1）当设备发生故障时，应便于打开维修或能迅速更换备用件。例如，采用插入式和折叠式结构、快速装拆结构及可换部件式结构等。

（2）可调组件、测试点应布置在设备的同一面；经常更换的元器件应布置在易于拆装的部位；对于电路单元，尽可能采用 PCB 并用插座与系统连接。

（3）元器件的组装密度不宜过大，以保证元器件间有足够的空间，便于拆装和维修。

（4）设备应具有过负荷保护装置（如过电流、过电压保护）；危险和高压处应有警告标志和自动安全保护装置（如高压自动断路开关）等，以确保维修安全。

（5）设备最好具备监测装置和故障预报装置，使操作者能尽早地发现故障或测试失效元器件，并及时更换维修，以缩短维修时间，防止大故障出现。

6.2.4　电子元器件的选用及技术参数

1. 电子元器件的选用原则

在选用电子元器件时，应遵循以下原则。

（1）根据电路性能要求和工作环境条件选用合适的元器件，元器件的技术条件、技术性能、质量等级等应满足设备工作环境的要求，并留有足够的余量。

（2）优先选用经实践证明质量稳定、可靠性高、有发展前途的标准元器件，不选用淘汰和禁用的元器件。

（3）最大限度地压缩元器件的品种规格，减少生产厂家，提高元器件的复用率。

（4）除特殊情况之外，所有元器件在按不同的要求经过必要的可靠性筛选后，才能用到产品中。

（5）优先选用有良好的技术服务、供货及时、价格合理的生产厂家的元器件。对于关键元器件，要对生产厂家的质量进行认定。

（6）仔细分析、比较同类元器件在品种、规格、型号和制造厂家之间的差异，择优选用。注意，统计元器件在使用过程中表现出来的性能与可靠性方面的数据，作为以后选用的依据。

2. 电子元器件的主要技术参数

（1）电阻器的主要技术参数：标称阻值和允许偏差、额定功率和温度系数。电阻器常用的标称阻值有 E12、E24、E48 和 E96 系列，电阻器的允许偏差有 J 级（±5%）、K 级（±10%）和 M 级（±20%），精密电阻器的允许偏差要求更高，如 G 级（±2%）、F 级（±1%）、D 级（±0.5%）、B 级（±0.2%）等；电阻器的额定功率是根据电阻器本身的阻值及其通过的电流和两端所加的电压来确定的，这也是选择电阻器的主要参数之一；温度系数指温度每升高或降低 1 ℃引起的电阻值的相对变化，温度系数越小，电阻器的稳定性越好。

（2）电容器的主要技术参数：标称容量和允许偏差、耐压值（额定工作电压）和绝缘电阻。电容器标称容量及允许偏差的基本含义同电阻器一样，标称容量越大，电容器贮存电荷的能力越强；耐压值指在允许的环境温度范围内，当电容器在电路中长期可靠地工作时，允许加的最大直流电压或交流电压的有效值。在选择电容器时，电容器的耐压值应大于实际工作承受的电压值，否则电容器中的介质会被击穿，造成电容器的损坏。绝缘电阻指电容器两极之间的电阻，也称为漏电电阻。一般电容器的绝缘电阻为 $10^8 \sim 10^{10}$ Ω，电容器的电容量越大，绝缘电阻越小，因此不能单凭所测绝缘电阻的大小来衡量电容器的绝缘性能。

（3）二极管的主要技术参数：最大正向电流（I_F）、反向饱和电流（I_S）、最大反向工作电压（U_{RM}）、最高工作频率（f_M）。I_F 指长期运行时二极管允许通过的最大正向平均电流。I_S 指二极管未被击穿时的反向电流值，其主要受温度影响，该值越小，说明二极管的单向导电性越好。U_{RM} 指在正常工作时，二极管所能承受的反向电压的最大值。f_M 指二极管在良好工作性能条件下能保持的最高工作频率。

（4）三极管的主要技术参数：交流电流放大系数、集电极最大允许电流（I_{CM}）、集电极最大允许耗散功率（P_{CM}），集-射间反向击穿电压（U_{CEO}）。交流电流放大系数包括共发射极电流放大系数（β）和共基极电流放大系数（α），它们是表明晶体管放大能力的重要参数。I_{CM} 指放大器的共发射极电流放大系数下降到正常值的 2/3 时，其对应的集电极电流值，或者说集电极电流能达到的三极管允许的极限值；P_{CM} 指当集电极受热引起三极管的参数变化不超过规定允许值时，集电极消耗的最大功率，或者说当晶体管集电极温度升高到不会将集电极烧毁时，集电极消耗的最大功率。U_{CEO} 指当三极管基极开路时，集电极和发

射极之间允许加的最高反向电压。

（5）集成电路的主要技术参数如下。

① TTL 集成与非门电路的主要静态参数有输出高电平（U_{OH}）、输出低电平（U_{OL}）、输入短路电流（I_{IS}）、输入漏电流（I_{IH}）、开门电压（U_{ON}）、关门电压（U_{OFF}）。

② 数字集成电路的主要动态参数有平均传输延迟时间（t_{pd}），其是数字集成电路的一个重要动态参数，当门电路工作时，若输入一个脉冲信号，则输出脉冲会有一定的时间延迟；导通延迟时间（t_{rd}）是从输入脉冲上升沿的 50%起，到输出脉冲下降沿的 50%为止的时间间隔；截止延迟时间（t_{fd}）是从输出脉冲下降沿的 50%起，到输出脉冲上升沿的 50%为止的时间间隔。

（6）运算放大器的主要参数：开环电压增益（A_{ud}）、共模抑制比（CMRR）、输入偏置电流（I_B）、输入失调电流（I_{OS}）、输入失调电压（U_{OS}）等。

3. 电子元器件的降额使用

元器件失效的一个重要原因是，其工作在允许的应力水平之上。为了提高元器件的可靠性，并延长其使用寿命，必须有意识地降低施加在元器件上的应力，使实际使用应力低于其规定的额定应力。对元器件有影响的应力有时间、温度、湿度、腐蚀、机械应力（直接负荷、冲击、振动等）和电应力（电压、电流、频率等）等。

4. 电子元器件的质量检验与筛选

电子元器件的质量是电子产品可靠性的重要保证，因此，在电子制造 SMT 设备整机装配前，应按照整机技术要求对元器件进行质量检验和筛选，不符合要求的元器件不得装入整机。

（1）元器件的外观检查：在进行外观检查时，首先要检查元器件的型号、规格和出厂日期是否符合整机技术要求，不得使用没有合格证明的元器件。

外观检查的主要内容如下。

① 元器件外观是否完整无损、标记是否清晰、引线和接线端子是否无锈蚀和明显氧化。

② 电位器、可变电容器和可调电感器等组件在调节时是否旋转平稳、无跳变和卡死现象。

③ 接插件是否插拔自如；插针与插孔镀层是否光亮、无明显氧化和玷污。

④ 胶木件表面有无裂纹、起泡和分层；瓷质件表面是否光洁平整、无缺损。

⑤ 带有密封结构的元器件，其密封部件是否完好。

⑥ 镀银件表面是否光亮、无变色发黑现象。

（2）元器件的筛选和老化：筛选和老化的目的是剔除因某种缺陷而早期失效的元器件，从而提高元器件的使用寿命和可靠性。因此，凡有筛选和老化要求的元器件，在整机装配前必须按照整机技术要求和有关技术规定进行严格的筛选和老化。

6.2.5 设备的散热与密封防护

温度是影响电子制造 SMT 设备可靠性的一个重要因素。电子制造 SMT 设备在工作时，其功率损失一般都以热能形式散发出来，尤其是一些耗散功率较大的元器件，如电子管、变压器、大功率晶体管、大功率电阻等。另外，当环境温度较高时，设备工作产生的热能难以散发出去，会使设备温度升高。设备的不同组成部件的散热方法和防护方式各有不同。

1．阻容类元器件的散热

阻容类元器件的温度与其形式、尺寸、功率损耗、安装位置及环境温度等因素有关。一般情况下，阻容类元器件是通过引出线的传导和本身的对流、辐射来散热的。一般来讲，如果这类元器件是大功率的，那么应安装在金属底座上以便散热。当阻容类元器件成行或成排安装时，要考虑通风的限制和相互散热的影响，可将其适当组合。

2．半导体分立元器件的散热

半导体分立元器件对温度反应很敏感，过高的温度会使半导体分立元器件的工作点发生漂移、增益不稳定、噪声增大和信号失真，严重时会引起热击穿。常用元器件的允许温度如表 6.6 所示。

表 6.6　常用元器件的允许温度

元器件名称	允许温度/℃	元器件名称	允许温度/℃
碳膜电阻	120	云母电容	70～120
金属膜电阻	100	锗晶体管	70～100
印刷电阻	85	硅晶体管	150～200
独石电容	85	硒整流管	75～85
铝电解电容	60～85	电子管	150～200
电介质电容	60～85	变压器	95
薄膜电容	60～130	扼流圈	95

对于功率小于 100 mW 的晶体管，一般不用散热器。大功率半导体分立元器件应装在散热器上。半导体分立元器件外壳与散热器之间的接触热阻应尽可能小，并尽量增大接触面积，且接触面保持光洁，必要时在接触面上涂导热膏或加热绝缘硅橡胶片，并借助合适的紧固措施保证紧密接触。对于热敏感的半导体分立元器件，安装时应远离耗散功率大的元器件。对于在真空环境中工作的半导体分立元器件，散热器在设计时应以辐射和传导散热为基础。散热器应使肋片沿其长度方向垂直安装，以便自然对流；当散热器上有多个肋片时，应选用肋片间距大的散热器；散热器要进行表面处理，使其粗糙度适当及表面呈黑色，以增强辐射换热。

3．变压器的散热措施

温度对变压器的影响除降低其使用寿命之外，还会使绝缘材料的性能下降。一般情况下，变压器的允许温度应低于 95 ℃。对于不带外罩的变压器，要求铁心与支架、支架与固定面要接触良好，使其热阻最小。对于带外罩的变压器，除要求外罩与固定面接触良好之外，还要将其垫高并在固定面上开孔，以形成对流。变压器外表面应涂无光泽黑漆，以加强辐射散热能力。

4．集成电路的散热措施

集成电路主要依靠管壳及引线的对流、辐射和传导散热。当集成电路的热流密度超过 $0.6 \ W/cm^2$ 时，应安装散热装置，以减少外壳与周围环境的热阻。

5. 电子制造 SMT 设备整机的散热

（1）机壳自然散热：机壳是接受设备内部热量并将其散到周围环境中的机械结构。机壳的散热措施如下。

① 选择导热性能好的材料制作机壳，以加强机箱内外表面的热传导。

② 在机壳内、外表面涂粗糙的黑漆，以提高机壳辐射散热能力。

③ 在机壳上合理地开通风孔，以加强气流的对流换热能力。

常见的通风口形式如图 6.5 所示。

（a）最简单的冲压而成的通风孔　　　　（b）通风孔较大时用　　　（c）百叶窗式
金属网遮住洞口的通风孔　　　　通风孔

图 6.5　常见的通风口形式

（2）PCB 的热设计：从有利于散热的角度出发，PCB 最好是直立安装的，PCB 与 PCB 之间的距离一般不小于 2 cm，而且元器件在 PCB 上的排列方式应遵循以下规则。

① 对于采用对流空气冷却方式的设备，最好将集成电路（或其他元器件）按纵向长方式排列；对于采用强制空气冷却（风扇冷却）的设备，应按横向长方式排列。

② 当在同一块 PCB 上安装半导体元器件时，应将发热量小或不耐热的元器件（如小信号晶体管、小规模集成电路、电解电容等）放在气流的入口处，并将发热量大或耐热好的元器件放在气流的出口处。

③ 在水平方向上，大功率元器件应尽量靠近 PCB 边沿布置，以便缩短传热途径；在垂直方向上，大功率元器件应尽量靠近 PCB 上方布置，以便减小对其他元器件的影响。

④ 温度敏感元器件最好放置在温度最低的区域（如设备底部），不要将它放在发热元器件的正上方；多个元器件最好水平交错布局，也可采用热屏蔽方法达到热保护作用。

（3）内部散热结构的合理布局：由于设备内 PCB 的散热主要依靠空气对流，因此在设计时要研究空气流动途径，并合理配置元器件或 PCB，具体措施如下。

① 合理地布置机箱进出风口的位置，尽量增大进出风口之间的距离和高度差，以增强自然对流。

② 对于大型元器件，应特别注意其放置位置，如机箱底的底板、隔热板、屏蔽板等，若位置安排不合理，则可能阻碍或阻断自然对流的气流。

③ 在 PCB 上进行元器件布局时，应避免在某个区域留有较大的空间，冷却空气大多从此空间流走，会造成散热效果大大降低。必须确保冷却空气的通路阻抗均匀，这样散热效果才能得到改善，整机设备内有多块 PCB 的情况也应注意同样的问题。

（4）强制风冷：利用风机进行鼓风或抽风，以提高设备内空气的流动速度，增大散热面的温差，从而达到散热的目的。强制风冷的散热形式主要是对流散热，其冷却介质是空气。强制风冷是目前应用最多的一种强制空气冷却方法。

（5）散热器：平板形、平行肋片形、叉指形、星形等，如图 6.6 所示。

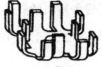

（a）平板形　　　　（b）平行肋片形　　　　（c）叉指形　　　　（d）星形

图 6.6　散热器

6.2.6　电子制造 SMT 设备的外部防护

潮湿、盐雾、霉菌、污染气体及电磁干扰等对电子制造 SMT 设备的影响很大，其中潮湿的影响是最主要的。

1. 潮湿的防护

如果电子制造 SMT 设备受到潮湿空气的侵蚀，那么元器件表面会凝聚一层水膜，并渗透到材料内部，从而造成绝缘材料的表面电导率增加、体积电阻率降低、介质损耗增加，以及零部件电气短路、漏电或击穿等。潮湿空气还会引起覆盖层起泡甚至脱落，使其失去保护作用。防潮的措施有很多，常用的方法有浸渍、灌封、密封等。

浸渍是将被处理的组件或材料浸入不吸湿的绝缘漆中，经过一定时间，使绝缘液体进入组件或材料的小孔、缝隙和结构件的空隙，从而提高组件或材料的防潮性能和其他性能。灌封是用热溶状态的树脂、橡胶等将组件浇注封闭，形成一个与外界完全隔绝的独立的整体。密封是防止潮湿空气长期影响的最有效的方法，是将零部件、元器件或一些复杂的装置甚至整机安装在不透气的密封盒内，这种防潮手段属于机械防潮。

2. 盐雾和霉菌的防护

（1）盐雾的防护：盐雾主要发生在海上和近海地区，因盐碱被风刮起或盐水蒸发而形成的一种带有盐分的雾状气体。盐雾的防护方法：在一般电镀的基础上进行加工，即严格的电镀工艺，保证镀层厚度，并选择适当的镀层种类；采用密封机壳或机罩，使设备与盐雾环境隔开；对关键组件进行灌封或增加其他密封措施。

（2）霉菌的防护：霉菌指生长在营养基质上的绒毛状、蜘蛛网状或絮状菌丝体的真菌。霉菌的种类繁多。电子制造 SMT 设备的霉菌防护方法：控制环境条件；密封防霉；使用防霉剂及防霉材料。

3. 电磁干扰防护

屏蔽就是用导电或导磁材料制成的以盒、壳、板和栅等形式，将电磁场限制在一定空间范围，使电磁场从屏蔽体的一面传到另一面时受到很大的衰减，从而抑制电磁场的扩散。根据屏蔽抑制功能的不同，屏蔽可分为电屏蔽、磁屏蔽和电磁屏蔽。电屏蔽即静电或电场的屏蔽，用于防止或抑制寄生电容耦合，隔离静电或电场干扰。最简单的电屏蔽方法是在感应源和受感器之间加一块接地良好的金属板，把感应源的寄生电容短接到地，达到屏蔽的目的。磁屏蔽用于防止磁感应，抑制寄生电感耦合，隔离磁场干扰。电磁屏蔽用于防止或抑制高频电磁场的干扰。

不同部件要采用不同的屏蔽方式，具体如下。

（1）导线的屏蔽：对于单面 PCB，在信号线之间设置接地线可以起屏蔽作用；对于双

面 PCB，除在信号线之间设置接地线之外，将其背面铜箔也接地，可增强屏蔽作用。高频导线的屏蔽主要是在其外面套上一层金属丝的编织网，中心是芯线，金属网是屏蔽层，芯线与屏蔽层之间衬有绝缘材料，屏蔽层外还有一层绝缘套管。对于高频高电平导线，屏蔽的作用主要是防止其干扰外界。

（2）低频变压器的屏蔽：变压器的铁心由铁磁材料制成，磁通绝大部分在铁芯中形成闭合回路，但有小部分磁通（漏磁通）穿过周围空间造成干扰。变压器的常见屏蔽方法有两种，一种是在铁芯侧面包铁皮；另一种是在线包外面包一圈铜皮作为短路环。漏磁通在环内感应涡流，而涡流产生的磁场与漏磁场反向，所以短路环减少了漏磁场对外界的干扰。

（3）电路的屏蔽：在电子制造 SMT 设备或系统具有不同频率的电路中，为防止相互之间的杂散电容耦合相互干扰，对于振荡器、放大器、滤波器等都应分别加以屏蔽。如果多级放大器的增益不大，那么级与级之间可以不屏蔽；如果多级放大器的增益大，输出级对输入级的反馈大，那么级与级之间应加以屏蔽。如果低电平级靠近高电平级，那么需要屏蔽；如果干扰电平与低电平级的输入电平可以比拟，那么应严格屏蔽。电路是否需要屏蔽取决于电路本身的特点。

任务 6.3　认识电子制造 SMT 设备全过程管理

设备全过程管理就是设备的日常管理。它是从设备的计划开始，对研究、设计、制造、检验、购置、安装、使用、维修、改造、更新，直至报废的全过程管理，是一项兼有技术、经济、业务 3 方面的技术管理工作。设备全过程管理涉及设备的设计、制造、安装、使用等许多部门和单位，所以从宏观范围来看，设备的日常管理就是社会管理，而对使用设备的企业来说，企业的设备日常管理是一个在企业范围内的微观管理。设备日常管理流程图如图 6.7 所示。

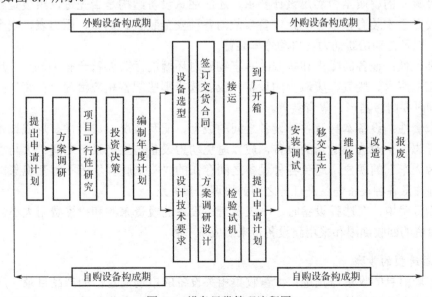

图 6.7　设备日常管理流程图

6.3.1　电子制造 SMT 设备选型策略

设备管理不能只考虑设备"使用期"的保养、修理、调动与移装、租赁、使用与封存保管等，设备"组建期"管理同样重要。"组建期"管理是先天的，"使用期"管理是后天的，先天不足对设备管理是致命的。设备选型是设备"组建期"管理的关键。设备选型必须从市场情况和生产需要出发，由企业设备管理和工艺部门根据设备购置计划，对不同生产厂家的多种型号的产品进行分析比较，最后从中选出最佳方案。设备选型的总原则是技术先进、经济合理、能源消耗少、生产适用、运行可靠、便于维修。

1）设备选型的主要考虑因素

（1）设备生产率与产品质量：单位时间的产品质量与设备质量的工程能力。高效设备的主要特点是大型化、高速化、自动化、电子化。

（2）工艺性：设备满足生产工艺要求的能力。设备最基本的一条是要符合产品工艺的技术要求。

（3）可靠性：产品质量管理范畴，指精度与准确度的保持性、零部件耐用性、安全可靠性等。在设备管理中，可靠性指设备在使用中能达到准确、安全与可靠的要求。

（4）维修性：通过修理和维护保养手段来预防和排除系统、设备、零部件等故障的难易程度。影响维修性的因素有易接近性（容易看到故障部位，并易用手或工具进行修理）、易检查性、坚固性、易拆装性、零部件标准化和互换性、零部件的材料和工艺方法、维修人员的安全、特殊工具和仪器、设备供应、生产厂家的服务质量等。提高维修性对减少设备恢复正常工作状态的时间和费用至关重要。

（5）经济性：选择设备要求最初投资少、生产效率高、耐久性长、能耗及原材料损耗少、维修及管理费用少、节省劳动力等。

（6）安全性：选择在生产中安全可靠的设备。对于有腐蚀性的设备，要注意防护设施的可靠性及设备的材质是否满足设计要求，还应注意设备结构是否先进，组装是否合理、牢固，以及是否安装有预报和防止设备事故的各种安全装置。例如，压力表、安全阀、自动报警器，以及自动切断动力、自动停车装置。

（7）环保性：设备的噪声和排放的有害物质对环境的污染要符合有关规定。选择不排放或排放工业废水、废气、废渣少的设备，或者选择那些配备相应治理"三废"附属装置的设备，同时要附带消声、隔音装置。

（8）成套性：设备本身及各种设备之间的成套、配套情况。成套性是形成设备生产能力的重要标志。企业选择适当的设备，应以避免动力设备与生产设备之间"大马拉小车"或"小马拉大车"的现象，避免各种设备之间存在的"头重脚轻"等不配套现象。此外，企业还必须注意各种设备与生产任务之间的协调配套关系。

（9）投资费用：在选择设备时，不仅要考虑设备的投资来源和投资费用大小，而且要顾及设备投资的回收期限和采用新设备带来的成本节省。

2）设备选型的步骤

（1）市场信息的收集与预选：大量收集相关设备的市场信息，如产品目录、产品样本与模型，销售人员提供的信息、情报，从网络及设备展览会上收集的信息、口碑等，将信

息分类、比较、筛查，从而选择合适的机型与供应厂家。

（2）初步选定设备型号与供应厂家：联系和调查访问预选的机型和供应厂家，详细地了解产品的各项技术参数（如精度、性能、功率等）、附件情况、货源多少、价格和供货时间，以及产品在用户和市场上的反映情况、售后服务质量和信誉等，并做好调查记录。在此基础上进行分析、比较，从中选出比较合适的两三个机型和供应厂家。

（3）选型评价决策：向初步选定的供应厂家提出具体订货要求。订货要求包括：订货的机型、主要规格、自动化程度和随机附件的初步意见、要求的交货期及包装和运输情况，并附产品零部件图（或若干典型零部件图）及预期的年需量。

（4）设备的订货：货源调查、向供应厂家提出订货要求、供应厂家报价、谈判磋商、签订订货合同。从上述订货程序可见，从设备选型的第 3 步就已经开始订货工作了。在供应厂家报价的基础上做出选型评价决策，再与供应厂家就供货范围、价格、交货期及某些具体细节进行磋商，最后签订订货合同。

3）设备的购置

一般来说，对于结构复杂、精度高、大型稀有的通用万能设备，以购置为宜，必要时，可引进国外先进设备，因为这类设备对产品质量起决定作用，而且从中还可消化、吸收新技术。在购置设备之前，应当对设备的经济性、可靠性、易修性进行综合评价。常用的经济评价指标如下。

（1）投资回收期。投资回收期等于设备投资额除以采用新设备后的年节约额。

$$设备回收期（年）= \frac{设备投资额（元）}{采用新设备后的年节约额（元/年）} \tag{6-9}$$

根据设备投资额与采用新设备后的年节约额计算不同的投资回收期，在其他条件相同的情况下，选择投资回收期最短的设备。据经验，当投资回收期低于设备预期使用寿命（经济寿命）的 1/2 时，此投资方案可取。

（2）投资回收率。考虑到设备折旧，因此投资回收率比投资回收期更能反映实际情况，其计算公式为

$$设备回收率 = \frac{平均年收益 - 年折旧费}{设备投资额} \times 100\% \tag{6-10}$$

$$平均收益 = \frac{总收益}{预期使用寿命} \tag{6-11}$$

$$年折旧费 = \frac{设备投资额}{预期使用寿命} \tag{6-12}$$

如果投资回收率大于企业预定的最小投资回收率，那么此方案可行。

（3）现值法。现值法是把购置设备的各种方案在不同时期内的收益和支出全部转化为现在的价值，最后对总的结果进行对比。

设备在整个使用期每年都要支出经营费用，现值法是把这种逐年支出均折合成现在的一次性支出，其计算公式为

$$\overline{C} = C \frac{(1+i)^n - 1}{i(1+i)^n} \tag{6-13}$$

式中，C 为设备的年经营费用；$\overline{C}$ 为设备在使用期的全部经营费用的现值；i 为第几年；n

为使用期。注意：只有当对比方案的使用期相同时，才能使用现值法进行对比。

6.3.2 电子制造 SMT 设备使用期管理

设备使用期管理的基本任务：采用定期维护、预防检修、状态监测、合理润滑和备件供应等措施，来保证设备的最佳技术状态，提高设备的完好率和时间利用率；合理使用设备，提高设备利用率，充分发挥设备潜力；进行成本核算、经济活动分析等工作；采取技术革新、工艺改革、节约能源和材料等措施来降低设备使用期费用；做好设备的改造及更新工作。

1. 设备的安装移交与验收

设备的安装移交与验收是设备全过程管理的关键环节之一。在安装设备前，首先应选择设备的安装地点，并确定工艺布局。在设备到公司之前，应选好设备的安装位置，准备好如照明、空调、加湿器、干燥器等，还应组织好操作与维修人员的培训，培训如水、电、气、消防、照明、静电防护、通风等知识。

1）设备的移交与验收应具有的条件

对于自制设备，应由设备设计单位负责召集组织设备制造、管理、使用等有关部门参加移交与验收工作。具体移交与验收条件如下。

（1）有设计任务书（由申请责任者、审核和批准者签名），对设备的技术性能、主要技术参数、使用要求等要明确清楚。

（2）设备审批手续齐全，设计达到设计任务书要求。

（3）配套齐全、检验合格，经过约 3～6 个月的试生产证实其性能稳定，生产实用。

（4）技术文件（说明书、主要图纸资料等）齐备，具备维修保养条件。

2）选择设备安装地点的注意事项

（1）环境和设备的相互影响。例如，焊膏印刷机对湿度和风速敏感；贴片机的震动稳定要求。

（2）按工艺流程合理布置设备，可减少零部件周转时间与厂内运输费用。

（3）合理的能源供应方式，如耗电大的设备应靠近变电站。

（4）企业的未来发展规划和组织机构的建立。

（5）充分发挥设备最高利用率。

当设备安装完毕时，应由项目负责部门同有关工艺使用、设备、安装、安全等部门，进行安装质量检查、精度检测，并按规定先做空载运转，再做负荷试车。对于关键设备（高精度、大型、高速设备），还应有总工程师、主管负责人参加移交与验收工作，并签字批准。随机附件应由设备部门负责按照装箱单逐项清点，并填写设备附件工具明细表，由使用部门负责保管；随机技术文件明细表填写完后，交由技术档案室存档；还要填写备件入库单，并由备件仓库办理入库手续。对于自制设备，移交与验收后应算出资产价值，并与投资概算进行比较分析，再办理移交与验收手续。

2. 设备报废

1）设备报废的条件与分类

主要结构严重损坏而无法修复，或在经济上不宜修复、改装，或属国家政策规定必须淘汰的设备，可申请报废。根据不同原因，报废可分为以下几类。

（1）事故报废：因重大事故等使设备损坏至无法修复或已不值得修复而造成的报废。

（2）蚀损报废：因长期使用及自然力的作用，使设备主体部位遭受磨损、腐蚀变质、变形、劣化至不能保证安全生产、丧失使用价值而造成的报废。

（3）技术报废：设备技术寿命终了造成的报废。这种类型的报废是设备更新的前提。

（4）经济报废：设备经济寿命终了造成的报废。

（5）特种报废：凡不是上述几种原因造成的设备报废统称为特种报废。

2）设备报废的手续

设备报废涉及巨额资金的核销问题，因此必须严肃认真地对待。设备报废的程序如下。

（1）由设备主管部门主持有关人员组成报废审批小组，对报废设备做出详细、正确、全面的技术鉴定。在确认符合报废条件后，填写"电子制造 SMT 设备报废申请"（一式三份），经设备技术负责人签署意见后，报上级主管部门审批。

（2）批准报废的设备，除特殊设备按国家已有规定处理之外，凡能改制、利用的材料与零部件及辅机，应充分利用，并作价入账，作为残值的一部分。

（3）设备必须提够折旧费后才能批准报废，其剩余净值可在报废审批中核销。处理报废设备的资金只能用于设备的更新和改造。

（4）经上级正式批准报废的设备，应根据批准文件及时安排销账。

6.3.3　电子制造 SMT 设备的检修与配件管理

设备的检修与配件管理是设备管理中的重要环节，也是恢复或提高设备的规定功能与可靠性的保障，更是保证设备和系统生产能力的重要手段。电子制造 SMT 设备在日常使用和运转过程中，由于外部负荷、内部应力、磨损、腐蚀和自然侵蚀等因素的影响，使其个别部位或整体改变了尺寸、形状、机械性能等，并使设备的生产能力降低、原料和动力消耗增高、产品质量下降，甚至造成人身和设备事故，这是所有设备都避免不了的技术性劣化的客观规律。为了使设备能长期发挥生产效能，延长设备的使用周期，必须对设备进行适度的检修和日常维护保养工作。

不同企业由于规模、性质、设备数量不等，因此其检修制度也不一定相同，有的企业采用全检测，有的企业采用分类检测。将两种检测方法相互融合，可以做到节约资金、有效管理、提高生产效率、物尽其用。目前主流的检修制度主要有日常标准维修（强制维修）制度、事后维修制度、检查后维修制度、计划维修制度、全员维修制度等。

1. 设备检修定额确定

1）检修工作量定额与间隔期定额

由于电子制造 SMT 设备工艺条件的多样化和复杂性，其检修工作量定额的确定要比其他行业的设备繁杂得多，不仅需要根据一系列的检测资料和分析统计原始资料估算零部件的平均寿命，而且需要结合设备的日常维护保养情况等确定。

检修间隔期定额主要包括以下内容。

（1）检修停车时间：每类检修需要的停车时间，包括生产运行和检修前需要的时间。

（2）检修时间：每类检修需要的停车时间，不包括检修以外的开、停车等运行需要的时间。

（3）检修间隔：对于已使用的设备，指两次相邻检修之间的时间间隔。

2）检修工时定额

为了保证检修计划的顺利执行，必须正确地确定完成一次检修工作所需的工时定额。各种检修工时的长短取决于设备的结构和设备检修的复杂程度、检修工艺的特点、检修工的技术水平、检修工具与夹具及施工管理技术等，因此，不同企业的设备检修工时定额是不同的。

由于企业中的一些设备结构复杂、品种繁多，因此检修工时定额的确定十分复杂。目前比较常用的确定检修工时定额的方法有经验估算法、统计分析法、类推比较法、技术测定法及三点估算法。

（1）经验估算法：在总结实际经验的基础上，结合实际施工要求、材料供应、技术装备和工人技术等条件，经过分析研究和综合平衡，估算出某一检修工序的检修工时定额。该方法一般适用于零星设备维修项目和新的维修方法等第一次估工定额。

（2）统计分析法：又称为经验统计法。该方法利用已积累的同类检修工序的实际工时消耗的统计资料，在整理和分析的基础上，结合技术组织条件来确定检修工时定额。该方法一般适用于检修条件比较稳定、工艺变化较小，以及原始统计资料比较齐全的检修项目。

（3）类推比较法：以同类检修工序的定额为依据，经过分析对比，推算出另一检修工序的定额。该方法一般适用于检修工序多、工艺变化较大的检修项目。如果采用类推比较法，那么需要有检修过程定额和实际耗费工时记录及相应的定额标准作为资料进行对比和类推，而且两个检修项目必须是同类型或相似类型的，并具有可比性。

（4）技术测定法：又称为技术定额法或计算测定法，是在分析检修技术组织条件对定额时间的组成进行分析计算和实地观察测定的基础上制定定额的方法。该方法一般适用于检修技术组织条件比较正常和稳定的检修项目。

（5）三点估算法：在没有检修工时定额的情况下，采用工时估算法。它是引用数学概率统计的方法，把非肯定的条件肯定化。三点估算法即取三种有代表性的工时定额，然后运行以下公式进行计算：

$$t_e = \frac{a + 4m + b}{6} \qquad (6-14)$$

式中，t_e 为确定的估计工时；a 为可能完成的最快估计工时；m 为最有可能完成的估计工时；b 为可能完成的最慢估计工时。

3）停歇时间定额和停车时间定额

停歇时间定额指设备在移交与验收及检修前进行的设备清洗、置换、分析及移交与验收后试验需要的时间。设备停歇时间定额分单台设备停歇时间定额与群组设备停歇时间定额两种，因为设备不同，各套装置的工艺生产条件不同，所以停歇时间定额也有所不同。企业应根据自己的设备和电子产品生产制造工艺条件来确定设备停歇时间定额，当停歇时间定额确定后，每次停产检修就可按停歇时间定额安排检修计划了。

停车时间定额指设备从停机检修开始到试车合格为止的全部时间。停车时间定额可根据

检修工时定额，按不同类型设备的检修类别（大修、中修、小修），参照以下公式进行计算：

$$T_{停} = \frac{Q}{NDSK} + T_L \tag{6-15}$$

式中，$T_{停}$ 为设备检修的停机时间定额，Q 为设备检修工时定额；N 为每班参加检修的人数；D 为每班工作小时数；S 为每昼夜参加检修的班数；K 为完成定额系数；T_L 为其他辅助时间。

4）检修材料定额与检修费用定额

检修材料定额指设备大保养一次所需的材料消耗定额。检修材料包括钢材、小五金材料、润滑油（脂）等，不包括备件和低价值易耗品。企业在确定检修材料定额时，应根据不同的设备结构、不同的检修条件进行确定。

检修费用定额分为大保养费用和中修、小修费用两种。大保养费用的来源是以固定资产原值为基础的，再根据一定的比例，按月提取，留作企业用于支付固定资产大保养的费用。

4. 备件管理范围与方法

所谓维修用的配套产品，即设备使用企业向外单位订购的配套产品都称为配件。通常有两种方法确定备品配件：一是结构分析法，就是对设备中各种结构的运动状态，以及对零部件的结构、材料、质量、性能等因素进行认真分析，按备件的范围，再结合企业的特点，确定哪些零部件应定为备件，哪些不是；二是技术统计分析法，就是对企业日常维修及计划检修中更换零部件的消耗量进行统计和技术分析，只要统计的消耗资料准确，经过一段时间的努力，就可以找出零部件的正常磨损规律和消耗量。

备件管理是设备管理的一个重要方面，主要包括图纸资料管理、定额管理、计划管理、仓库管理、财务管理等。备件图纸管理必须做到将图纸按表达的对象分为总图、装配图、部件图、零部件图；按标准化程度分为标准图、通用图、表格图；按图纸的用途和性质分为原图、底图、蓝图。备件定额分为两类，一类是备件的消耗定额，一类是备件的储备定额。

备件仓库管理是备件管理的一个重要组成部分。做好备件仓库保管工作，是做好备件供应工作的重要保证，因此必须加强备件的保管、保养，以确保及时按质、按量地供应。合理储备、加速周转，提高备件仓库管理水平。目前，企业备件仓库的设置有两种情况，一是大型联合企业，实行两级管理、两级设库，就是公司设总库，总库只统管通用备件及配件；各分公司设专用库，统管分公司的全部专用配件，生产车间不设分库。二是中小型企业，实行一级管理、一级设库，生产车间不设库。企业的备件、配件品种繁多，技术性能各异，储存的条件也各不相同，库房的内部设施必须相适应。盈亏率是考校备件仓库保管工作的一项重要质量指标，盈亏率越高，说明保管工作的质量越低，反之，则说明保管质量越好。

计算备件盈亏率的公式为

$$备件盈亏率 = \frac{本期盈亏金额累计}{期初库存金额 + 本期进库备件总金额} \times 100\% \tag{6-16}$$

6.3.4　电子制造 SMT 设备更新与折旧

1. 设备更新

从广义上讲，补偿因综合磨损而消耗掉的机械设备叫作设备更新，它包括总体更新和局部更新，即包括设备大保养、设备更新和设备现代化改造。从狭义上讲，设备更新是以结构更先进、技术更完善、生产效率更高的新设备代替物理上不能继续使用，或者经济上不宜继续使用的旧设备，同时旧设备必须退出原生产领域。

根据目的的不同，设备更新分为两种类型：一种是原型更新，即简单更新，也就是用结构相同的新设备来更换已有严重磨损而物理上不能继续使用的旧设备，主要解决设备损坏问题；另一种是以结构更先进、技术更完善、生产效率更高、性能更好、耗费能源和原材料更少的新型设备代替那些技术陈旧、不宜继续使用的设备。

设备更新的意义有以下 4 点。

（1）设备更新是促进科学技术和生产发展的重要因素。

（2）设备更新是产品更新换代、提高劳动生产率、获得最佳经济效益的有效途径。

（3）设备更新是扩大再生产及节约能源的根本措施。

（4）设备更新是搞好环境保护及改善劳动条件的主要方法。

2. 设备折旧

折旧指固定资产由于损耗而转移到产品中去的部分，其以货币的形式表现价值。固定资产的折旧分为基本折旧和大保养折旧两类，基本折旧用于固定资产的更新重置，也就是对固定资产实行全部补偿；大保养折旧用于固定资产物质损耗的局部补偿，以便维持设备在使用期间的生产能力。

按年分摊固定资产价值的比率称为固定资产的年折旧率，简称折旧率。折旧率的大小与设备的价值、大保养费用、现代化改造费用、残值和预计使用的年限等因素有关。设备折旧率的计算方法有很多，下面介绍几种计算方法。

1）直线折旧法

目前，使用最广泛的计算设备折旧率的方法是直线折旧法。该方法是在设备使用年限内，平均分摊设备的价值，其计算公式为

$$\alpha_b\,（设备基本折旧率）=\frac{K_0-L}{TK_t}\times100\%\qquad(6\text{-}17)$$

$$\alpha_r\,（设备大保养折旧率）=\frac{K_r}{TK_t}\times100\%\qquad(6\text{-}18)$$

式中，K_0 是设备的原始价值；K_t 是设备的重置价值；L 是预计的设备残值；T 是设备的最佳使用年限；K_r 是在 T 时间内的大保养费用总额。

目前，我国大部分企业采用直线折旧法计算设备折旧率，但是部分企业对其中两个参数的取值与式（6-17）和式（6-18）有所不同。

2）加速折旧法

采用加速折旧法的理由是，设备在整个使用过程中的效果是变化的，在使用期限的前

几年，由于设备处于较新状态，因此效率较高，可为企业创造较大的经济效益；而几年后，特别是接近更新期时，设备效能较低，可为企业创造的经济效益较少。因此，前几年分摊的折旧费用应当比后几年要高。

3）年限总额法

年限总额法是根据折旧总额乘以递减系数 A，来确定设备在最佳使用年限 T 内的某一年（第 n 年）的折旧额 B_t，即

$$B_t = A(K_t - L) \tag{6-19}$$

$$A = \frac{(T+1) - n}{\dfrac{(T+1)T}{2}} \tag{6-20}$$

在式（6-20）中，递减系数的分母为 $1+2+3+\cdots+T=(T+1)T/2$

例题 5：一台设备的价值为 12 000 元，预测残值为 1200 元，最佳使用期为 8 年，试求在使用期内各年的折旧额。

解：先求出递减系数 A，其分母为

$$0.5(T+1)T=0.5\times9\times8=36$$

因此，第 1 年的递减系数 $A_1=[(8+1)-1]\div36=\dfrac{8}{36}$，第二年的递减系数 $A_2=\dfrac{7}{36}$，……，第 8 年的递减系数 $A_8=\dfrac{1}{36}$，代入式（6-19），得到第一年的折旧额 $B_1=\dfrac{8}{36}$（12 000-1200）=2400 元，依次类推。

4）双倍余额递减法

双倍余额递减法的折旧率是按直线折旧法中残值为零时的折旧率的两倍计算的，逐年的折旧基数按设备的价值减去累积折旧额计算。为使折旧总额分摊完，所以到一定年度之后，要改用直线折旧法。改用直线折旧法的年限视设备最佳年限而定，当残值为零，设备最佳使用年限为奇数时，改用直线折旧法的年限是 0.5T+1.5；当残值为零，最佳使用年限为偶数时，改用直线折旧法的年限是 0.5T+2。

例题 6：某设备的价值为 16 000 元，最佳使用年限为 10 年，残值为零，折旧率按直线折旧法的双倍余额递减，试求各年的折旧额。

解：折旧率为直线折旧法的两倍，即 $\alpha=20\%$，由双倍余额递减法改为直线折旧法的年限为 0.5T+2=7 年。所以，各年的折旧费为第 1~6 年的折旧率，即 20%，第 7~10 年按照 4 年折旧额分摊剩余净值。用双倍余额递减法计算的折旧额如表 6.7 所示。

表 6.7　用双倍余额递减法计算的折旧额

年度	设备净值/元	折旧率/%	折旧费/元
1	16 000	20	3200
2	12 800	20	2560
3	10 240	20	2048
4	8192	20	1638.4

续表

年度	设备净值/元	折旧率/%	折旧费/元
5	6553.6	20	1310.72
6	5242.88	20	1048.576
7	4194.304	以下按4年平摊剩余净值	1048.576
8	3145.728		1048.576
9	2097.152		1048.576
10	1048.576		1048.576

5）复利法（偿还基金法）

考虑到费用的时间因素，复利法是在设备使用期限内，每年按直线折旧法提取折旧额，同时按一定的资金利率计算利息，故每年提取的折旧额加上累计折旧额的利息与年度的折旧额相等。当设备报废时，累计的折旧额和利息之和与折旧总额相等，正好等于设备的原值，以补偿设备的投资，所得公式为

$$B = (K_0 - L)\frac{i}{(1+i)^n - 1} \tag{6-21}$$

式中，K_0 是设备的原始价值；L 是预计的设备残值，$\dfrac{i}{(1+i)^n - 1}$ 是资金积累系数（折旧基金率）。

6.3.5　全员生产维修管理

20世纪70年代，日本人提出一种全员参与的生产维修方式，其主要特点就在"生产维修"及"全员参与"上。通过建立一个全员参与的生产维修活动，使设备性能达到最优，这种维修方式称为全员生产维修（Total Productive Maintenance，TPM）。TPM的提出是建立在美国的生产维修体制基础上的，同时吸收了英国设备综合工程学、中国鞍钢企业管理法中群众参与管理的思想。所谓全面生产设备管理（Total Productive Equipment Management，TPEM），是指利用包括操作人员在内的全部生产维修活动，提高设备的全面性能，这是一种新的维修思想，是由国际TPM协会发展而来的，使得在一个工厂里安排TPM活动更容易成功一些。与日本的TPM不同的是，TPEM的柔性更大一些，也就是说，可以根据工厂设备的实际需求来决定开展TPM的内容，这是一种动态管理方法。

1. TPM的目标与组成要素

1）TPM的特点

TPM的特点就是3个"全"，即全效率、全系统和全员参加。

（1）全效率：设备寿命周期费用评价和设备综合效率。

（2）全系统：生产维修系统的各种方法都要包括在内，即预防维修（Preventive Maintanance，PM）、维修预防（Maintenance Prevention，MP）、改善维修（Corrective Maintanance，CM）、事后维修（Breakdown Maintenance，BM）等都要包括在内。

（3）全员参加：设备的计划、使用、维修等所有部门都要参加，尤其是操作人员的自主小组。

2）TPM 的目标

TPM 的目标可以概括为 4 个"零"，即停机为零、废品为零、事故为零、速度损失为零。

（1）停机为零：计划外的设备停机时间为零。计划外的设备停机对生产造成的冲击相当大，可使整个生产品配发生困难，并造成资源闲置等浪费。计划停机时间要有一个合理值，不能为了满足计划外停机时间为零而使计划停机时间很高。

（2）废品为零：由设备原因造成的废品为零。"完美的质量需要完善的设备"，所以设备是保证产品质量的关键，而人是保证设备好坏的关键。

（3）事故为零：设备在运行过程中事故为零。设备事故的危害非常大，不仅影响生产，而且可能会造成人身伤害，严重时可能会"机毁人亡"。

（4）速度损失为零：设备速度降低造成的产量损失为零。由于设备保养不好，因此设备精度降低，不能按高速度使用设备，等于降低了设备性能。

3）推行 TPM 的要素

推行 TPM 要从三大要素上下功夫，三大要素如下。

（1）提高工作技能：不管是操作工，还是设备工程师，都要努力提高工作技能，没有好的工作技能，全员参与就是一句空话。

（2）改进精神面貌：只有精神面貌好，才能形成好的团队，才能共同促进、共同提高。

（3）改善操作环境：通过 5S 管理等活动，使操作环境良好，一方面可提高工作兴趣及效率，另一方面可避免一些不必要的设备事故；现场整洁，物料、工具等分门别类摆放，可缩短调整时间。

2. TPM 的开展与点检制

1）TPM 的开展

开展 TPM 不是一件容易的事，需要各方的大力支持，特别是高层的支持。开展 TPM 的步骤如下。

（1）准备阶段：首先，向企业员工宣传 TPM 的好处，以及可创造的效益，教育员工要树立团结概念，打破"操作工只管操作，维修工只管维修"的思维习惯，做好人员培训工作；其次，建立推进 TPM 委员会，可从公司级到工段级，层层指定负责人，赋予权利和设定责任，企业、部门的推进 TPM 委员会最好是独立机构，专职属性，同时可成立各种专业的项目组，以便对 TPM 的推行进行指导、培训，以及解决现场推进困难问题。建立基本的 TPM 策略和目标，主要表现在以下 3 个方面。

① TPM 的目的是什么（What）？

② TPM 的程度要达到多少（How much）？

③ TPM 实行的时间表（When），即什么时间、在哪些指标上达到什么水平。

考虑问题的顺序可按照以下方式进行：外部要求→内部问题→基本策略→目标范围总目标。最后，建立推进 TPM 总计划，即制订一个全局的计划，并提出口号，使 TPM 能有效地推行下去，并逐步向 4 个"零"的总目标迈进。推进 TPM 总计划的内容主要体现在以下 5 个方面。

① 改进设备综合效率。

② 建立操作人员的自主维修程序。

③ 保证质量。

④ 自主制订并执行维修部门的工作计划表。

⑤ 完善教育及培训、提高认识和技能。

（2）TPM 的引进、实施与巩固：制定目标，落实各项措施，步步深入开展工作。通过以下 5 方面的工作来引进、实施与巩固 TPM。

第一，制定提高设备综合效率的措施，即成立各专业项目小组，小组成员包括设备工程师、操作人员及维修人员等。项目小组有计划地选择不同种类的关键设备，抓住典型总结经验，起到以点带面的作用。项目小组要帮助基层操作小组确定设备点检和清理润滑部位，以解决维修难点，提高操作人员的自主维修信心。第二，建立自主维修程序，克服传统的"我操作，你维修"的分工概念，帮助操作人员树立起"操作人员能自主维修，每个人都要对设备负责"的信心和思想，推行"5S"管理活动，并在"5S"管理活动的基础上推行自主维修"七步法"，如表 6.8 所示。第三，做好维修计划。维修计划指维修部门的日常维修计划，其要和小组的自主维修活动结合进行，并根据小组自主维修活动的开展情况对维修计划进行研究并及时调整，最好是生产部经理与设备主管召开每日例会，随时解决生产中出现的问题，以及随时安排及调整维修计划。第四，执行提高操作和维修技能的培训计划。培训是一种多倍回报的投资，不仅要对操作人员的维修技能进行培训，而且要对他们进行操作技能培训。培训要对症下药、因材施教，并有层次地进行培训，培训对象如表 6.9 所示。第五，建立设备初期的管理程序。设备在负荷运行中出现的不少问题往往在设备设计、研造、制造、安装、试运行阶段就已经存在了。TPM 的具体目标如下。

① 在设备投资规划的限度内争取达到最高水平。

② 减少从设计到稳定运行的周期。

③ 工作负荷小。

④ 保证设备在可靠性、维修性、经济性和安全性方面都达到最高水平。

表 6.8　自主维修"七步法"

步骤	名称	内容
1	初始清洁	清理灰尘，搞好润滑，紧固螺丝
2	制定对策	防止灰尘、油泥污染，改进难以清理部位的状况，降低清洁困难
3	建立清洁润滑标准	逐台设备逐点建立合理的清洁润滑标准
4	检查	按照检查手册检查设备状况，由小组长引导小组成员进行各项目检查
5	自检	建立自检标准，按照自检表进行检查，并参考维修部门的检查表来改进小组的自检标准
6	整理和整顿	制定各工作场所的标准，如清洁润滑标准、现场清洁标准、数据记录标准、工具与部件保养标准等
7	自动、自主维修	工人可以自觉、熟练地进行自主维修，且自信心强，有成就感

表 6.9　培训对象

培训对象	培训内容
工段长	培训管理技能及基本的设计维修技术
有经验的工人	培训维修应用技术
高级操作工	学习基本维修技能及故障诊断与修理
初级操作工，新工人	学习基本操作技能

2）TPM 中的设备点检制

TPM 中的设备点检制通常采用"三位一体"点检制及五层防护线的理念。"三位一体"点检制指岗位操作人员的日常点检、专业点检人员的定期点检、专业技术人员的精密点检三者结合起来的点检制度。五层防护线：第一层防护线是岗位操作人员的日常点检；第二层防护线是专业点检人员的定期点检；第三层防护线是专业技术人员的精密点检；第四层防护线是对出现的问题通过进一步技术诊断等找出原因及对策；第五层防护线是每半年或一年的综合全流程精密检测。

点检制的特点是八"定"，具体如下。

（1）定人，即设立兼职和专职的点检人员。

（2）定点，即明确设备的故障点，明确点检部位、项目和内容。

（3）定量，即对劣化倾向的定量化测定。

（4）定周期，即根据不同设备的故障点给出不同的点检周期。

（5）定标准，即给出每个点检部位是否正常的依据。

（6）定计划，即做出作业卡及指导点检人员沿规定的路线作业。

（7）定记录，即定出固定的记录格式。

（8）定流程，即定出点检作业和点检结果的处理程序。

内容回顾

本章主要介绍了电子制造 SMT 设备的可靠性设计和全过程管理。首先引入设备可靠性的概念、要素及可靠性判断指标，以及设备可靠性研究的重要性等基本理论知识，从影响电子制造 SMT 设备可靠性的主要因素、电子元器件的选用、电子制造 SMT 设备的可靠性防护措施、电子制造 SMT 设备的机械防护、电子制造 SMT 设备的电磁防护等角度，叙述了电子制造 SMT 设备的可靠性设计；然后从设备管理的内容、制度设计和意义引出了电子制造 SMT 设备全过程管理理念，对固定资产编号、设备管理资料整理、电子制造 SMT 设备选型策略、设备的安装移交与验收、设备报废、设备检修、设备折旧与更新及设备配件管理等基础管理工作进行了重点叙述；最后对全员生产维修管理进行了详细叙述。希望通过本章，可对设备可靠性设计和设备管理的学习有所帮助。

习题 6

1. 电子制造 SMT 设备管理的内容是什么？

2. 设备在安全使用过程中不可避免地出现的环境问题是什么？

3. 什么是可靠性？什么是可靠性试验？

4. 设备可靠性定义要素的3个规定是什么？

5. 简述电子制造SMT设备的使用规定。

6. 简述电子制造SMT设备的安全生产规定。

7. 简述固定资产编号的方法与原则。

8. 企业设备选型的步骤是什么？

9. 某型号的MP4 2000部，在一年内共有5部发生了功能性故障（不能正常使用），则该型号MP4在一年内的可靠度为多少？

10. 什么是失效率？什么是累积失效概率？什么是失效分布密度？

11. 什么是平均寿命？平均无故障工作时间和平均首次故障时间是什么意思？简述两者的区别。

12. 简述设备的安装移交与验收的注意事项。

13. 影响电子制造SMT设备可靠性的主要因素有哪些？

14. 电阻器的散热方法有哪些？半导体分立元器件散热的一般考虑有哪些？

15. 电子制造SMT设备内部结构如何布局？

16. 什么是设备报废？简述设备报废的条件与分类。

17. 什么是计划检修？简述计划检修的内容与周期。

18. 设备检修定额的方法与内容是什么？

19. 简述什么是备件的仓库管理。

20. 设备折旧率的计算方法有哪些？

21. 一台印刷机的价值为20万元，预测残值为2万元，最佳使用期为10年，试求在使用期内各年的折旧额。

22. 一台BGA返修台的价值为32万元，最佳使用期为10年，残值为零，折旧率按直线折旧法的双倍余额递减，试求在使用期内各年的折旧额。

23. TPM是什么？TPEM是什么？TPM的特点是什么？

24. 简述TPM的"三位一体"点检制及五层防护线的概念。

25. 简述电子制造SMT设备的散热防护设计。